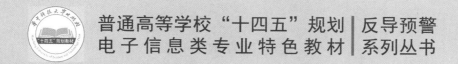

普通高等学校"十四五"规划 反导预警
电子信息类专业特色教材 系列丛书

Basic Theory and Simulation Application of Space Target Orbit

# 空间目标轨道基本理论与仿真应用

黄晓斌 肖 锐 张 燕 编 著

马晓岩 主 审

编 委 孟藏珍 鲁 力 刘建勋
闫世强 杨 军 金宏斌
欧阳琰 石斌斌 蒋 媛

华中科技大学出版社
http://press.hust.edu.cn
中国·武汉

## 内 容 简 介

本书较为全面地介绍了空间目标探测领域内的时空基准、卫星轨道运动的特点和机理、轨道预报与确定、空间目标编目等理论,并概述性地介绍了空间目标环境和星座等知识。

本书共 9 章。第 1 章介绍了与本书内容相关的基础知识和常用仿真软件;第 2 章详细阐述了轨道运动所涉及的时间系统和坐标系统的概念及其转换方法,并提供了利用 SOFA 软件进行时间和坐标转换的步骤;第 3 章深入讲解了轨道的概念和二体问题的数学基础,以及二体问题轨道预报的实现算法;第 4 章详细描述了各种摄动因素对空间目标轨道及运动的影响,并提供了利用 STK 软件仿真和分析四种典型轨道摄动的方法;第 5 章详细阐述了轨道机动的主要过程和相关原理,以及典型轨道机动问题的求解方法,并提供了利用 STK 软件进行轨道机动仿真的方法以及雷达对空间目标进行跟踪监视仿真的方法;第 6 章详细介绍了轨道预报的基本模型和方法、初轨计算的几种典型算法以及轨道改进的基本原理和方法,并提供了最小二乘轨道改进算法的实现方法;第 7 章详细解释了空间目标编目的定义和主要类型,并简要介绍了空间目标编目和轨道匹配的基本流程,并提供了轨道匹配算法的实现方法;第 8 章详细介绍了轨道的基本分类和几种典型特殊轨道的特点和构型原理,并提供了利用 STK 软件快速构建各种典型轨道的方法;第 9 章详细介绍了星座的基本概念和主要分类,以及卫星的构型设计,并提供了利用 STK 软件快速构建 Walker 星座的方法。

本书可作为战略预警学、航天动力学等相关专业本科生和研究生的教材,也可作为空间大地测量、对地观测、导航学等相关领域高校师生的参考书。

**图书在版编目(CIP)数据**

空间目标轨道基本理论与仿真应用/黄晓斌,肖锐,张燕编著. —武汉:华中科技大学出版社,2024.1
ISBN 978-7-5772-0259-4

Ⅰ.①空… Ⅱ.①黄… ②肖… ③张… Ⅲ.①航天器轨道-教材 Ⅳ.①V412.4

中国国家版本馆 CIP 数据核字(2023)第 240629 号

**空间目标轨道基本理论与仿真应用**　　　　　　　　黄晓斌　肖　锐　张　燕　编著
Kongjian Mubiao Guidao Jiben Lilun yu Fangzhen Yingyong

策划编辑:王汉江
责任编辑:刘艳花
封面设计:原色设计
责任校对:刘　竣
责任监印:周治超
出版发行:华中科技大学出版社(中国·武汉)　　　电话:(027)81321913
　　　　　武汉市东湖新技术开发区华工科技园　　　邮编:430223
录　　排:武汉市洪山区佳年华文印部
印　　刷:武汉市籍缘印刷厂
开　　本:787mm×1092mm　1/16
印　　张:15.5
字　　数:368 千字
版　　次:2024 年 1 月第 1 版第 1 次印刷
定　　价:58.00 元

本书着眼培养远程相控阵雷达部队人才,本着发挥新型装备作战效能的需要,坚持传承与创新相结合,较为全面地介绍了空间目标探测领域内的时空基准、卫星轨道运动的特点和机理、轨道预报与确定、空间目标编目等理论,并对相关理论辅以相应的仿真,内容丰富、新颖,理论联系实际。

本书从航天器运动的角度阐述航天动力学的基础知识及仿真应用,既可作为战略预警学、航天动力学等相关专业本科生和研究生的教材,也可作为空间大地测量、对地观测、导航学等相关领域高校师生的参考书。

本书共9章,主要内容有四个方面:①与航天器轨道运动有关的基本概念和时空系统;②航天器的运动原理和机动原理;③与地基雷达观测相关的空间目标定轨和编目理论;④特殊轨道与星座相关知识。

第1章是概述,主要介绍了与本书内容相关的基础知识以及常用的轨道仿真软件,包括空间目标环境的特点、轨道的基本知识、地球与天球的相关概念。

第2章是时间系统与坐标系统,讲述了轨道运动涉及的时空系统以及各种坐标系统和时间系统的转换关系,并介绍了利用SOFA软件进行时间和坐标转换的方法。

第3章是轨道运动原理,讲述了轨道根数的概念和二体问题的数学基础,并在此基础上介绍了二体问题轨道预报的实现算法。

第4章是轨道摄动原理,讲述了各种摄动因素对空间目标轨道及运动的影响,并介绍了利用STK软件仿真和分析四种典型轨道摄动的方法。

第5章是轨道机动原理,讲述了轨道机动的主要过程和相关原理,以及典型轨道机动类型问题的求解方法，并介绍了利用 STK 软件进行轨道机动仿真的方法，以及雷达对空间目标进行跟踪监视仿真的方法。

第 6 章是轨道预报与确定，讲述了轨道预报的基本模型和方法、初轨计算的几种典型算法，以及轨道改进的基本原理和方法，在此基础上介绍了最小二乘轨道改进算法的实现方法。

第 7 章是空间目标编目，讲述了空间目标编目的定义和主要类型，并简单介绍了空间目标编目和轨道匹配的基本流程，并给出了轨道匹配算法的实现方法。

第 8 章是轨道分类与特殊轨道，介绍了轨道的基本分类，以及地球同步轨道、冻结轨道、太阳同步轨道和回归轨道等几类典型轨道的特点和构型原理，并介绍了利用 STK 软件快速构建各种典型轨道的方法。

第 9 章是卫星星座分类与构型，介绍了星座的基本概念和主要分类，卫星的构型设计，以及利用 STK 软件快速构建 Walker 星座的方法。

本书第 1、2、3、4、6 章由黄晓斌编写，第 5、7、8、9 章由肖锐编写，张燕参与第 1 章编写并负责本书统稿和编排工作。其他编委成员参与了本书的纲目修订和内容审阅，在此一并表示诚挚的谢意。此外，感谢华中科技大学出版社为本书提供了出版的机会，特别感谢出版社王汉江老师在写作思路、版面规范等方面的专业指导。

马晓岩教授担任本书主审，对全部内容进行了详细审阅，提出了许多宝贵意见，在此表示衷心感谢！

由于作者水平有限，书中难免有错误和不妥之处，敬请读者批评指正。

编　者

**2023 年 10 月**

# CONTENTS
# 目录

第1章

概述

空间环境由广阔的空间和存在于其中的各种天体及弥漫物质组成，是人类活动进入大气层以外的空间和地球邻近的天体过程中提出的概念。人造地球卫星受地球引力的作用在空间形成特定的运行轨道，空间目标的运动离不开空间环境和地球本身的运动，了解空间环境和地球自身运动的特点有助于理解空间目标运动的特点。本章首先描述空间环境，然后讲解轨道的基本概念，最后介绍与地球和天球有关的基础知识。

## 1.1　空间与空间环境

### 1.1.1　空间的定义

空间是指地球大气层之外的虚空区域，战略预警、航空航天等军事活动与"空间"密不可分，也离不开空间的资源。习惯上把地球外面的空间称为"天空"。天与空原本是一体的。在航天器问世之前，人们把地球表面之上的整个三维空间统称为空中，这个空中向上是无限的，无缝衔接的。人类在探索太空的活动中，尤其是航天器问世后，为便于区分，根据不同飞行器类型，按照其活动高度，将地球表面以上的空间划分为航空空间与航天空间。大气层以内的空间称为航空空间，也就是空；大气层之外的空间，称为航天空间，也就是天。

从大气层往外算起，广义上的空间又可以分为太阳系以内的空间和太阳系以外的空间；太阳系以内的空间可分为行星空间和行星际空间。行星空间指相对太阳引力，行星引力起主要作用的范围（如地球空间、火星空间等）；行星际空间指太阳系行星之间(除行星空间外)的空间。太阳系以外的空间可分为恒星际空间、恒星系空间和星系际空间等。

以人类目前的航天技术水平,绝大多数航天活动都存在于地球空间。因此,我们通常所说的空间都是指地球空间,即从地球的稠密大气层之外一直到距离地面 930000 km 的范围,930000 km 是地球引力能够占据主导作用的空间范围边界。

在地球引力占主导作用的范围内,空间又分为近地空间和远地空间。近地空间范围为地表以上 100~40000 km,是绝大多数航天器运行的空间,其上限是地球同步垃圾轨道所在的高度。远地空间范围为地表以上 40000~930000 km,其上限是地球引力占据主导作用的范围上界。

关于空间的下界,也是近地空间的下界,历史上有过多种不同的划分标准。学术界通行的标准是,将空间的下界按照卫星能够在该高度上无动力飞行一到两天为标准,通常取距离地面 100 km 的高度为空间的下界。在近地空间与传统划分的领空之间的范围称为临近空间。空间的分层结构如表 1-1 所示。依照高度从下往上大致可以分为领空、临近空间、近地空间、远地空间和行星际空间五个部分。

表 1-1　空间的分层结构

| 名　　称 | 高度范围/km | 主要航天器 |
|---|---|---|
| 领空 | 0~20 | 飞机 |
| 临近空间 | 20~100 | 高超速飞行器、高空漂浮平台、高空无人机、平流层飞艇 |
| 近地空间 | 100~40000 | 卫星、空间站、战略导弹 |
| 远地空间 | 40000~930000 | 深空探测器 |
| 行星际空间 | 930000 以上 | 星际探测器 |

## 1.1.2　空间环境及其影响

空间环境主要包括六个方面,分别是大气环境、带电粒子、微重力环境、电磁辐射、真空环境和空间碎片。其中,前五个都是自然环境因素,而空间碎片主要是由人类航天活动产生的太空垃圾构成的人为环境因素。

**1. 大气环境**

大气是指被地球引力场和磁场束缚、包裹着地球陆地和水圈的气体层,通常仅指地球周围的中性大气层。大气在地面的组成:氧气($O_2$)占 21%,氮气($N_2$)占 78%,其他气体占 1%。随着高度的增加,大气分布呈连续、指数递减变化。100 km 高度的大气密度是地面大气密度的 1/10000;当高度达到 300 km 时,大气密度仅为地面大气密度的百亿分之一。

大气分布的主要特点如下。

(1)不存在绝对真空。即使在 960 km 高度,每立方厘米仍然有 106 个粒子存在。

(2)存在原子形态的氧。氧气由于太阳辐射和带电粒子的作用分解形成原子氧,对航天器具有很强的破坏作用。

大气对航天器的影响主要表现在以下两个方面。

（1）大气对航天器产生阻力，决定航天器的轨道寿命。航天器在大气阻力作用下，飞行高度会不断下降，如果要维持它在规定高度上正常飞行，就需要不断给予推力，使它抬升高度。轨道高度越低，大气密度越大，阻力也越大，航天器轨道维持所需的助推燃料就越多。

（2）高层大气中的原子氧是强氧化剂，使暴露的航天器材料易发生化学变化（如氧化、溅散、腐蚀、挖空等），从而导致其质量损失、表面剥蚀和削弱，或改变部件的热性质、降低传感器性能。应对原子氧的防护措施包括在航天器表面包裹保护材料（见图 1-1）、避免长期暴露（如光学镜头不工作时收回）等。

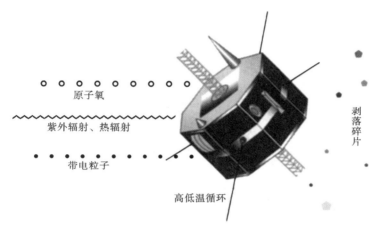

图 1-1　在航天器表面包裹保护材料

**2. 带电粒子**

空间粒子的辐射主要指高能带电粒子的辐射。高能带电粒子主要来源于三部分，即地球辐射带、太阳宇宙射线和银河宇宙射线。高能带电粒子与航天器上所使用的电子元器件和功能材料相互作用，会引发特殊的空间辐射效应，是航天器轨道上严重威胁航天活动的重要环境要素。

地球辐射带是指近地空间被地磁场捕获的高强度的带电粒子区域，其形成原理和空间分布如图 1-2 所示。它是一个近似以地球磁轴为对称轴的"面包圈状"高能粒子的高通量区，如图 1-3 所示。因为它是美国学者 Van Allen 首先探测到的，所以也称为 Van Allen 辐射带（范艾伦辐射带）。

地球辐射带强度明显集中在两个区域，即内辐射带和外辐射带。内辐射带以高能质子居多，稳定性非常好，集中在距离地面上 1500～5000 km 的范围内。外辐射带以高能电子居多，变化剧烈，主要集中在距离地面上 13000～20000 km 的范围内。

太阳宇宙射线（Solar Cosmic Rays，SCR）是太阳活动产生的高能粒子流，又称太阳高能粒子。太阳宇宙射线的主要成分是质子和电子，也包括少量其他成分。银河宇宙射

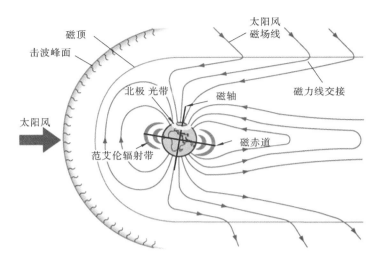

图 1-2　地球辐射带形成原理和空间分布

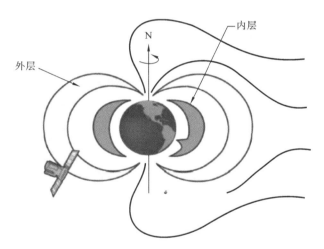

图 1-3　地球辐射带

线（Galactic Cosmic Rays，GCR）指来自太阳系以外的银河系的高能粒子,绝大部分是质子（约占 87%）和 $\alpha$-粒子（约占 12%）。

空间高能带电粒子对航天器的影响主要表现在以下两个方面。

（1）对航天器的功能材料、电子元器件、生物及宇航员的总剂量效应。总剂量效应是指带电粒子入射到物体（吸收体）时,会把部分或全部能量转移给吸收体,带电粒子所损失的能量就是吸收体所吸收的辐射总剂量。当吸收体是航天器电子元器件和功能材料时,它们将受到总剂量辐射损伤。

（2）对大规模集成电路等微电子器件的单粒子效应。当空间高能带电粒子轰击到大规模、超大规模微电子器件时,造成微电子器件的逻辑状态发生改变,从而使航天器发生异常和故障,称为单粒子效应。单粒子效应是星载计算机中最常见的问题,发生概率远大于总剂量效应。

在进行航天器轨道设计时,首先应该尽可能避开范艾伦辐射带,其次是做好防护措施,包括:通过在卫星器件外加金属防护罩或者蒙皮来减少器件所受到的辐射总剂量;选择合适的器件工艺提高抗辐射能力;采用硬件冗余(包括计算机冗余、存储器冗余)、看门狗电路以防止程序跑飞、系统无响应、死机等故障。

**3. 微重力环境**

当只受重力作用而没有其他力支撑时,物体就失重。物体失重是指其失去重力,而非质量。失重状态下,航天器与航天员都没有其他力支撑。

失重环境有利有弊。其好处缘于如下特点:微重力条件下气体和液体中的热对流消失;不同密度的物质的分层和沉淀消失;液体的静压力消失;容器对液体的束缚力减小。利用这些特点,可以进行空间材料加工和空间药物生产。

失重环境会对人体产生诸多不利影响,如体液转移、改变前庭系统功能、降低肌肉承载能力、脱钙等。

**4. 电磁辐射**

自然界中的一切物体,只要温度在绝对温度零度以上,都以电磁波的形式时刻不停地向外传递能量,这种传递能量的方式称为辐射。物体通过辐射所放出的能量,称为辐射能,简称辐射。辐射有一个重要的特点,就是它是"对等的"。不论物体温度高低都向外辐射,甲物体可以向乙物体辐射,同时乙物体也可向甲物体辐射。这一点不同于传导,传导是单向进行的。辐射被物体吸收时会发生热效应,物体吸收的辐射不同,所产生的温度也不同。因此,辐射是能量转换为热量的重要方式。辐射是以电磁波的形式向外发散的,即以波动的形式传播能量。太阳的电磁辐射包含从波长小于 $10^{-14}$ m 的伽马射线到波长大于 10 km 无线电波的各种波长的电磁波。太阳活动主要表现为太阳黑子和太阳耀斑。

太阳的电磁辐射使航天器太阳能帆板吸收能量,光能转换为电能。目前 90% 已发射的航天器都是采用太阳电池方阵/蓄电池组联合电源供电。航天器太阳电池功率与太阳可见光和近红外波段的光谱辐照度等直接相关。太阳电池方阵输出功率设计值的准确程度与航天器供配电控制关系密切,直接影响航天器飞行任务的完成。

太阳的电磁辐射产生光压,即太阳辐射作用于物体表面而产生的光压。在地球轨道附近,太阳光压大小大约为 5 N/km² ,会微小影响姿态与轨道。对于在近地空间轨道上运行的小航天器,太阳光压对姿控的影响不十分重要,但空间站等大型航天器需要考虑太阳光压的影响。

太阳紫外、极紫外辐射是热层大气中氧原子产生的主要能源,太阳活动的变化会导致氧原子密度的变化达到 1 个数量级以上,加剧对航天器表面的剥蚀作用,破坏太阳电池保护层和热控表面涂层。太阳电池保护层被破坏后可能造成供电功率不足甚至供电故障;热控表面涂层被破坏则可能导致热控失去平衡,某些仪器设备因为超出正常工作范围而无法工作。

太阳紫外辐射对绝缘材料、光学材料和高分子材料有损伤作用,从而对航天遥感器和探测器产生影响,导致其性能退化。高层大气吸收太阳紫外辐射引起大气密度增大,使得航天器所受阻力增加,这也是航天器姿控设计中需要考虑的问题之一。

**5. 真空环境**

随着高度的增加,大气密度减小,大气压强也相应减小。当航天器达到 500 km 高度时,其所处空间的大气密度和大气压强仅为地面上的万亿分之一。地面大气压力约 $1.013 \times 10^5$ Pa,500 km 高度时大气压力降至约 $10^{-7}$ Pa。因此,可以认为此时的空间环境几乎没有空气,几乎没有压强。

真空环境对航天活动的影响表现在以下四个方面。

(1)排气——航天器材料中气体释放。在真空环境下,航天器各种材料(如石墨、环氧材料等)以及敏感器(如光学透镜)等会失去内部的溶解气体和表面的吸附气体,产生排气现象,导致部件拱起、变形。

(2)冷焊——金属部件熔合在一起。在空间高真空条件下,固体表面由于排气现象失去所吸附的气体后,固体表面相互接触时便会发生不同程度的黏合现象,称为黏着。如果除去氧化膜,使表面达到原子清洁程度,在一定的压力负荷下可进一步整体黏着,即引起冷焊。这种现象可使航天器上的一些活动部件出现故障,如加速轴承磨损、电气活动触点卡住、太阳电池帆板伸展困难等。防止冷焊的措施是选择不易发生冷焊的配偶材料,在接触面上涂敷固体润滑剂或设法补充液体润滑剂,镀覆不易发生冷焊的材料膜层。

(3)只有辐射一种热传递方式。150 km 高度时,气压只有 $0.7 \times 10^{-3}$ Pa。研究表明,当气压降至 $10^{-3}$ Pa 以下时,气体的传导和对流传热便可忽略不计。这是因为宇宙空间气体极为稀薄,在单位时间内碰撞到物体的气体分子数目寥寥无几,远远不足以对航天器进行加热。因此,航天器与空间环境之间的热传递几乎完全以辐射形式进行。航天器的温度在白天黑夜有着明显的差异,而且根据航天器表面受晒与否,其温度差异也很大。

(4)宇航员不能无防护出舱。宇航员不能在真空环境中生存,如果需要进入太空环境进行航天器的维修与操作,需要穿戴特制的宇航服。

**6. 空间碎片**

人类航天活动在太空留下的人造物体称为空间碎片,又称空间垃圾。空间碎片包括失效的航天器、末级运载火箭、空间武器试验中的爆炸碎片以及火箭和航天器的排出物等。低于 2000 km 的低轨道(LEO)是碎片的主要集中区域。此外,地球同步轨道(GEO)上形成碎片环。

空间碎片分类如下。

(1)大空间碎片:大于 10 cm。

(2)小空间碎片:小于 1 mm。

(3)危险碎片:大于 1 mm,小于 10 cm。

一般地,直径小于 0.01 cm 的碎片(在近地轨道上数量很多)主要使航天器表面产生凹陷和剥蚀,长期与卫星碰撞可能造成明显的累积影响;直径 0.01~1 cm 的碎片会对航天器产生明显影响,其中,直径大于 0.1 cm 的碎片会对卫星结构造成损害;直径大于 1 cm 的碎片会对航天器造成灾难性的破坏。

近地空间碎片的测量数据来自地基雷达、光学望远镜、天基望远镜,以及对返回航天器表面的分析。

空间碎片的危害很大。由能量公式 $E = mv^2/2$ 可知，能量不仅与质量成正比，还与速度的平方成正比。空间碎片与航天器相撞的平均速度可达到 10 km/s，即 36000 km/h，这样速度下产生的能量是高速公路 100 km/h 汽车的 360 倍。

空间碎片防护问题是各国非常重视的问题。目前航天器上实际采取的防护措施能抵御直径小于 1 cm、质量小于 1.46 g 的空间碎片；对于直径为 1～2 cm 的碎片，目前的防护措施已不管用，需发展更为先进的措施；对于大于 2 cm 的碎片，唯一有效的方法是躲避。对于那些可以监测到的碎片，美国的做法是，发现可能相距 25 km 就变轨规避。

## 1.2　轨道与轨道分布

### 1.2.1　轨道的概念

什么是航天器的轨道？我们可以把它理解成类似汽车的跑道或者是火车的铁轨，不同的是它并非由钢筋水泥构建，而是构建在万有引力、能量守恒定律等基本物理规律上。在不施加外部作用力的情况下，航天器只能沿着固定的轨道运行。因此，我们通过轨道的概念可以理解和预知几乎所有航天器的运动规律。理论上，只要知道航天器的位置、质量和速度，同时知道地球的重力场属性，我们就可以预测任意时刻该航天器的位置、速度等信息。本书中所描述的轨道特指绕地球运行的卫星等航天器在空间中形成的周期性重复的轨迹，即航天器运行时质心运动的轨迹。

我们先用一个简单例子来理解轨道的概念，假设我们手里拿着一个棒球，走到一座高山上，沿水平方向击打棒球，那么棒球必然会沿着一条曲线运动并最终落地。为什么会沿着曲线运动呢？这是由于击球的力量使棒球往外飞，但重力却把它往下拉，综合作用的结果就是棒球轨迹成为一条曲线，卫星轨道形成示意图如图 1-4 所示。

如果初始的水平速度为 0，即不击打棒球，那么棒球会垂直落到地面，这是最简单的情况；随着初始水平速度增大，棒球在落地之前的飞行距离越来越远；假如初始的水平速度足够大，那么它的路线将与地球表面曲线一致，在不考虑空气阻力的情况下，棒球将以相对地面固定的高度围绕地球运动，永远不会落下。

事实上，对位于地球表面上的物体，能够产生这种圆形轨迹的初始速度只有一个，即第一宇宙速度。一般常用的宇宙速度有以下三个。

第一宇宙速度：又称环绕速度，是指物体刚好能够紧贴地球表面做圆周运动的速度，也是人造地球卫星的最小发射速度和最大环绕速度，大小为 7.9 km/s。

第二宇宙速度：又称脱离速度，是指物体摆脱地球引力、脱离地球所需的最小初始速度，大小为 11.2 km/s。

第三宇宙速度：又称逃逸速度，是指在地球上发射的物体摆脱太阳引力束缚、脱离太

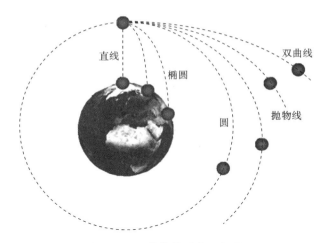

**图 1-4　卫星轨道形成示意图**

阳系所需的最小初始速度,大小为 16.7 km/s。

忽略棒球距离地面的高度,我们给棒球不同的初速度,便会形成不同的轨道形状。

(1)当棒球的初始速度低于第一宇宙速度时,棒球就会在地球引力下逐渐靠近地球,最终落回地球表面,此时棒球运动轨道是椭圆的一部分。

(2)当棒球的初始速度等于第一宇宙速度时,它受到的地球引力刚好可以提供给它做圆周运动的向心力,棒球不会因引力而坠落到地球表面,但也无法摆脱地球引力离开地球,于是便在固定高度的圆形轨道上不停地做圆周运动。

(3)当棒球的初始速度处于第一宇宙速度和第二宇宙速度之间时,棒球不再维持圆周运动,但仍然无法摆脱地球引力而离开地球,此时它将沿一个椭圆轨道做周期性运动。

(4)当棒球的初始速度达到第二宇宙速度或者更高的速度时,产生的轨迹是抛物线和双曲线,此时棒球会彻底摆脱地球引力,远离地球而去。如果这个初始速度小于第三宇宙速度,那么棒球最终会成为太阳的卫星,如果初始速度大于第三宇宙速度,那么棒球最终将飞离太阳系。

无论我们给棒球多大的初始速度,它的运动轨迹始终为圆、椭圆、抛物线或双曲线这四种之一(初始速度为 0 时除外),事实上这四种曲线属于同一类,即圆锥曲线。

圆锥曲线的统一定义为:到定点的距离与到定直线的距离的比 $e$ 为常数的点的集合。如果从几何的角度直观地理解圆锥曲线,可以用一个平面去截取一个双圆锥面,圆锥曲线示意图如图 1-5 所示,得到的相交面的轮廓线就是圆锥曲线,不同的截取方式会得到不同的圆锥曲线。

(1)当平面只与双圆锥面一侧相交,不过圆锥顶点,且与双圆锥面的中心对称轴垂直时,结果为圆。

(2)当平面只与双圆锥面一侧相交,不过圆锥顶点,且与双圆锥面的中心对称轴不垂直时,结果为椭圆。

(3)当平面与双圆锥面的母线平行,且不过圆锥顶点时,结果为抛物线。

(4)当平面与双圆锥面的两侧都相交,且不过圆锥顶点时,结果为双曲线。

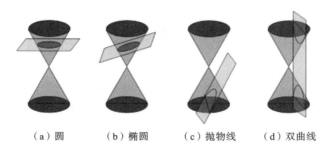

(a) 圆　　　　(b) 椭圆　　　　(c) 抛物线　　　　(d) 双曲线

图 1-5　圆锥曲线示意图

这些约束棒球运动的圆锥曲线实际上就是我们所说的轨道形状。当然,实际中的轨道并不是这么简单的圆锥曲线,因为在航天器的实际运动中,除了受到地球引力作用以外,还受大气阻力、其他天体引力、发动机推力、太阳光压等多种因素的影响,使得航天器的实际轨道运动变得不规则,不是严格按照标准的椭圆曲线运动的。这些将在本书的后续章节深入讲解。

## 1.2.2　轨道的特点

航天器在空间中沿轨道周期性重复运动,具有与航空目标截然不同的运动特性。

**1. 无动力飞行**

航天器在轨道上可以靠惯性飞行,不需要施加任何动力。当然,有些航天器根据任务需要会携带推进剂,定期对轨道进行调整,以对抗大气阻力的影响。航天器用于轨道调整的推进剂用完后,航天器还可以在轨道上继续运行,只是某些轨道特性会缓慢地发生变化。

**2. 轨道平面过地心**

地球引力是维持航天器轨道运行的中心引力,在没有其他动力的情况下,航天器只能沿着以地球质心为焦点的椭圆轨道(圆轨道是椭圆轨道的特例)运行。

**3. 轨道不易改变**

在二体问题的假定下,如果将地球简化为一个质点,且不考虑地球引力之外的其他作用力,此时航天器的轨道具有在惯性空间不发生改变的特点,即在不受外力作用情况下,其轨道不发生变化。

真实情况下,地球不是匀质球体,不能被简化为质点处理,而且在地球引力之外还存在如大气阻力、太阳光压等作用力。因此,真实的轨道在惯性空间存在长期的微小变化。

**4. 轨道越高,速度越低**

$300 \sim 2000$ km 高度的圆轨道航天器绕地球一周需要 $90 \sim 120$ min,运行速度在 $6.9 \sim 7.8$ km/s 之间;20000 km 的航天器绕地球一周大约需要 12 h,运行速度约为 3.9 km/s;36000 km 高度的航天器绕地球一周大约需要 24 h,运行速度约为 3.1 km/s。

### 1.2.3 轨道的分布

**1. 总体分布**

空间目标的空间分布是不均匀的,90％以上的目标位于 300～1000 km、20000 km、36000 km 处,这三处是近地卫星、中高轨道(半地球同步轨道)卫星以及地球同步轨道卫星所采用的轨道,表明空间目标中绝大多数与上述三类卫星有关;空间目标的主体(约 87％)采用偏心率小于 0.1 的近圆轨道,另有约 8％的目标采用偏心率约为 0.7 的大椭圆轨道;空间目标的轨道倾角基本在 50°以上(约 80％),也有少量采用 0°倾角的地球静止轨道(约 2.5％)。

**2. 低轨道目标分布**

低轨道目标指轨道高度小于 1000 km 的目标。低轨道目标是整个空间目标的主体(约 74.5％),且主要分布在 300～1000 km 之间(约 98％),最值得也最易于监视;这些目标基本上采用偏心率小于 0.1 的近圆轨道(约 99％),绝大多数运行在倾角大于 25°的轨道上(约 99％)。

**3. 中轨道目标分布**

这里的中轨道目标是指轨道高度在 1000～25000 km 之间的空间目标。该类目标是空间目标中的另一主体(约 9.56％),主要成分是圆轨道、大倾角的导航星(约 20％,例如 GPS、GLONASS)、低倾角的地球同步转移轨道(约 35％)和少量通信卫星(约 45％)等。

**4. 高轨道目标分布**

这里的高轨道目标是指轨道高度在 25000 km 以上的空间目标。高轨道目标是空间目标中的另一主体(约 9.2％),主要成分是地球同步卫星(约 60％,例如通信卫星)、同步卫星垃圾轨道(30％,42200 km＜轨道高度＜43000 km,对同步轨道资源进行保护,用于放置废弃的同步卫星),几乎所有目标(98％)都是近圆轨道。对于在用受控卫星而言,其轨道倾角保持在 0°附近,占目标总数的 19.3％;其余目标在倾角 0°～15°做周期性的"8"字形运动。

# 1.3　地球的相关概念

## 1.3.1　大地水准面

地球上任一点处所受到的地球万有引力和离心力的合力称为重力,重力的作用线称为铅垂线,铅垂线方向是地面上某点的重力方向。

水处于静止时的表面称为水准面,它是处处与铅垂线正交的曲面。同一水准面上各点的重力位相等,故水准面又称为重力等位面。

铅垂线和水准面是客观存在的,是可以标定的线和面。例如,无线电测量设备的旋转轴与铅垂线一致,方位码盘与水准面一致。其所测定的方位角是在水准面上度量的,俯、仰角则为瞄准方向与水准面的夹角。

显然,不同的重力位对应不同的水准面。众所周知,海洋占地球表面积的71%,故设想海洋处于静止平衡状态(即没有海浪、潮汐、水流和大气压变化等引起的扰动)时,用它延伸到大陆内部的水准面表示地球形状是最为理想的,这个面称为大地水准面。这是一个没有皱纹和棱角的、连续的封闭曲面。地面起伏不同和地球内部物质分布不均匀使大地水准面的形状是不规则的,所以大地水准面不能用一个简单的几何形状和数学公式表示。由大地水准面所包围的形体称为"大地体"。

## 1.3.2　地球椭球体

为了建立统一的地球坐标系,自然要寻求一个形状和大小与大地体非常接近的数学体代替大地体,以其表面作为建立地球坐标系的基础。

虽然,大地体表面存在着不规则的起伏,但这种起伏从全局来看并不很大。所以,若从整体上看,大地体相当于一个规则的形体,即绕短轴旋转的旋转椭球体。旋转椭球体是一个规则的数学体,通常用半长轴 $a$ 和扁率 $f$ 描述。

包含某点和地球椭球旋转轴的平面称为该点的大地子午面,格林尼治的大地子午面为大地起始子午面。用旋转椭球体表示地球时,涉及椭球定位和定向的概念。

椭球定位是指确定椭球中心的位置,可分为两类:局部定位和地心定位。局部定位要求在一定范围内椭球面与大地水准面有最佳的符合,而对椭球的中心位置无特殊要求;地心定位要求在全球范围内椭球面与大地水准面有最佳的符合,同时要求椭球中心与地球质心一致或最为接近。

椭球定向是指确定椭球旋转轴的方向,不论是局部定位还是地心定位,都应满足以下两个平行条件。

(1) 椭球短轴平行于地球自转轴。

(2) 大地起始子午面平行于天文起始子午面(包含格林尼治点的铅垂线且平行于地球自转轴的平面)。

具有确定参数(半长轴 $a$ 和扁率 $f$),经过局部定位和定向,同某一地区大地水准面最佳拟合的地球椭球称为参考椭球。这样建立的参考椭圆在一般情况下仅与各国的(即局部的)大地水准面最为密合,而椭球中心一般不会与地球质心重合,故称为参心椭球("参心"二字意指参考椭球的中心)。

除了满足地心定位和双平行条件外,在确定椭球参数时能使它在全球范围内与大地最密合的地球椭球称为总地球椭球。

表1-2给出了参考椭球类型。随着大地测量的发展,特别是空间技术的应用,根据收集的全球资料,可以确定总地球椭球。为了从几何和物理两个方面研究地球,自1967年开始,国际上明确采用4个参数表示总地球椭球[1],即椭球半长轴 $a$,万有引力常数与地

球质量的乘积 $GM$，地球引力场二阶带谐系数 $J_2$，地球自转角速度 $\omega_E$。扁率 $f$ 可由前 3 个参数导出。表 1-3 是 WGS84 总地球椭球的参数[2]。

表 1-2　参考椭球类型

| 椭球名称 | 年份 | 半长轴/m | 扁率的倒数 $1/f$ | 使用的国家和地区 |
|---|---|---|---|---|
| 贝塞尔(Bessel) | 1841 | 6377397 | 299.15 | 日本及中国台湾 |
| 克拉克(Clarke) | 1866 | 6378206 | 294.98 | 北美 |
| 海福特(Hayford) | 1910 | 6378388 | 297.00 | 欧洲、北美及中东 |
| 克拉索夫斯基(Krassovsky) | 1940 | 6379245 | 298.3 | 俄罗斯、中国 |

表 1-3　WGS84 总地球椭球的参数

| | |
|---|---|
| 半长轴 $a$/m | 6378137 |
| 地球引力常数 $GM$/(m³/s²) | $3.986004418\times10^{14}$ |
| 二阶带谐系数 $J_2$ | $1.0826269\times10^{-3}$ |
| 自转角速度 $\omega_E$/(rad/s) | $7.292115\times10^{-5}$ |
| 扁率(导出) | 1/298.257223563 |

# 1.4　天球的相关概念

## 1.4.1　天球

当我们仰望天空观察天体时，无论是太阳、月球，还是恒星、行星，它们都好像镶嵌在同一个半球的内壁上，而我们自己无论在地球上什么位置，都好像是处于这个半球的中心。这是由于天体离我们太远了，我们在地球上无法察觉不同天体与我们之间距离的差异。因此，为了研究天体的位置和运动，可以引入一个假想的以观测者为球心、以任意长为半径的球，称作天球。由于地球在浩瀚的宇宙中可以看作是一个质点，地心也可以当作地球的中心，因此可以假想一个地心天球，它是以地心为中心、以无穷远为半径的球。

## 1.4.2　天球上的圈和点

### 1. 天顶与天底

通过天球中心 $O$（观测者的眼睛）作铅垂线（即观测者的重力方向）的延长线与天球相交于 $Z$ 和 $Z'$ 两点，如图 1-6 所示。$Z$ 正好位于观测者的头顶上，像是天球的最高点，故称为天顶。

与 $Z$ 相对的另一交点 $Z'$ 必然位于观测者的脚下,所以称为天底。因此,观测者是始终见不到天底的。

**2. 真地平圈**

通过天球中心 $O$ 作一与直线 $ZOZ'$ 垂直的平面。显然,它与天球的交线是一个大圆,称为真地平圈,如图 1-6 所示。与真地平圈垂直的大圆称为地平经圈,也称垂直圈;与真地平圈平行的小圆称为地平纬圈,也称等高圈。

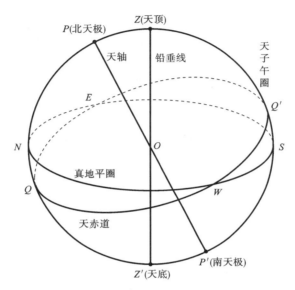

图 1-6　天球上的基本点和基本圈

**3. 天极与天赤道**

如图 1-6 所示,通过天球中心 $O$,作一条与地球自转轴平行的直线 $POP'$,这条直线称为天轴。天轴与天球相交于 $P$ 和 $P'$ 两点,称为天极。$P$ 与地球上的北极相对应,称为北天极;$P'$ 与地球上的南极相对应,称为南天极。

通过天球中心 $O$ 作一个与天轴垂直的平面 $QQ'$,称为天赤道面。显然,它与天球交线也是一个大圆,称为天赤道,它实际上是地球赤道面的延伸。

与天赤道垂直的大圆称为赤经圈,也称时圈;与天赤道平行的小圆称为赤纬圈。

**4. 天子午圈**

在天球上过天顶 $Z$、北天极 $P$ 和天底 $Z'$ 作一个平面,其与天球的交线也是一个大圆 $ZPZ'$,称为天子午圈。

**5. 黄道与黄极**

通过天球中心 $O$ 作一平面与地球公转轨道面平行,这一平面称为黄道面。黄道面与天球的交线是一个大圆,称为黄道。黄道与黄极如图 1-7 所示。

与黄道垂直的大圆称为黄经圈;与黄道平行的小圆称为黄纬圈。

通过天球中心 $O$ 作一垂直于黄道面的直线 $KOK'$,与天球交于 $K$、$K'$ 两点,$K$ 与北天极 $P$ 靠近,称为北黄极;$K'$ 与南天极 $P'$ 靠近,称为南黄极。

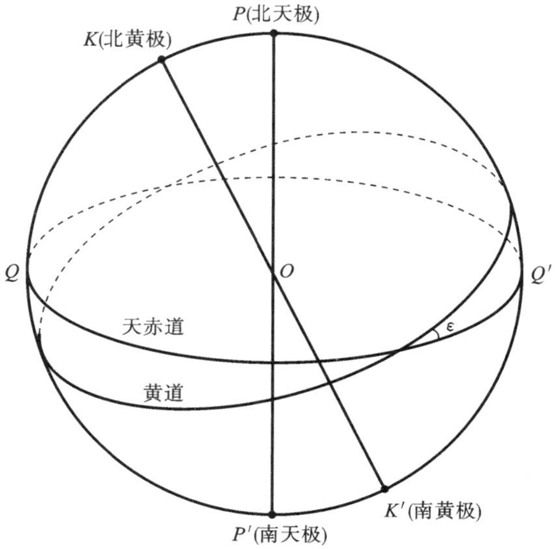

图 1-7　黄道与黄极

　　黄道与天赤道斜交,其交角称为黄赤交角,用 ε 表示。黄赤交角是个变值,平均等于 23.5°。

**6. 周日视运动**

　　地球绕天轴每天自西向东自转一周,在地球上观测时就会觉得所有天体自东向西都在绕天轴做圆周运动,这种由人的视觉效果造成的自然现象在天文上称为周日视运动。

**7. 中天**

　　天体过天子午圈称"中天",天体周日视运动中,每天两次过中天:位置最高(地平高度)称上中天;位置最低称下中天。中天时天顶、天极和天体都在天子午圈上。

**8. 太阳周年视运动**

　　如图 1-8 所示,当地球在轨道上由 $E_1 \rightarrow E_2 \rightarrow E_3 \rightarrow E_4$ 运动时,站在地球上看,就会看到相应太阳在天球上由 $e_1 \rightarrow e_2 \rightarrow e_3 \rightarrow e_4$ 沿黄道运行一周又回到 $e_1$,这称为太阳的周年视运动。

**9. 春分点**

　　太阳沿黄道周年视运动,由天赤道以南穿过天赤道所经过的黄道与天赤道的交点称为春分点,用符号 γ 表示,如图 1-8 所示。

**10. 天体的坐标**

　　在图 1-9 中,$P$、$K$ 和 $Z$ 分别为北天极、北黄极和天顶。作天体 σ 的赤经圈,交天赤道于 $D$;作天体 σ 的黄经圈,交黄道于 $T$。在图 1-9(a)中,从 $Q'$(从天球以外向北天极看)按顺时针方向量度的大圆弧为天体的时角 $t$;从春分点 γ 开始(从天球以外向北天极看)按逆时针方向量度的大圆弧为赤经 $\alpha$,范围为 $0° \sim 360°$(或 $0^h \sim 24^h$);从天赤道分别向北天极和南天极两个方向量度的大圆弧为赤纬 $\delta$,范围为 $0° \sim \pm 90°$,向北天极为正,向南天极

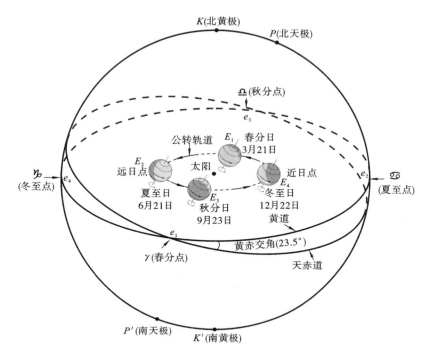

图 1-8　太阳周年视运动与春分点、夏至点

为负。在图 1-9(b)中,从黄道分别向北黄极和南黄极两个方向度量的大圆弧为黄纬 $\beta$,范围为 $0°\sim\pm90°$,向北黄极为正,向南黄极为负。在黄道上由春分点 $\gamma$ 开始(从天球以外向北黄极看)沿逆时针方向量度的大圆弧为黄经 $\lambda$,范围为 $0°\sim360°$。

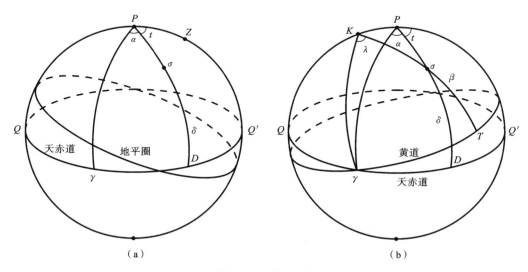

（a）　　　　　　　　　　　（b）

图 1-9　天体的坐标

### 1.4.3 岁差

岁差,更精确地讲是春分点岁差,它由赤道和黄道的运动引起。其中由赤道运动引起的岁差称为赤道岁差;由黄道运动引起的岁差为黄道岁差[3]。赤道岁差一直被称为日、月岁差,黄道岁差一直被称为行星岁差。随着观测精度的不断提高,必须顾及行星的万有引力对地球赤道隆起部分的力矩导致的赤道面的进动,而不能像以前忽略不计,于是沿用一百多年的术语"日、月岁差"和"行星岁差"就显得不够准确,容易引起误解,因而第 26 届国际天文学联合会(International Astronomical Union,IAU)大会决定采用 Fukushima 的建议,将日、月岁差和行星岁差改称为赤道岁差和黄道岁差。

**1. 赤道岁差**

天极的运动是一条复杂的曲线,这条曲线大致上可以认为是一条波纹线,如图 1-10(a)所示。为了便于讨论,把实际的天极运动分解为两种运行:如图 1-10(b)所示,一种运动是一个假想天极 $P_0$ 绕黄极沿小圆运动,这个假想天极称为平天极,简称平极;另一种是实际的天极 $P$ 绕平天极 $P_0$ 的运行,实际的天极称为真天极,简称真极。平极的运动导致赤道岁差。真极绕平极的运动称为章动。某一瞬间平天极对应的天赤道是该瞬间的平赤道,该瞬间的黄道相对平赤道的升交点称为平春分点。某一瞬间真天极对应的天赤道是该瞬间的真赤道,该瞬间的黄道相对真赤道的升交点称为真春分点。

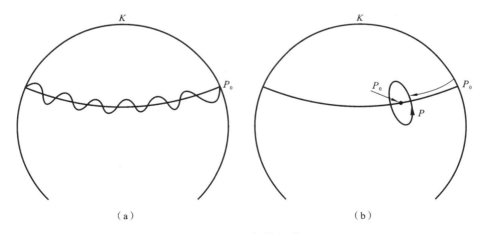

（a）　　　　　　　　　　　　（b）

**图 1-10　天极的运动**

图 1-11 中的椭球为地球椭球,$O$ 为地球的质心。$PP'$ 为过地球自转轴的一条直线,即天轴,$qq'$ 表示地球赤道平面,$KK'$ 为过黄极的直线,垂直于黄道面,$A_1$ 和 $A_2$ 为地球赤道隆起部分的重心,中间的部分为一圆球。这样就人为地将地球分为三个部分。图 1-11 中的 $M$ 表示月球(或太阳、行星),$OR$ 为月球对地球球形部分的万有引力,$A_1B_1$ 和 $A_2B_2$ 分别为月球对两个赤道隆起部分的万有引力。将 $A_1B_1$ 和 $A_2B_2$ 进行分解,其中一个分力与 $OR$ 平行,即图 1-11 中 $A_1C_1$ 和 $A_2C_2$;另一个分力与 $OR$ 垂直,即图 1-11 中的 $A_1G_1$ 和 $A_2G_2$。三个相互平行的力 $OR$、$A_1C_1$ 和 $A_2C_2$ 可直接相加,其和即为月球对整个地球在地

心至月心方向上的万有引力。力偶 $A_1G_1$ 和 $A_2G_2$ 会产生一个垂直纸面向外的旋转力矩 $OF$。该力矩与地球自转力矩 $OP$ 可按平行四边形法则进行矢量相加。这就表明在太阳、月球和行星对赤道隆起部分的万有引力的作用下，地球自转轴总是垂直与纸面（即过天轴和黄极的平面）向外的方向运动。因为天球赤道面始终是垂直于天轴的，所以当天轴从 $OP$ 移动至 $OP_1$ 时，天球赤道也将相应的移动，从而使得平春分点发生变化。由于日、月行星的引力是连续的，因而北天极将在天球上围绕北黄极在半径为黄赤交角 $\varepsilon$ 的小圆上连续向西运动（顺时针方向旋转），其运动速度为 $50.29''/$ 年，如图 1-12 所示。

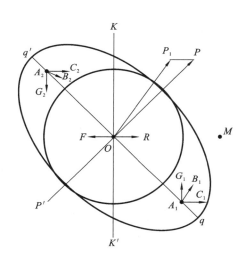

图 1-11　赤道岁差的几何解释

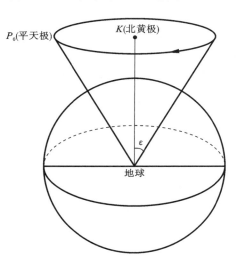

图 1-12　平天极的运动

**2. 黄道岁差**

除了赤道岁差外，太阳系中的行星对地球和月球产生万有引力，还会影响地月系（地球与月球构成的天体系统）质心绕日公转的轨道平面，使黄道面产生变化，进而使春分点产生移动，我们将这种岁差称为黄道岁差。黄道岁差不仅会使春分点在天球赤道上每年东移约 $0.1''$，还会使黄赤交角也发生变化。

**3. 总岁差和岁差模型**

在赤道岁差和黄道岁差的共同作用下，春分点的运动状况如图 1-13 所示。图 1-13 中，$Q_0Q_0'$ 为参考时刻 $t_0$ 的平赤道，其交点 $\gamma_0$ 为该时刻的平春分点。由于赤道岁差，平赤道从 $Q_0Q_0'$ 移至 $QQ'$，春分点 $\gamma_0$ 也相应地西移至 $\gamma_1$。由于黄道岁差，黄道将从 $E_0E_0'$ 移至 $EE'$，从而使平春分点最终从 $\gamma_1$ 东移至 $\gamma$，

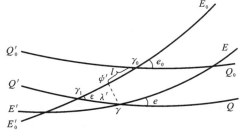

图 1-13　春分点的运动状况

其中，$\gamma_0\gamma_1 = \psi'$，$\gamma_1\gamma = \lambda'$。从图 1-13 中不难看出，由于赤道岁差和黄道岁差的综合作用，平春分点从 $\gamma_0$ 移至 $\gamma$，从而使天体的黄经发生变化，其变化量 $l$ 为

$$l = \psi' - \lambda'\cos\varepsilon \tag{1-1}$$

$l$ 称为黄经总岁差。

迄今为止,已相继建立了多个岁差模型,如 IAU 1976 岁差模型(L77 模型)[4]、IAU 2000 岁差模型[5]、IAU 2006 岁差模型(P03 模型)[6]等,这些模型的相关计算公式见附录 A.1。

## 1.4.4 章动

如果由于日、月对地球隆起部分的万有引力而产生的旋转力矩 $OF$(见图 1-11)是一个恒量,那么地轴 $OP$ 围绕 $OK$ 轴在一个圆锥面上匀速旋转,也就是说,北天极 $P$ 围绕北黄极 $K$ 在半径为 ε(黄赤交角)的小圆上匀速地向西运动。但实际情况并非如此,因为月球和太阳相对于地球的位置在不断地变化(太阳、月球与地球赤道面之间的夹角以及它们离地球的距离都会发生变化)。此外,由于行星相对于地球的位置也在不断地变化,从而导致黄道面产生周期性的变化。这一切都使北天极、春分点、黄赤交角等在总岁差的基础上产生额外的周期性微小摆动,我们将这种周期性微小摆动称为章动。

在岁差和章动的综合作用下,真正的北天极不再沿着图 1-14 中的小圆向西移动,而是沿着图中波浪形的曲线运动。

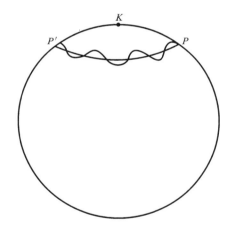

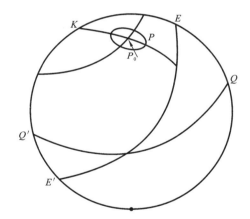

图 1-14　真天极的运动轨迹　　　　　图 1-15　章动椭圆示意图

为讨论问题方便,我们将实际上很复杂的天极运动分为两个部分:一部分为岁差运动,即暂不考虑旋转力矩复杂的周期性运动而将其视为常量,此时北天极将围绕北黄极在半径为 ε 的小圆上向西移动,其运动速度以及这种运动对天体坐标的影响已在 1.4.3 节中讨论;第二部分是真正的天极围绕平天极在一个椭圆上做周期运动。该椭圆的长半径约为 9.2″,短半径为 6.9″,周期为 18.6 年。我们将该椭圆称为章动椭圆(见图 1-15)。实际上,存在许许多多的因素皆会使天极产生幅度和周期不等的周期性震动,例如,由于月球和地球的公转轨道皆为椭圆,故月地距和日地距也随着时间的变化而变化,从而引起旋转力矩的周期性变化。所以真正的天极并不在一个光滑的椭圆上绕平天极运动,其运动轨迹是一条十分复杂的曲线,其中包含了许多小的周期性运动,如图 1-16 所示。因

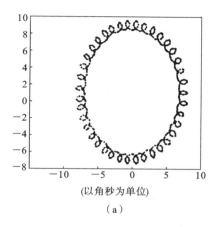
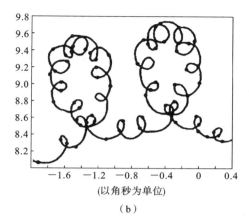

(以角秒为单位)　　　　　　　　　　(以角秒为单位)

（a）　　　　　　　　　　　　　　（b）

图 1-16　章动中包含的小的周期运动

此严格地说,应将章动称为章动序列。

在 IAU 1980 章动理论中,章动是由 106 个周期项组成的,其振幅从 0.0001″至 9.2″,周期从 4.7 天至 6798.4 天(18.6 年)。IAU 2000 章动模型是由日、月章动和行星章动两部分组成的,其中日、月章动是由 678 个不同幅度、不同周期的周期项组成的,行星章动是由 687 个不同幅度和不同周期的周期项组成的。

在图 1-17 给出的天球中,$K$ 为黄极,$P_0$ 和 $P$ 分别为平天极和真天极,$\gamma_0$ 和 $\gamma$ 分别为平春分点和真春分点。图 1-17 中还给出了天球平赤道和天球真赤道、平黄赤交角和真黄赤交角。当真天极围绕平天极做周期运动时,真春分点相对于平春分点、真赤道相对于平赤道也都做相应的周期运动,黄赤交角也会产生周期性的变化。真天极绕平天极运动而引起的春分点在黄道上的位移称为黄经章动,用符号 $\Delta\psi$ 表示,$\Delta\psi=\gamma_0\gamma$;所引起的黄赤交角的变化称为交角章动,用符号 $\Delta\varepsilon$ 表示,$\Delta\varepsilon=\varepsilon-\varepsilon_0$。

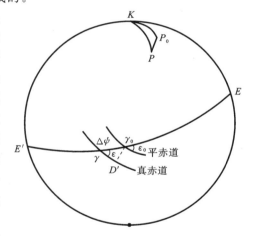

图 1-17　章动引起的黄赤交角变化

黄经章动 $\Delta\psi$ 和交角章动 $\Delta\varepsilon$ 的数值可用章动模型(章动理论)求得。随着人们对地球结构和特性了解的不断深入,以及观测精度的提高和观测资料的累积,至今已建立了不少的章动模型,如 IAU 1980 章动模型[7]、IAU 2000 章动模型[8]等,这些模型的相关计算公式见附录 A.2。

## 1.4.5　极移

由于地球不是刚体以及其他一些地球物理因素的影响,地球自转轴相对于地球内部的位置不是固定不变的。

地球自转轴与地球表面的交点称为地球极点。由于地球自转轴在地球体内的运动，地球极点在地球表面的位置随时间变化而变化，这种现象简称极移。随时间变化的地球自转轴称为瞬时轴，相应的极点称为瞬时极。通常将瞬时极在某一段时间内的平均位置定义为该段时间内的平均极。极移是地极的移动，不涉及天极在天球上的变化。

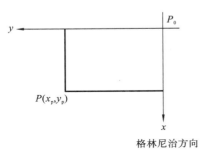

图 1-18　极移示意图

由于瞬时极在地面上移动的范围较小，故可以取一个通过地极轨线中心与地球表面相切的平面代替这一范围内的地球球面。在此平面上取一个平面直角坐标系描述地极的运动。在图 1-18 中，$P_0$ 表示地极在某一时期内的平均位置，即地极运动轨迹的中心，这一点简称平极。以平极 $P_0$ 作为坐标系的原点，由平极指向格林尼治方向为 $x$ 轴的正向，格林尼治以西的子午线方向为 $y$ 轴的正向。$P$ 表示瞬时极。由图 1-18 可以看出，瞬时极 $P$ 的位置可以用其相对于平均极 $P_0$ 的直角坐标 $(x_p, y_p)$ 表示。

历史上坐标原点 $P_0$ 有两种取法：一种是在 1960 年，国际大地测量学与地球物理学联合会（International Union of Geodesy and Geophysics，IUGG）规定以 1900—1905 年间瞬时极的平均位置作为 $P_0$，并称为国际协议原点（Conventional International Origin，CIO）或协议地极（Conventional Terrestrial Pole，CTP）。与 CIO 相对应的地球赤道面称为协议赤道面，另一种是国际时间局（Bureau International de l' Heure，BIH）所采用的地极坐标原点。两种不同取法的坐标原点相差不到 1 m。

1987 年，BIH 撤销，同年 IAU 和 IUGG 共同创立了国际地球自转服务（International Earth Rotation Service，IERS）机构，该机构接管了 BIH 关于地球自转部分的工作，并于 1988 年 1 月 1 日正式开始运作，2003 年该机构更名为国际地球自转与参考系服务（International Earth Rotation and Reference Systems Service），仍用 IERS 简称。IERS 采用 BIH 在 1984 年定义的平均极作为其参考轴，并命名为 IERS 参考极（IERS Reference Pole，IRP）。目前 IERS 通过公告 B 发布每隔一天一组的 $(x_p, y_p)$ 值（单位为弧秒）。需要注意的是，IERS 所提供的 $x_p$ 和 $y_p$ 值是天球历书极（Celestial Ephemeris Pole，CEP）相对于 IRP 的坐标，而 CEP 与瞬时极的差别为 CEP 不包括地球的准周日变化项，其振幅小于 $0.01''$。

轨道计算中所需地极的位置由 IERS 公报 B 给出的极移值内插得到，在相关轨道计算中，当有新的可用信息时，数据表就要被扩展。若所需时间不在数据表的时间跨度内，则可用与之最接近的时间点代替。

# 1.5　轨道常用仿真软件介绍

在卫星轨道计算和航天任务分析领域，有许多开源或商业仿真软件可供使用，如

STK、ODTK、GMAT 等[9]-[13]，下面我们介绍几个常用的仿真软件。

## 1.5.1　STK 软件简介

卫星工具软件(Satellite Tool Kit，STK)是航天领域中先进的系统分析软件,由美国分析图形公司(Analytical Graphics Inc，AGI)研制,用于分析复杂的陆地、海洋、航空及航天任务[14]。STK 提供逼真的二维、三维可视化动态场景,以及精确的图表、报告等多种分析结果,在航天飞行任务的系统分析、设计制造、测试发射和在轨运行等各环节中都有广泛应用,在军事遥感卫星的战场监测、覆盖分析、打击效果评估等方面同样具有极大的应用潜力。

STK 起初多用于卫星轨道分析,最初应用集中在航天、情报、雷达、电子对抗、导弹防御等方面。但随着软件不断升级,其应用也得到进一步的深入,STK 现已逐渐扩展成分析和执行陆、海、空、天、电(磁)任务的专业仿真平台。STK 软件于 2012 年发布 10.0 版本,由 Satellite Tool Kit(卫星工具软件)更名为 System Tool Kit(系统工具软件)。目前,世界上有超过 450 家大型公司、政府机构、研究和教育组织正在使用 STK 软件,专业用户超过 3 万人。STK 正在许多商业、政府和军事任务中发挥越来越重要的作用,成为业界最有影响力的航天软件之一。

STK 基本模块的核心能力是生成位置和姿态数据、进行可见性及覆盖分析,其他基本分析能力包括轨道预报算法、姿态定义、坐标类型和坐标系统、遥感器类型、高级约束条件定义,以及卫星、城市、地面站和恒星数据库。对于特定的分析任务,STK 还提供附加模块,可以解决通信分析、雷达分析、覆盖分析、轨道机动、精确定轨、实时操作等问题。

STK 具有以下特点。

(1) 功能强大,可用于空间任务、航天器设计、探测器网络、电子战/通信、导弹防御、导航控制、地理信息分析、体系设计等任务周期的全过程。

(2) 使用简单,用户无需具备深厚的专业知识即可完成遮蔽分析、轨道设计、坐标转换、姿态分析、覆盖分析、空间环境分析、系统效能分析等工作,并具备强大的交互式图文输出能力。

(3) 数据完善,提供完备的卫星、城市、地面站和恒星数据库,数据来自多个权威机构,并可在线更新。

(4) 三维显示,具有强大的三维可视化功能,为 STK 和其他附加模块提供逼真的三维显示环境。

(5) 实时性,支持实时的数字/半实物仿真。

(6) 扩展性,提供丰富的应用程序编程接口(Application Programming Interface，API)和函数库,能够与 Visual Studio、Matlab 等软件协同仿真。

## 1.5.2　ODTK 软件简介

AGI 公司开发的商用轨道计算软件(Orbit Determination Tool Kit，ODTK)可以快

速、准确地执行轨道计算任务[15]。ODTK 于 2003 年 10 月作为商业产品 STK/OD 推出。最新版本(ODTK 7)功能更加丰富,且面向全球客户群,包括航空航天企业、国际政府和学术机构。

ODTK 包括一个数据模拟器、一个类卡尔曼顺序滤波器、一个固定间隔平滑器和一个可变滞后平滑器。ODTK 还提供初始轨道确定(IOD)功能和传统的加权最小二乘(LS)估计器。ODTK 操作可以通过脚本和自定义"插件"模型实现自动化,并且可以自定义报告和图表以获得量身定制的结果。从卫星跟踪数据中,ODTK 的滤波器可以同时估计多颗卫星的轨道,以及相应的卫星参数,如弹道系数、太阳光压系数等。它还可以处理地基和天基跟踪中随时间变化的转发器偏差和大气密度校正问题。

## 1.5.3　SOFA 软件简介

基础天文标准库(Standards of Fundamental Astronomy,SOFA)是国际天文学联合会(IAU)赞助开发的一套关于地球姿态、时间尺度和历法的程序集,旨在为天文计算提供权威、有效的算法程序和常数数值[16]。在 1994 年的 IAU 大会上,IAU 天文标准工作组提出了创立 SOFA 的提案。1997 年,SOFA 评审委员会正式创立,并设置了发布代码的 SOFA 中心,有利于推动天文学和空间大地测量学的研究,使人们把主要精力集中到创新性研究中去,而不是浪费在重复编程中。

SOFA 具有独立性和跨平台性,第一版代码于 2001 年 10 月底公布,截至 2023 年 10 月共发布 19 个版本。该程序库利用 IAU 最新批准的基础天文模型和理论编制程序,尽量挖掘计算机的运算精度。最新版(20231011 版)包括 248 个子程序,主要由两部分组成:天文库和矢量矩阵运算库。其中前者有 193 个子程序,涉及日历、天体测量、时间尺度、地球自转、星历表、岁差章动、星表变换、坐标系变换等内容;后者有 55 个子程序,主要功能是矢量和矩阵的各类操作。

## 1.5.4　Matlab 航空航天工具箱简介

Matlab 航空航天工具箱(Matlab Aerospace Toolbox)为分析航空航天飞行器的运动、任务和环境提供了标准的工具和函数[17]。其中包括航空航天数学运算、坐标系和空间转换,以及经过验证的环境模型,可用于解释飞行数据。该工具箱还包括二维和三维可视化工具以及标准座舱仪表,以用于观察飞行器运动。

借助该工具箱,可以设计并分析卫星和地面站场景。可以根据轨道根数预报卫星轨迹,载入卫星和星座星历表,执行任务分析(如卫星可见性分析等)。

# 思　考　题

1. 请简述岁差、章动和极移的定义。

2. 什么是总地球椭球体和参考椭球体?

3. 春分点、秋分点、夏至点、冬至点分别是图 1-19A、B、C、D 中的哪一个? 请简述它们的含义。

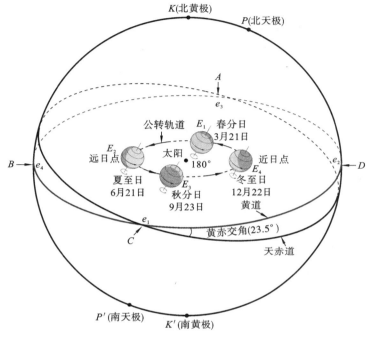

图 1-19 题 3 图

# 第2章

# 时间系统与坐标系统

时间系统与坐标系统是表示观测站位置、描述卫星运动和处理观测数据的数学与物理研究的基础。描述卫星的运动通常都是在天球坐标系中,而地面站的位置及对目标的观测(如雷达)又是基于地球坐标系的,此外,卫星轨道计算还涉及世界时、原子时等多种时间系统。本章介绍各种时间系统和坐标系统的定义及其转换关系,它们是研究卫星运动的基础。

## 2.1  时间系统及其转换

时间是描述物质运动的基本变量,物质运动也为时间的计量提供了参考。通常所说的时间计量实际包括了两个含义:一个是时间间隔,即两个物质运动状态之间经过了多长的时间;另一个是时刻,即物质的某一个运动状态瞬间与时间坐标轴原点之间的时间间隔。因此,一个计时系统要确定初始历元和秒长两个基本要素,其中确定秒长是最重要的问题。

时间的计量一般是通过选定某种均匀的、可测量的、周期性的运动作为参考基准而进行的。我们选择的周期运动现象不同,便产生了不同的时间系统。轨道动力学涉及的重要时间系统包括以下系统。

(1) 世界时(Universal Time,UT)系统:为了表达地面观测与空间固定参考系的关系,需考虑地球在惯性空间中随时间变化的位置关系,此时,通用的时间系统为基于地球自转现象的世界时系统。

(2) 原子时(Atomic Time,AT)系统:为满足精确测量信号传播时间的需求,如卫星测距等,需要使用一个统一的、高解析度的、易于各界接受的时间系统。通用的时间系统是基于原子物理得到的原子时系统。

（3）动力学时（Dynamical Time，DT）系统：为了精确描述卫星的运动，需要均匀的时间观测量作为卫星运动方程的独立变量，通用的时间系统为由地球、太阳等天体的轨道运动所得到的动力学时系统。

## 2.1.1 世界时系统

地球的自转运动是连续且比较均匀的，人类最先建立的时间系统——世界时系统，便是以地球自转运动为基准。基于观察地球自转运动时，根据所选空间参考点不同，世界时又可分为恒星时、太阳时和世界时等。

**1. 恒星时**（Sidereal Time，ST）

以春分点 $\gamma$ 作为参考点，由它的周日视运动所确定的时间称为恒星时，记为 $s$。春分点连续两次经过本地子午圈（上中天）的时间间隔称为一个恒星日。每一个恒星日等分为 24 个恒星小时，每一个恒星小时再等分成 60 个恒星分，每一个恒星分又等分为 60 个恒星秒，所有这些单位称为计量时间的恒星时单位。

恒星时的起点是春分点 $\gamma$ 刚好在观测站上中天的时刻，所以恒星时在数值上等于春分点 $\gamma$ 的时角 $t_\gamma$，即

$$s = t_\gamma \tag{2-1}$$

因为恒星时是以春分点通过本地子午圈时刻为原点计算的，同一瞬间不同观测站的恒星时各异，恒星时具有地方性，所以有时也称为地方恒星时。

由于岁差、章动的影响，地球自转轴在空间的指向不是固定的，春分点在天球上的位置也不固定。对于同一历元，有真天极和平天极、真春分点和平春分点之分，相应的恒星时有真恒星时和平恒星时之分，恒星时的定义如图 2-1 所示。

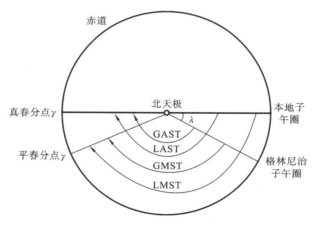

图 2-1 恒星时的定义

地方真恒星时（Local Apparent Sidereal Time，LAST）：真春分点地方时角。

地方平恒星时（Local Mean Sidereal Time，LMST）：平春分点地方时角。

格林尼治真恒星时（Greenwich Apparent Sidereal Time，GAST）：真春分点的格林

尼治时角。

格林尼治平恒星时(Greenwich Mean Sidereal Time，GMST)：平春分点的格林尼治时角。

### 2. 太阳时(Solar Time，ST)

太阳视圆面中心称为真太阳。以真太阳作为参考点，由它的周日视运动所确定的时间称为真太阳时(Apparent Solar Time)，简称真时或视时。真太阳时除参与因地球自转引起的周日视运动外，还有因地球公转引起的周年视运动，因此真太阳的周年视运动是不均匀的。这主要表现在两个方面：① 太阳的周年视运动速度不均匀，在近日点的速度最快，在远日点的速度最慢；② 黄道与天赤道存在夹角，太阳的周年视运动是沿黄道进行的，真太阳的时角是沿天赤道度量的，因此即使太阳的周年视运动速度是均匀的，反映在天赤道上时角的变化也是不均匀的。时角变化的不均匀导致真太阳日长不一，最长日和最短日相差 51 s 之多，因此真太阳时不符合时间计量的基本要求。

为弥补真太阳时不均匀的缺陷，19 世纪末纽康提议用一个假想的太阳代替真太阳，作为测定时间的参考，即平太阳，相应的时间系统称为平太阳时(Mean Solar Time)。

平太阳也和真太阳一样有周年视运动，但有两点不同：①平太阳的周年视运动轨迹是天赤道而不是黄道；②平太阳在天赤道上运行的速度是均匀的，等于真太阳周年视运动速度的平均值。显然，平太阳与真太阳有密切联系，但又不存在真太阳运动不均匀的缺点。

平太阳连续两次上中天的时间间隔称为一个平太阳日，简称平时，记为 $m$。每一个平太阳日等分为 24 个平太阳小时，每一个平太阳小时再等分成 60 个平太阳分，每一个平太阳分又等分为 60 个平太阳秒，所有这些单位称为计量时间的平太阳时单位。为与生活习惯相协调，将平太阳时的零时定义为平太阳下中天的时刻，即

$$m = t_m + 12^h \tag{2-2}$$

式中：$t_m$ 为平太阳的时角。若 $t_m > 12^h$，则从 $m$ 减去 $24^h$。

与恒星时一样，平太阳时也具有地方性，故常称为地方平太阳时或地方平时。

### 3. 世界时(Universal Time，UT)

格林尼治地方平时称为世界时。世界时系统是以地球自转为基础，但由于地球自转轴有极移现象，且地球的自转因长期减缓、短周期变化、季节性变化等导致速度不均匀。为了弥补地球自转周期不稳定的缺陷，从 1956 年开始，便在世界时中引入了极移改正和地球自转速度的季节性改正，得到 UT1 和 UT2 世界时，而未经改正的世界时，一般表示为 UT0，它们的关系如下。

(1) UT0。格林尼治的平太阳时即称为世界时 UT0，它是直接由天文观测测定的，对应瞬时极的子午圈。

(2) UT1。UT0 加上极移改正后的世界时，即

$$UT1 = UT0 + \Delta\lambda_s \tag{2-3}$$

式中：$\Delta\lambda_s$ 为极移改正量，其表达式为

$$\Delta\lambda = \frac{1}{15}(x_p\sin\lambda - y_p\cos\lambda)\tan\varphi \tag{2-4}$$

式中：$\varphi$、$\lambda$ 为天文经度与纬度；$x_p$、$y_p$ 为极移量。由于地球自转速度不均匀，UT1 并不是均匀的时间尺度。

（3）UT2。UT1 加上地球自转速度的季节性变化后的世界时，即

$$UT2 = UT1 + \Delta T_s \tag{2-5}$$

式中：$\Delta T_s$ 为地球自转速度的季节性变化改正量，它是地球自转周期变化中的主项（另外还有一些影响较小的周期项）。UT2 未能消除地球自转的长期慢变化和不规则变化的影响，因而仍然是不均匀的。

由于 $\Delta T_s$ 较小，而 UT1 又直接与地球瞬时位置相关，因此，对于一般精度要求，就可用 UT1 作为统一的时间系统，我们平时所说的世界时一般指 UT1。

## 2.1.2　原子时系统

原子时是以物质内部原子运动的特征为基础建立的时间系统。

**1. 国际原子时**（International Atomic Time，TAI）

1967 年 10 月，第 13 届国际度量衡会议决定引入新的国际单位秒长——原子时秒长，它定义为：位于海平面上铯原子基态的两个超精细能级间在零磁场中跃迁辐射振荡 9192631770 周所经历的时间。由这种时间单位确定的时间系统称为国际原子时。原子时的起点定为 1958 年 1 月 1 日 $0^h$UT2，原本希望在这一瞬间 TAI 时刻与 UT2 时刻相同，但由于技术上的原因，事后发现这一瞬间原子时比世界时慢了 0.0039 s，这个差值就作为历史事实被保留下来。

原子时是目前人类所能应用的精度最高的计时系统，其准确度可达 $1 \times 10^{-15}$ s。如此高的准确度使得在时间的计量中必须考虑广义相对论效应，原子钟在不同的位置、速度下将得到不同的原子时秒长。例如，TAI 的秒长是在地心参考架旋转大地水准面上定义的。

**2. 协调世界时**（Universal Time Coordinated，UTC）

由世界时和原子时的定义可以看出，世界时可以很好地反映地球自转，但其变化是不均匀的；原子时的变化虽然比世界时均匀，但它却与地球自转无关，而很多问题却涉及计算地球的瞬时位置，又必须使用世界时。因此，为了兼顾两者的长处，建立起协调世界时（UTC）。根据国际规定，协调世界时的秒长与原子时的秒长一致，其时刻与世界时 UT1 的偏离不超过 0.9 s。因此，协调世界时是一种基本秒长等同于原子时，而在时刻上靠近世界时的混合时间尺度。

协调世界时的历元与世界时的历元相同，其秒长与原子时秒长相同。由于世界时有长期变慢的趋势，为了避免发布的原子时与世界时产生过大的偏差，1972 年规定两者的差值保持在 ±0.9 s 以内，为此，可能在每年的年中或年底对协调世界时的时刻做一整秒的调整，加上一秒称正跳秒，去掉一秒称负跳秒，具体的调整由国际时间局（BIH）根据天文观测资料做出跳秒决定并公布。在引用 UTC 时必须注意这一跳秒问题。UTC 是航天测控系统中时间同步的标准信号。

## 2.1.3　动力学时系统

动力学时是天体动力学理论研究以及天体历表编算中所用的时间,即广义相对论框架中的坐标时。1976年,IAU定义了天文学常用的两种动力学时:以太阳系质心为原点的局部惯性系中的坐标时称为太阳质心动力学时(Barycentric Dynamical Time,TDB);以地球质心为原点的局部惯性系中的坐标时称为地球动力学时(Terrestrial Dynamical Time,TDT)。太阳、月球、行星历表及岁差与章动公式中以TDB作为时间尺度,近地航天器动力学方程采用TDT作为独立时间变量。

地球动力学时建立在国际原子时的基础上,并规定1977年1月1日 $0^h0^m0^s$ TAI瞬时对应的地球动力学时为1977年1月1.0003725日(即1日 $0^h0^m32.184^s$);地球动力学时的基本单位为日,包含86400国际制秒。由此可知

$$TDT = TAI + 32.184 \tag{2-6}$$

IAU最初关于TDT的定义有诸多模糊和争议之处,为此在1991年第21届IAU大会上重新定义了地球时(Terestrial Time,TT),TT取代TDT作为视地心历表的时间变量,它表示的是在大地水准面上的时间标准。同时引进了两个新的时间,即地心坐标时(Geocentric Coordinate Time,TCG)和质心坐标时(Barycentric Coordinate Time,TCB),前者是以地球质心为空间原点的参考系的时间坐标,后者是以太阳系质心为空间原点的参考系的时间坐标。TT与TCG的变化率成线性关系

$$\frac{d_{TT}}{d_{TCG}} = 1 - L_G \tag{2-7}$$

式中: $L_G = 6.969290134 \times 10^{-10}$ 。

根据协议,定义了TT瞬间1977年1月1日 $0^h0^m32.184^s$ 和TCG瞬间1977年1月1日 $0^h0^m32.184^s$ 完全对应于TAI瞬间1977年1月1日 $0^h0^m0^s$ 。因此存在下列关系

$$TT = TCG - L_G(JD_{TCG} - T_0) \times 86400 \tag{2-8}$$

式中:$JD_{TCG}$ 是TCG时间的儒略日;常数比例因子 $L_G = 6.969290134 \times 10^{-10}$ , $T_0 = 2443144.5003725$ 为1977年1月1日 $0^h0^m32.184^s$ TT对应的儒略日。

TT与TDT是等价的,可以认为都是在大地水准面上实现的与国际单位制(SI)一致的理想化的原子时。

TCG和TCB只是给出了广义相对论框架下两种理想化的时间尺度,由于一些历史原因和计量上的困难,实际应用并不多。在地心与地面的星历表中多采用TT作为时间尺度,例如各国颁布的天文年历;太阳、行星、月球的星历表多采用TDB作为时间尺度。

## 2.1.4　年、历元和儒略日

前面讨论了计量时间的基本单位——日和秒。为了度量更长的时间间隔,还要采用以地球绕太阳公转运动为基础的时间单位"年"和以月球绕地球公转运动为基础的时间单位"月"。为推算年、月、日的时间长度和制定时间的序列,还需要采用不同的历法。

**1. 年**

地球绕太阳公转运动的周期称为年。地球公转运动在天球上反映的是太阳的周年视运动，根据参考点不同，也有不同的"年"。回归年是太阳中心在天球上连续两次通过春分点的时间间隔，长度为 365.2422 平太阳日。恒星年是太阳中心在天球上连续两次通过某一恒星的黄经圈所需要的时间间隔，长度为 365.2564 平太阳日，这是地球绕太阳公转的平均周期。

公元前 46 年，罗马统治者儒略·恺撒采用天文学家索西琴尼的意见制定了儒略历（Julian Calendar）。儒略历以回归年作为历法的基本单位，平年 365 日，闰年 366 日。凡公元年份能被 4 整除的为闰年，因此历年的平均长度为 365.25 平太阳日，称为儒略年。

因儒略年的长度与回归年相差 0.0078 日，400 年累计多出 3.12 日，到 16 世纪后期累差已达 10 日。为消除这个差数，1582 年罗马教皇格里高利十三世修订了儒略历的设置闰法则，规定公元年数被 4 除尽的仍为闰年，但世纪年只有被 400 除尽的才为闰年。这样 400 年中只有 97 个闰年，使历年的平均长度为 365.2425 平太阳日，更接近回归年的长度。修订后的历法于 1582 年颁行，称为格里历（Gregorian Calendar），也就是现今全世界通用的公历。

**2. 历元**

在计算航天器轨道和天体坐标时，常选定某一瞬间作为讨论问题的起点，称为历元（Epoch）。

1984 年以前使用的是贝塞尔历元，其长度为回归年的长度，即 365.2422 平太阳日，在年份前加 B 表示。贝塞尔年历元是指太阳平黄经等于 280° 的时刻，例如 B1950.0，并不是 1950 年 1 月 1 日 0 时，而是 1949 年 12 月 31 日 $22^h09^m42^s$（世界时）。另一种就是儒略历元，其长度为 365.25 平太阳日，在年份前加 J 表示，例如 J1950.0，即 1950 年 1 月 1 日 0 时。显然，引入儒略年较为方便。因此，从 1984 年起天文年历采用标准历元 J2000.0 代替 B1900.0，J2000.0 对应 2000 年 1 月 1.5 日 TT 时。

**3. 儒略日**

儒略日（Julian Day，JD）是一种不涉及年、月等概念的长期连续记日法，在天文学、轨道计算中经常使用。这种方法是由法国学者 Joseph Justus Scaliger 于 1583 年提出的，为了纪念他的父亲（与古罗马皇帝儒略·恺撒同名）而命名为儒略日，它与儒略历毫无关系。计算跨越多年的两个时刻间的间隔，采用这种方法显得特别方便。儒略日的起点为公元前 4713 年 1 月 1 日 $12^h$（世界时平正午），然后逐日累加。

IAU 决定，从 1984 年起，在计算岁差、章动以及编制天体星历时，都采用 J2000.0（即儒略日 2451545.0）作为标准历元。任一时刻 $t$ 离标准历元的时间间隔即为 JD($t$) − 2451545.0（日）。

儒略日的数值很大，为此在 1973 年的 IAU 大会上定义了一种简化儒略日（Modified Julian Day，MJD），它的起算点为 1858 年 11 月 17 日世界时 $0^h$。儒略日与简化儒略日之间的关系为

$$MJD = JD - 2400000.5 \qquad (2-9)$$

公历与儒略日的具体换算公式见附录 B.1。

## 2.1.5　时间转换

在轨道计算中涉及多种时间尺度,如描述地球自身运动需要世界时(UT)、记录目标的观测数据需要世界协调时(UTC)、星历获取需要质心动力学时(TDB)等,因此对各种时间尺度的相互转换关系要有所了解。

原子时系统彼此间的转换主要是基于相对论框架,而世界时系统之间的转换主要是基于地球自转和岁差-章动模型,这些转换关系由 IAU 决议和 IERS 规范所给出[18]。各类时间尺度间的转换如图 2-2 所示,具体转换公式和相关参数说明见附录 B.2。

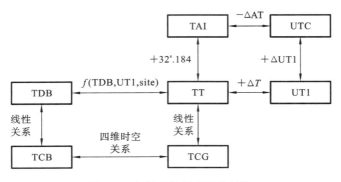

**图 2-2　各类时间尺度间的转换**

# 2.2　坐标系统及其转换

卫星在空间的位置、运动速度和运动轨迹等都需要在一定的坐标系中加以描述。坐标系是一系列的规定从理论上加以定义,并给出其实现的方法,坐标系具体的实现称为参考框架。需要说明的是,当我们讨论的重点不放在具体实现这一点上时,对坐标系和参考框架有时并不严格区分。

## 2.2.1　天球坐标系

**1. 基本概念**

天球坐标系是一种用以描述自然天体和人造天体在空间的位置或方向的坐标系。依据所选用的坐标原点的不同,天球坐标系可分为站心天球坐标系、地心天球坐标系等。在经典的天文学中,由于观测者至天体间的距离无法精确测定,而只能精确测定其方向,因而总是将天体投影到天球上,然后再用一个球面坐标系描述该天体投影点在天球上的位置及其运动状况。在这种球面坐标系中,我们总是选取一个大圆作为基圈,该基圈的极点称为基点;过基圈两个极点的大圆皆与基圈垂直。选取其中一个圆作为主圈,其余的大圆称为副圈。主圈与基圈的交点称为主点。过任一天体的副圈平面与主圈面之间的夹角称为经度,从球心至天体的连线与基圈平面间的夹角称为纬度。经度和纬度就是表示天体位置的两个球面坐标系的参数。需要说明的是:① 天文学中所说的天体位置往往是指天体的投影点在天球上的位置,从数学上讲,只反映天体在空间的方向,而不是指天体在空间的三维位置;② 这里所说的经度和纬度只是球面坐标系中两个数学上的参数名称,与测量中的经度和纬度并不完全相同。这种建立在天球上的球面坐标系就是天球坐标系,也称天文坐标系。

由于适用环境的不同,天球坐标系中的基圈和主圈有多种不同的选择,如下。

(1) 在地平坐标系中是选择地平圈作为基圈,以天顶作为基点,选择子午圈作为主圈,以南(北)点作为主点,用高度角 $h$ 和天文方位角 $\alpha$ 描述天体的方位。

(2) 在赤道坐标系中选择天球赤道作为基圈,以北天极作为基点,选择过春分点的子午圈作为主圈,以春分点作为主点,用赤经 $\alpha$、赤纬 $\beta$ 描述天体在空间的方位。天球赤道坐标系在空间目标探测中被广泛采用。

在观测站上对天体进行观测时,观测值经常采用球面极坐标的形式,如在测站地平坐标系中,用 $\rho$ 表示从观测站至天体的距离,用天文方位角 $\alpha$ 和高度角 $h$ 表示天体的方向。采用球面极坐标还能方便地同时处理自然天体(仅知道其方向)和人造天体(需同时确定距离和方向)的资料。为了方便起见,有时也会采用空间直角坐标的形式表示天体在空间的位置,采用空间直角坐标的形式还能方便地进行坐标系统间的转换。此时,复杂的坐标转换只需通过几次坐标系的旋转就能完成。当空间直角坐标系的坐标原点位于天球的球心,$Z$ 轴指向天球坐标系的基点,$X$ 轴指向天球坐标系的主点,并组成右手坐标系时,空间直角坐标 $(X, Y, Z)$ 与天球极坐标 $(r, \theta, \varphi)$ 有下列关系式:

$$\begin{bmatrix} X \\ Y \\ Z \end{bmatrix} = r \begin{bmatrix} \cos\varphi\cos\theta \\ \cos\varphi\sin\theta \\ \sin\varphi \end{bmatrix} \qquad (2\text{-}10)$$

式中:$r$ 为球面坐标系中的极距;$\theta$ 为经度;$\varphi$ 为纬度。

在空间目标探测中,使用最为广泛的天球坐标系是天球赤道坐标系。由于岁差和章动,天轴的指向在不断变动,天球赤道面和春分点的位置也会相应地不断变化,从而形成许多不同的天球赤道坐标系,下面分别加以介绍。

**2. 瞬时真天球坐标系**

瞬时真天球坐标系的坐标原点位于天球中心,$Z$ 轴指向观测历元的真正北天极,$X$ 轴指向该历元的真春分点,$X$ 轴和 $Y$ 轴位于该历元的真天球赤道面。显然,对天体进行测量后所得到的观测资料是属于观测历元的瞬时真天球坐标系的。但是由于岁差和章动,瞬时真天球坐标系中的三个坐标轴的指向在不断变化,因而在不同时间对空间某一固定天体(如河外类星体和无自行的恒星)进行观测后,在该坐标系中所得到的结果是不相同的(从理论上而不是从观测误差的角度讲)。显然,天体的最终位置和方位不宜在这种坐标系中表示。

### 3. 瞬时平天球坐标系

瞬时平天球坐标系是只顾及岁差运动而不顾及章动运动所建立的天球坐标系。只考虑岁差、不考虑章动所得到的天极称为平天极。平天极将在一个小圆上做简单的圆周运动。瞬时平天球坐标系中的 $Z$ 轴指向瞬时平天极，$X$ 轴和 $Y$ 轴位于与之相应的平天球赤道面上，$X$ 轴指向平春分点，组成右手坐标系。瞬时平天球坐标系是为了计算方便而引入的一个中间过渡坐标系。由于存在岁差运动，瞬时平天球坐标系中的三个坐标轴的指向仍在变化，只是其变化规律较为简单而已，故这种坐标系也不宜用来表示天体的最终位置和方位。

### 4. 协议天球坐标系

为了方便地表示天体在空间的位置或者方位，编制天体的星历表，就需要在空间建立一个固定的坐标系（空固坐标系），该坐标系的三个坐标轴需指向三个固定的方向。为了建立一个全球统一的、国际公认的空固坐标系，国际天文学联合会（IAU）各成员国经协商后决定：采用 J1950.0（JD2433282.5）的平北天极作为协议天球坐标系的基点，以该历元的平天球赤道作为基圈；以 J1950.0 时的平春分点作为该天球坐标系的主点，以过该历元的平天极和平春分点的子午圈作为主圈；所建立的 J1950.0 的平天球坐标系作为协议天球坐标系，又称国际天球参考系（International Celestial Reference System，ICRS）。任一时刻的观测资料需加岁差和章动改正归算至协议天球坐标系后，才能在一个统一的坐标系中进行比较。随着时间的推移，IAU 决定从 1984 年起国际天球参考系统 ICRS 改用 J2000.0（JD2451545.0，2000 年 1 月 1 日 12$^h$）的平天球坐标系作为国际天球参考系统，以减少岁差改正的时间间隔。ICRS 用 J1950.0 和 J2000.0 的平天球坐标系，而不采用该历元的真天球坐标系，是为了使岁差和章动改正更为简便。

这种基于"春分点"的 ICRS 坐标系由于受到岁差、章动等因素的影响，并不是一个理想的空固坐标系。因此，根据国际天文学联合会 1991 年的决定，ICRS 将由国际地球自转与参考系服务组织所建立的国际天球参考框架（International Celestial Reference Frame，ICRF）予以实现（坐标系统具体实现称为坐标框架）。ICRF 坐标轴的指向由甚长基线干涉测量（Very Long Baseline Interferometry，VLBI）所确定的一组河外射电源在 J2000.0 的天球坐标系坐标予以定义。该坐标框架的稳定性依据河外类星体的方位在长时间内保持足够的稳定，无可见的变化这一假设。

IAU 要求 ICRF 的基圈平面（即 $XY$ 平面）应尽可能位于 J2000.0 的平赤道平面上，即 ICRF 的 $Z$ 轴应尽可能指向 J2000.0 的平北天极。VLBI 的观测结果表明，这两者之间已符合得很好，其差异的两个分量分别为 16.6 mas（$X$ 方向）和 7.0 mas（$Y$ 方向）。FK5 星表的 $Z$ 轴相对于 J2000.0 的平北天极的差异估计为 50 mas，因此，ICRF 的 $Z$ 轴与 FK5 星表的 $Z$ 轴之间的差异估计在 $0.05''$ 左右。此外，IAU 又要求 ICRF 的 $X$ 轴应尽可能指向 J2000.0 的平春分点。ICRF 的 $X$ 轴的指向最初是由 23 个河外射电源的赤经值来隐性定义的，而这 23 个河外射电源的赤经又是通过先将其中的一个射电源 3C 273B 的赤经固定（取 FK5 星表中的值 12$^h$29$^m$06$^s$.6997）来确定的。也就是说，ICRF 中的 $X$ 轴的定向从本质上讲是由 FK5 星表实现的。利用 VLBI 观测值估计 ICRF 的 $X$ 轴与 J2000.0 的平春分点间的不符程度为 14.5 mas。

根据坐标原点的不同，ICRS 可分为以太阳系质心为原点的质心天球参考系（Barycentric Celestial Reference System，BCRS）和以地球质心为原点的地心天球参考系（Geocentric Celestial Reference System，GCRS）。

## 2.2.2 地球坐标系

地球坐标系也称大地坐标系，由于该坐标系与地球固连在一起，随地球一起自转，故也称为地固坐标系。地球坐标系主要描述地面点在地球上的位置，也可以描述卫星在近地空间中的位置。根据坐标原点所处的位置不同，地球坐标系可分为参心坐标系和地心坐标系。

**1. 参心坐标系**

参心坐标系的坐标原点位于参考椭球体的中心；$Z$ 轴与地球自转轴平行；$X$ 轴和 $Y$ 轴位于参考椭球的赤道面上，其中 $X$ 轴平行于起始天文子午面，$Y$ 轴垂直于 $X$ 轴和 $Z$ 轴，组成右手坐标系。以往，大地坐标系都是依据某一局部区域的天文、大地、重力资料在保证该区域的参考椭球面与（似）大地水准面吻合得最好的条件下建立的。采用上述常规方法所建立的大地坐标系的坐标原点一般不会与地心重合，属参心坐标系。

参心坐标系虽然可以反映出本地区内点与点之间的相互关系，满足一般用户的需求，但无法满足空间技术和远程武器发射等领域用户的需求，也难以被世界各国公认为全球统一的大地坐标系。

**2. 地心坐标系**

地心坐标系的原点位于地球（含大气层）的质量中心；$Z$ 轴与地球自转轴重合，$X$ 轴和 $Y$ 轴位于地球赤道面上，其中 $X$ 轴指向经度零点，$Y$ 轴垂直于 $X$ 轴和 $Z$ 轴，组成右手坐标系。地心坐标系可同时满足不同领域用户的需求，且易于为全球各国所接受的作为全球统一的大地坐标系。由于其具有观测站间无需保持通视、全天候观测、精度高等优点，GPS 等空间定位技术已被广泛用于大地坐标系（框架）的建立和维持。利用这些方法所获得的站坐标或基线向量都属于地心坐标系，如果再将其转换成参心坐标，不仅费时费力，还容易造成精度损失，因而采用地心坐标系已成为人们的一种自然选择。

**3. 地球坐标系的两种常用形式**

在空间观测中，经常使用两种形式的地球坐标系：空间直角坐标系和空间大地坐标系。空间直角坐标系的优点：不涉及参考椭球体的概念，在处理全球性资料时可避免不同参考椭球体之间的转换问题，而且在求两点间的距离和方向时，计算公式十分简洁。但是用空间直角坐标表示点位很不直观，因为它和我们习惯上用的纬度、经度和高度（$B$、$L$ 和 $H$）表示点位的方法不同，若给定某点的坐标 $(X,Y,Z)$，我们很难立即找出它在图上的位置。对于海上船舶来讲，往往只需二维坐标 $B$ 和 $L$，而不需要 $H$。因而在用卫星为船舶进行导航时，通常仍采用大地坐标系。为了用卫星大地测量的资料检核和加强天文大地网，求出转换参数，有时也需要把资料统一到大地坐标系中去，所以大地坐标系也是经常用到的一种坐标系。

如果直角坐标系原点位于椭球中心,$Z$ 轴和椭球半短轴重合,指向北极,$X$ 轴指向经度零点,$Y$ 轴组成右手坐标系,那么同一个点的空间直角坐标和大地坐标之间就有确定的数学转换关系。这时,空间直角坐标系和大地坐标系也可以看作是同一个地球坐标系的两种不同的表示形式,它们之间的转换关系如下。

(1) 已知 $B$、$L$ 和 $H$,求 $X$、$Y$ 和 $Z$。

$$\begin{cases} X=(N+H)\cos B\cos L \\ Y=(N+H)\cos B\sin L \\ Z=\left[N(1-e^2)+H\right]\sin B \end{cases} \tag{2-11}$$

式中:$N=a_e(1-e^2\sin^2 B)^{-1/2}$ 为椭球的卯酉圈曲率半径,$a_e$ 为地球椭球体的长半径,$e$ 为地球偏心率。

(2) 已知 $X$、$Y$ 和 $Z$,求 $B$、$L$ 和 $H$。

常用的迭代计算公式为

$$\begin{cases} L=\arctan\dfrac{Y}{X} \\ B=\arctan\left[\dfrac{Z}{\sqrt{X^2+Y^2}}(1-d)^{-1}\right], \quad d=\dfrac{Ne^2}{N+H} \\ H=\dfrac{\sqrt{X^2+Y^2}}{\cos B}-N \end{cases} \tag{2-12}$$

其迭代次序是 $d \to B \to N \to H \to d\cdots$,第一次迭代时取 $d=0$。

**4. 协议地球坐标(参考)系和协议地球坐标(参考)框架**

为了便于应用,我们在建立地球坐标系时,总是将坐标系中的某些坐标轴与地球上的一些重要的点、线、面联系在一起,如将 $Z$ 轴与地球自转轴重合(或平行),让 $X$ 轴位于起始子午面与地球赤道面的交线上(或平行)等。然而由于地球表面和内部物质的运动,地球自转轴在地球体内的位置会发生变化,我们通常用极移表示这种变化。这就意味着在不同的瞬间,地球坐标系的三个坐标轴在地球本体内的指向是不断变化的,从而导致地面固定点的坐标也不断产生变动。我们将这种坐标系称为瞬时地球坐标系或真地球坐标系。显然,瞬时地球坐标系不适宜用来表示地面点的位置,而应该选择一个不会随着极移而改变坐标轴的指向,真正与地球固连在一起的坐标系来描述地面点的位置。协议地球坐标(参考)系(Conventional Terrestrial Reference System,CTRS)就是这样一种坐标系。一般来说,协议地球坐标(参考)框架(Conventional Terrestrial Reference Frame,CTRF)应满足下列条件[3]。

(1) 坐标原点位于包括海洋和大气层在内的整个地球的质量中心。

(2) 尺度为广义相对论意义上的局部地球框架内的尺度。

(3) 坐标轴的指向最初是 BIH1984.0 确定的。

(4) 坐标轴定向随时间的变化满足地壳无整体旋转这一条件。

CTRS 是由一定的组织和机构通过一系列的观测和数据处理后用地球参考框架来具体实现的。目前,国际上常用的 CTRS 和 CTRF 有国际地球参考系(ITRS)、国际地球参考框架(ITRF)和 WGS84 等。

**5. 国际地球参考系和国际地球参考框架**

国际地球参考系(International Terrestrial Reference System，ITRS)和国际地球参考框架(International Terrestrial Reference Frame，ITRF)是目前国际上精度最高并被广泛应用的协议地球参考系和参考框架。按照国际大地测量学与地球物理学联合会(IUGG)的决议，ITRS 是由 IERS 机构负责定义，并用甚长基线干涉测量(VLBI)、卫星激光测距(Satellite Laser Ranging，SLR)、全球导航卫星系统(Global Navigation Satellite System，GNSS)、多普勒定轨和无线电定位组合系统(Doppler Orbitography and Radio-Positioning Integrated by Satellite，DORIS)等空间大地测量技术实现和维持的。

ITRS 的具体实现称为 ITRF。该坐标框架通常采用空间直角坐标$(X,Y,Z)$的形式表示，如果需要采用空间大地坐标$(B,L,H)$的形式表示，建议采用 GRS80 椭球($a=6378137.0$ m，$e^2=0.0069438003$)。ITRF 是由一组 IERS 观测站的站坐标$(X,Y,Z)$、站坐标的变化率($\Delta X/$年，$\Delta Y/$年，$\Delta Z/$年)以及相应的地球定向参数(EOP)实现的。该框架是目前国际上公认的精度最高、被广泛采用的地球参考框架。随着观测站数量的增加、观测精度的提高、数据处理方法的改进以及观测资料的不断累积，IERS 也在不断对框架进行改进和完善，迄今为止，IERS 已公布多个不同的 ITRF 版本。这些版本用 $ITRF_{yy}$ 的形式表示，其中 yy 表示建立该版本所用到的资料的最后年份，如 $ITRF_{94}$ 表示该版本是 IERS 利用直到 1994 年年底所获得的各类相关资料建立起来的，当然公布和使用的时间是在 1994 年以后。最新的版本是 $ITRF_{2014}$。

**6. 世界大地坐标系**

世界大地坐标系(World Geodetic System，WGS)是美国建立的全球地心坐标系，曾先后推出过 WGS60、WGS66、WGS72 和 WGS84 等不同版本。其中，WGS84 于 1987 年取代 WGS72 成为全球定位系统(广播星历)所使用的坐标系，并随着 GPS 导航定位技术的普及推广而被世界各国所广泛使用。

根据讨论问题的角度和场合的不同，WGS84 有时可被视为是一个坐标(参考)系，有时又被视为是一个坐标(参考)框架，而不像 ITRS 和 ITRF 那样可清楚地加以区分。作为一个坐标(参考)系时，WGS84 应满足的要求与 ITRS 一样。

与 ITRS 不同的是，WGS84 在很多场合下都采用空间大地坐标$(B,L,H)$的形式表示点的位置。这是因为 ITRS 及 ITRF 主要用于大地测量和地球动力学研究等领域，WGS84 较多地用于导航定位等领域。在导航中，用户一般采用$(B,L,H)$表示点的位置，此时应采用 WGS84 椭球($a=6378137.0$ m，$f=1:298.257223563$)。

为了提高 WGS84 框架的精度，美国国防制图局(United States Defense Mapping Agency，USDMA)利用全球定位系统和美国空军 GPS 卫星跟踪站的观测资料，以及部分 IGS 站的 GPS 观测资料进行了联合解算。解算时将 IGS 站在 ITRF 框架中的站坐标当作固定值，重新求得了其余站点的坐标，从而获得了更为精确的 WGS84 框架。这个改进后的框架称为 WGS84(G730)。其中括号里的 G 表示该框架是用 GPS 资料求定的，730 表示该框架是从 GPS 时间第 730 周(即 1994 年 1 月 2 日)开始使用的。WGS84(G730)与 $ITRF_{92}$ 的符合程度达 10 cm 的水平。此后，美国对 WGS84 框架又进行过两次精化，一次是在 1996 年，精化后的框架称为 WGS84(G873)。该框架从 GPS 时间第 873

周(1996 年 9 月 29 日 0 时)开始使用。1996 年 10 月 1 日,美国国防制图局并入新成立的美国国家影像与制图局(National Imagery and Mapping Agency,NIMA),此后,NIMA就用 WCS84(G873)计算精密星历。该星历与 IGS 的精密星历(用 ITRF$_{94}$ 框架)之间的系统误差小于或等于 2 cm。2001 年,美国对 WGS84 进行了第三次精化,获得了 WGS84(G1150)框架。该框架从 GPS 时间第 1150 周(2002 年 1 月 20 日 0 时)开始使用,与ITRF$_{2000}$ 符合得很好,各分量上的平均差异小于 1 cm。

## 2.2.3 坐标转换

在天球中,卫星随着地球一直在运动,因此描述卫星的运动通常都是在天球坐标系中,而地面站的位置及对目标的观测(如雷达)又是基于地球坐标系的。由于地心天球参考系(GCRS)可视为一个惯性坐标系,故卫星轨道计算常在这一坐标系中进行,而表示地面站或运动物体在地球上的位置时常采用国际地球参考系(ITRS)。

在雷达定轨中,需要将雷达在站心地平坐标系下的观测数据最终转换到 GCRS 坐标系下进行统一计算,其转换流程如图 2-3 所示。

**图 2-3 雷达测量数据坐标转换流程**

在坐标转换过程中涉及直角坐标系间的坐标平移和旋转。坐标系的旋转可用矩阵表示,称为旋转矩阵。引进算子 $\boldsymbol{R}_n(\theta)$ 表示绕 $n$ 轴($n=1,2,3$,通常分别对应 $x,y,z$ 三个轴)转动 $\theta$ 角的坐标变换矩阵,即

$$\boldsymbol{R}_1(\theta)=\begin{bmatrix}1 & 0 & 0\\ 0 & \cos\theta & \sin\theta\\ 0 & -\sin\theta & \cos\theta\end{bmatrix},\quad \boldsymbol{R}_2(\theta)=\begin{bmatrix}\cos\theta & 0 & -\sin\theta\\ 0 & 1 & 0\\ \sin\theta & 0 & \cos\theta\end{bmatrix},\quad \boldsymbol{R}_3(\theta)=\begin{bmatrix}\cos\theta & \sin\theta & 0\\ -\sin\theta & \cos\theta & 0\\ 0 & 0 & 1\end{bmatrix}$$

$$(2-13)$$

式中:沿旋转轴正向看,顺时针旋转角度取正。

设原坐标系中有一矢量 $\boldsymbol{X}$,当坐标系绕 $n$ 轴旋转 $\theta$ 角后,所在新坐标系下的矢量记为 $\boldsymbol{X}'$,则

$$\boldsymbol{X}'=\boldsymbol{R}_n(\theta)\boldsymbol{X} \tag{2-14}$$

旋转矩阵是正交矩阵,具有下述性质

$$\begin{cases}|\boldsymbol{R}_n(\theta)|=1\\ \boldsymbol{R}_n^{-1}(\theta)=\boldsymbol{R}_n(-\theta)=\boldsymbol{R}_n^{\mathrm{T}}(\theta)\end{cases} \tag{2-15}$$

**1. 站心地平坐标系与 ITRS 坐标系的转换**

站心地平坐标系 $\boldsymbol{X}_\mathrm{h}$ 与 ITRS 坐标系 $\boldsymbol{X}_\mathrm{GO}$(也称地固坐标系)具体定义如表 2-1 和图 2-4 所示。站心地平坐标系与 ITRS 坐标系之间的转换为

$$\boldsymbol{X}_\mathrm{GO}=\boldsymbol{X}_\mathrm{GOC}+\boldsymbol{R}_3(-\lambda)\boldsymbol{R}_2(\varphi-90°)\boldsymbol{P}_1\boldsymbol{X}_\mathrm{h} \tag{2-16}$$

式中：$\boldsymbol{P}_1=\mathrm{diag}[-1,1,1]$；$\lambda$、$\varphi$ 为观测站的天文经、纬度；观测站在 ITRS 坐标系中的直角坐标 $\boldsymbol{X}_{\mathrm{GOC}}$ 由观测站的大地坐标 $(B,L,H)$ 根据式（2-11）计算。

表 2-1　坐标系的定义

| 坐　标　系 | 原　点 | 参　考　平　面 | 直角坐标轴的指向 |
|---|---|---|---|
| 站心地平坐标系 $\boldsymbol{X}_{\mathrm{h}}$ | 站心 | 大地水准面 | $X_{\mathrm{h}}$ 轴指北点；<br>$Z_{\mathrm{h}}$ 轴指向天顶；<br>$Y_{\mathrm{h}}$ 轴与 $X_{\mathrm{h}}$、$Z_{\mathrm{h}}$ 构成左手系 |
| ITRS 坐标系（即地固坐标系）$\boldsymbol{X}_{\mathrm{GO}}$ | 地球质心 | 与地心和 CIO 连线正交的平面——协议赤道面 | $X_{\mathrm{GO}}$ 轴指向参考平面与平均格林尼治子午面的交点方向；<br>$Z_{\mathrm{GO}}$ 轴指向 CIO；<br>$Y_{\mathrm{GO}}$ 轴与 $X_{\mathrm{GO}}$ 轴、$Z_{\mathrm{GO}}$ 轴构成右手系 |

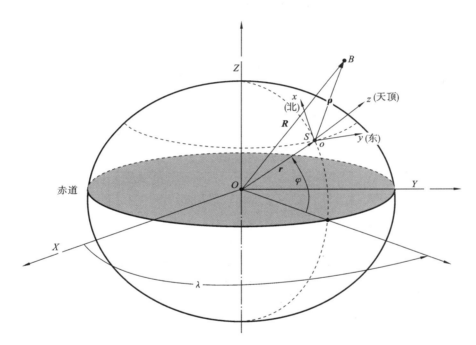

图 2-4　站心地平坐标系与 ITRS 坐标系

如果用 $(\rho,A,E)$ 分别表示卫星在站心地平坐标系中的距离、方位角和俯仰角，并记

$$\boldsymbol{\rho}=\rho\begin{bmatrix}-\cos E\cos A\\\cos E\cos A\\\sin E\end{bmatrix}=\boldsymbol{P}_1\boldsymbol{X}_{\mathrm{h}} \tag{2-17}$$

同时记

$$\boldsymbol{E}=\boldsymbol{R}_3(-\lambda)\boldsymbol{R}_2(\varphi-90°)$$

则

$$\boldsymbol{X}_{\mathrm{GO}}=\boldsymbol{X}_{\mathrm{GOC}}+\boldsymbol{E}\boldsymbol{\rho} \tag{2-18}$$

**2. ITRS 与 GCRS 坐标系的转换**

ITRS 与 GCRS 的坐标转换有基于春分点的经典转换方法[19]和基于无旋转原点（Non-Rotating Origin，NRO）的坐标转换新方法[20]，下面分别介绍。

**1）基于春分点的经典坐标转换方法**

采用经典方法进行坐标转换的过程可用图 2-5 表示。基于不同的岁差章动模型，图 2-5 中各转换矩阵略有不同。

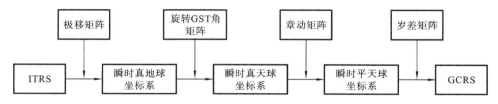

图 2-5　基于春分点的经典转换方法流程图

"IAU 76/FK5"是早期 ITRS 与 GCRS 间一种基于春分点的坐标转换方法，但目前在工程实践中还经常使用，该方法是基于 IAU 1976 岁差模型和 IAU 1980 章动模型的。在该方法中，ITRS 坐标系称为地心地固坐标系（ECEF），瞬时真地球坐标系称为准地固坐标系（Pseudo Earth Fixed，PEF），瞬时真天球坐标系缩写为 TOD（True of Date），瞬时平天球坐标系缩写为 MOD（Mean of Date），GCRS 称为 J2000 坐标系。各坐标系定义如表 2-2 所示。

表 2-2　坐标系的定义

| 坐　标　系 | 原点 | 参考平面 | 直角坐标轴的指向 |
|---|---|---|---|
| ITRS 坐标系（ECEF）$X_{ECEF}$ | 地球质心 | 与地心和 CIO 连线正交的平面——协议赤道面 | $X_{ECEF}$ 轴指向参考平面与平均格林尼治子午面的交点方向；<br>$Z_{ECEF}$ 轴指向 CIO；<br>$Y_{ECEF}$ 轴与 $X_{ECEF}$、$Z_{ECEF}$ 轴构成右手系 |
| 瞬时真地球坐标系（PEF）$X_{PEF}$ | 地心 | 瞬时真赤道 | $X_{PEF}$ 轴指向瞬时赤道面与格林尼治子午面交线方向；<br>$Z_{PEF}$ 轴为地球瞬时自转轴（真北极）；<br>$Y_{PEF}$ 轴与 $X_{PEF}$、$Z_{PEF}$ 轴构成右手系 |
| 瞬时真天球坐标系（TOD）$X_{TOD}$ | 地心 | 瞬时真赤道 | $X_{TOD}$ 轴指向瞬时真春分点；<br>$Z_{TOD}$ 轴为地球瞬时自转轴（真北极）；<br>$Y_{TOD}$ 轴在瞬时真赤道内，与 $X_{TOD}$、$Z_{TOD}$ 轴构成右手系 |
| 瞬时平天球坐标系（MOD）$X_{MOD}$ | 地心 | 瞬时平赤道 | $X_{MOD}$ 轴指向 $t$ 时刻的平春分点；<br>$Z_{MOD}$ 轴垂直于平赤道面，指向 $t$ 时刻的平极；<br>$Y_{MOD}$ 轴在 $t$ 时刻平赤道内，与 $X_{MOD}$、$Z_{MOD}$ 轴构成右手系 |
| GCRS 坐标系（J2000）$X_{J2000}$ | 地心 | 历元平赤道 | $X_{J2000}$ 轴指向历元时刻的平春分点；<br>$Z_{J2000}$ 轴指向历元时刻的平极；<br>$Y_{J2000}$ 轴在历元时刻平赤道内，与 $X_{J2000}$、$Z_{J2000}$ 轴构成右手系 |

（1）ECEF 与 PEF 的转换关系。

这两种坐标系之间的差别是由极移引起的，ECEF 至 PEF 的坐标变换矩阵为

$$\boldsymbol{C}_{\text{ECEF}}^{\text{PEF}} \cong \boldsymbol{W} = \boldsymbol{R}_1(y_p)\boldsymbol{R}_2(x_p) \tag{2-19}$$

式中：$\boldsymbol{W}$ 为极移矩阵；$x_p$、$y_p$ 为极移两分量，可由 IERS 公报查询。

（2）PEF 与 TOD 的转换关系。

PEF 是随着地球自转而转动的一种旋转坐标系，它与 TOD 的 $Z$ 轴相同，都是指向地球的瞬时极，而 $X$ 轴方向相差一个格林尼治真恒星时 GAST。PEF 至 TOD 的坐标变换矩阵为

$$\boldsymbol{C}_{\text{PEF}}^{\text{TOD}} \cong \boldsymbol{R} = \boldsymbol{R}_3(-\text{GAST}) \tag{2-20}$$

式中：$\boldsymbol{R}$ 为旋转矩阵。

（3）TOD 与 MOD 的转换关系。

这两个坐标系间的差别是由章动引起的。真极的章动用黄经章动 $\Delta\psi$ 和交角章动 $\Delta\varepsilon$ 这两个量表征，如图 2-6 所示。

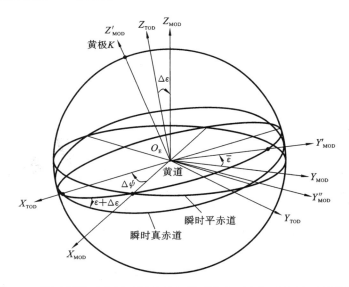

图 2-6　瞬时真天球坐标系(TOD)与瞬时平天球坐标系(MOD)的转换

TOD 至 MOD 的坐标变换矩阵为

$$\boldsymbol{C}_{\text{TOD}}^{\text{MOD}} \cong \boldsymbol{N} = \boldsymbol{R}_1(-\varepsilon_A)\boldsymbol{R}_3(\Delta\psi)\boldsymbol{R}_1(\varepsilon_A + \Delta\varepsilon) \tag{2-21}$$

式中：$\boldsymbol{N}$ 称为章动矩阵；$\varepsilon_A$ 为平黄赤交角；$\Delta\psi$ 为黄经章动；$\Delta\varepsilon$ 为交角章动。

（4）MOD 与 J2000 坐标系的转换关系。

这两个坐标系之间的差别是由岁差引起的，如图 2-7 所示。

MOD 至 J2000 坐标系的变换矩阵为

$$\boldsymbol{C}_{\text{MOD}}^{\text{J2000}} \cong \boldsymbol{P} = \boldsymbol{R}_3(\zeta_A)\boldsymbol{R}_2(-\theta_A)\boldsymbol{R}_3(z_A) \tag{2-22}$$

式中：$\boldsymbol{P}$ 称为岁差矩阵；$z_A$、$\zeta_A$ 和 $\theta_A$ 为赤道岁差角。

此外，有人建议采用四参数坐标旋转法进行岁差改正，其公式[21] 为

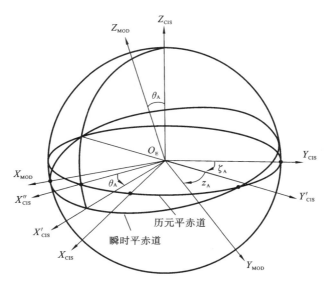

图 2-7  瞬时平天球坐标系(MOD)与 GCRS 坐标系的转换

$$\boldsymbol{P} = \boldsymbol{R}_1(-\varepsilon_0)\boldsymbol{R}_3(\psi_A)\boldsymbol{R}_1(\omega_A)\boldsymbol{R}_3(-\chi_A) \tag{2-23}$$

综上所述,ECEF 至 J2000 坐标系的坐标变换可表示为

$$[\text{J2000}] = \boldsymbol{C}_{\text{MOD}}^{\text{J2000}} \cdot \boldsymbol{C}_{\text{TOD}}^{\text{MOD}} \cdot \boldsymbol{C}_{\text{PEF}}^{\text{TOD}} \cdot \boldsymbol{C}_{\text{ECEF}}^{\text{PEF}} \cdot [\text{ECEF}] = \boldsymbol{P} \cdot \boldsymbol{N} \cdot \boldsymbol{R} \cdot \boldsymbol{W} \cdot [\text{ECEF}] \tag{2-24}$$

转换过程中的一些章动、岁差等角度的具体计算见附录 C.1。

**2)基于无旋转原点的坐标转换新方法**

(1)无旋转原点[22]。

IAU 2000 决议 1.8 引入新的中间参考系零点,即无旋转原点,使得地球自转的描述比使用传统的春分点更加简洁、清晰。

在计算天体相对于 ITRS 的位置过程中,通常用格林尼治恒星时描述地球绕轴的自转运动。格林尼治恒星时的起量点是春分点,计算它需要用到地球的自转,还需要用到地球的岁差-章动理论。因为恒星时定义为春分点的时角,所以春分点的赤经岁差运动必然要记入恒星时的表达式,这也是恒星日比地球的自转周期要短 0.008 s 的原因。这样在计算天体的时角时,岁差-章动被计算了两次,一次是计算格林尼治恒星时,另一次是计算天体的真赤经。

注意到春分点是一个几何定义,它是移动的天赤道(按赤道岁差运动)和黄道(按黄道岁差)的交点之一,所以它本身在天空中也是运动的,它沿着天球中间极(Celestial Intermediate Pole,CIP)对应的赤道西退。使用春分点带来的困难还在于,春分点不能将地球的绕轴运动和轴的运动分开,每当地球的岁差章动理论发生改变(例如从 FK4 系统到 FK5 系统),恒星时的表达式也要随之改变。另外,当前用来测量地球自转的 VLBI 技术对黄道和春分点不敏感,无法精确测量它们的位置。

为了克服春分点的缺陷,需要寻找新的赤经起量点,使得它的时角可以代表地球纯粹的绕 CIP 的运动,而与地球的指向变化(即岁差-章动)无关。当 CIP 运动时,这个假想点在 CIP 赤道上运动,通过它测量的地球自转角不受 CIP 本身运动的影响。NRO 的引入可以满足这些条件。与春分点不同,无旋转原点是一个运动学定义:当赤道运动时,无旋转原点的运动方向总是垂直于赤道(或指向赤道的极),即没有绕极旋转的运动分量。在赤道上任意的一点都可以选作无旋转原点,只要它的运动满足上述的运动学定义,所以选取方法不是唯一的。图 2-8 是天文参考系中无旋转原点和春分点的示意图,随着时间的推移,天赤道在天空中运动(为简单起见,假设黄道不运动),几何定义的春分点沿着赤道西退,但运动学定义的无旋转原点没有"西退"运动。在天球参考系 GCRS 中,CIP 赤道上的无旋转原点称为天球中间零点(Celestial Intermediate Origin,CIO),注意与前面国际协议原点的区别;而在地球参考系 ITRS 中,相应地称为地球中间零点(Terrestrial Intermediate Origin,TIO)。如果用无旋转原点代替春分点,则它的时角就可以描述地球以 GCRS 为背景绕 CIP 纯自转运动,从而将地球的绕轴运动和空间指向运动清楚地分开,CIO 和 TIO 之间的角距离就是地球自转角(Earth Rotation Angle,ERA)。

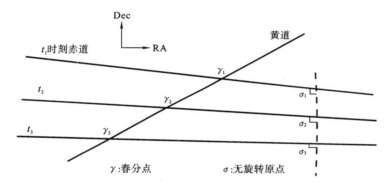

图 2-8　无旋转原点和春分点的示意图

CIP 赤道上的无旋转原点 $\sigma$(即 CIO)在 $t$ 时刻的位置取决于 $\sigma$ 在 $t_0$ 时刻的位置以及从 $t_0$ 到 $t$ 时间内 CIP 的运动。

图 2-9 中,$\sigma_0$ 和 $\sigma$ 分别为 $t_0$ 和 $t$ 时刻的无旋转原点,$\Sigma_0$ 是 GCRS 的零点,选择弧段差表示 $\sigma$ 在 CIP 赤道上的位置,即

$$s = (\widehat{\sigma N} - \widehat{\Sigma_0 N}) - (\widehat{\sigma_0 N_0} - \widehat{\Sigma_0 N_0}) = (\widehat{\sigma N} - \widehat{\Sigma_0 N}) - s_0 \qquad (2\text{-}25)$$

则 $s$ 称为 CIO 定位角。

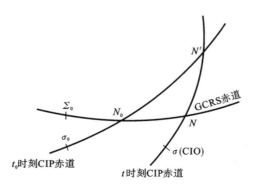

图 2-9　无旋转原点与 CIP 赤道

在图 2-10 中，由于岁差章动的影响，由 CIP 和 $\sigma$ 定义的天球中间参考系（Celestial Intermediate Reference System，CIRS）$O\text{-}xyz$ 在固定的参考系（GCRS）$O\text{-}XYZ$ 中运动，图中 $y$、$Y$ 分别服从右旋坐标系规则。记 CIP 在 GCRS 天球中的球面坐标为 $(E,d)$、直角坐标为 $(X,Y,Z)$，则有

$$\begin{cases} X = \sin d \cos E \\ Y = \sin d \sin E \\ Z = \cos d \end{cases} \tag{2-26}$$

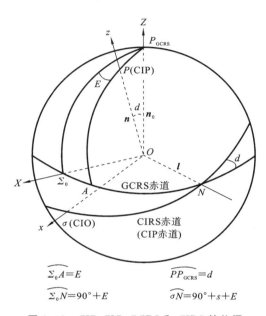

$$\widehat{\Sigma_0 A} = E \qquad\qquad \widehat{PP_{\mathrm{GCRS}}} = d$$
$$\widehat{\Sigma_0 N} = 90° + E \qquad\qquad \widehat{\sigma N} = 90° + s + E$$

**图 2-10　CIP、CIO、GCRS 和 CIRS 的位置**

用 $\boldsymbol{n}$、$\boldsymbol{n}_0$、$\boldsymbol{l}$ 分别表示沿 $Oz$、$OZ$、$ON$ 的单位矢量，由 CIP 运动带来的 $O\text{-}XYZ$ 到 $O\text{-}xyz$ 的旋转量（可理解为角速度）$\boldsymbol{\Omega}$ 为

$$\boldsymbol{\Omega} = \dot{E}\boldsymbol{n}_0 - (\dot{E} + \dot{s})\boldsymbol{n} + \dot{d}\boldsymbol{l} \tag{2-27}$$

$\boldsymbol{\Omega}$ 沿 $Oz$ 轴旋转量为

$$\boldsymbol{\Omega} \cdot \boldsymbol{n} = \dot{E}(\cos d - 1) - \dot{s} \tag{2-28}$$

根据无旋转原点的运动学定义[3] 有 $\boldsymbol{\Omega} \cdot \boldsymbol{n} = 0$，则

$$\dot{s} = \dot{E}(\cos d - 1) \tag{2-29}$$

由式（2-26）可得

$$X\dot{Y} - Y\dot{X} = \dot{E}(1 - \cos^2 d) \tag{2-30}$$

则

$$s(t) = \int_{t_0}^{t} \left[\cos d(t) - 1\right]\dot{E}(t)\mathrm{d}t - s_0 = -\int_{t_0}^{t} \frac{X(t)\dot{Y}(t) - Y(t)\dot{X}(t)}{1 + Z(t)}\mathrm{d}t - s_0 \tag{2-31}$$

在 1 $\mu$as（微角秒）的精度下，将式（2-31）分步积分，可等价为

$$s(t) = -\int_{t_0}^{t} \frac{X(t)\dot{Y}(t) - Y(t)\dot{X}(t)}{1 + Z(t)}\mathrm{d}t - s_0$$

$$= -\frac{1}{2}\int_{t_0}^{t}\left[X(t)\dot{Y}(t) - Y(t)\dot{X}(t)\right]\mathrm{d}t - s_0$$

$$= -\frac{1}{2}\int_{t_0}^{t}X(t)\dot{Y}(t)\mathrm{d}t + \frac{1}{2}\int_{t_0}^{t}Y(t)\dot{X}(t)\mathrm{d}t - s_0$$

$$= -\frac{1}{2}\int_{t_0}^{t}X(t)\mathrm{d}Y(t) + \frac{1}{2}\int_{t_0}^{t}Y(t)\dot{X}(t)\mathrm{d}t - s_0$$

$$= -\frac{1}{2}\left[X(t)Y(t) - X(t_0)Y(t_0)\right] + \int_{t_0}^{t}Y(t)\dot{X}(t)\mathrm{d}t - s_0 \tag{2-32}$$

式(2-31)和式(2-32)中, $s_0$ 是任意积分常数,最初选择为 0,后来为了基于无旋转原点转换方法和经典的基于春分点的转换方法保持一致,选择 $s_0 = +94\ \mu\mathrm{as}$,在实际计算 $s$ 时,是将 $s + XY/2$ 展开为一个泊松序列而得到的[21]。

类似在 GCRS 中定义 CIO,其位置由 $s$ 确定,同样在 ITRS 中可定义 TIO,即图 2-11 中的 $\omega$(TIO),其位置通过 TIO 定位角 $s'$ 确定。

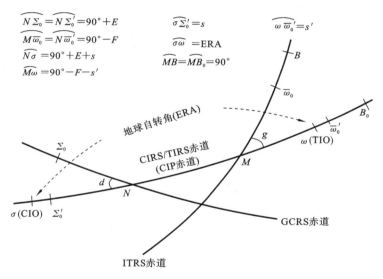

图 2-11　CIO、TIO、ERA 与各个参考系赤道的位置

基于无旋转原点的参考系转换即为基于 CIO 和 TIO 的参考系转换,二者是 GCRS 与 ITRS 转换过程中的参考点。

(2)转换流程。

在基于无旋转原点的坐标转换中,由于不依赖春分点,采用新的岁差章动模型,以及改进了极移模型,与传统的基于春分点的系统相比,ITRS 与 GCRS 相互转换的方法与过程有所不同。新转换方法主要包括 ITRS 坐标系转为地球中间坐标系(Terrestrial Intermediate Reference,TIRS)、TIRS 坐标系转换为 CIRS 坐标系、CIRS 坐标系转换为 GCRS 坐标系三个过程,其流程如图 2-12 所示。

在 ITRS 与 GCRS 坐标系基于无旋转原点的转换过程中,涉及 CIRS 与 TIRS 这两个中间参考系,二者是基于 CIP、CIO 和 TIO 建立的,这些参考系的基本情况如表 2-3 所示。

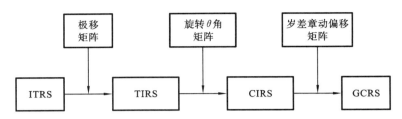

**图 2-12 "IAU 2006/2000A-CIO based"坐标转换流程**

**表 2-3　各个参考系的基本情况**

| 参　考　系 | 建立基准 | | |
|---|---|---|---|
| | 基本面($XY$平面) | $X$轴指向(零点) | $Z$轴指向(极点) |
| GCRS($O$-$XYZ$) | GCRS 赤道 | $\Sigma_0$ | $P_{\text{GCRS}}$ |
| CIRS($O$-$xyz$) | CIRS 赤道(CIP 赤道) | $\sigma$(CIO) | $P$(CIP) |
| TIRS($O$-$x'y'z'$) | TIRS 赤道(CIP 赤道) | $\omega$(TIO) | $P$(CIP) |
| ITRS($O$-$X'Y'Z'$) | ITRS 赤道 | $\overline{\omega}_0$ | $P_{\text{ITRS}}$ |

① CIRS 与 GCRS 的转换关系。

如图 2-10 所示,由 $O$-$xyz$(CIRS)到 $O$-$XYZ$(GCRS)基于无旋转原点 $\sigma$(CIO)的转换过程的变换矩阵为

$$C_{\text{CIRS}}^{\text{GCRS}} \cong Q = R_3(-E)R_2(-d)R_3(E)R_3(s) = M_{\text{CIO}}R_3(s) \tag{2-33}$$

式中:$Q$ 为旋转矩阵;$M_{\text{CIO}}$ 为

$$M_{\text{CIO}} \cong R_3(-E)R_2(-d)R_3(E)$$

$$= \begin{bmatrix} \cos d\,\cos^2 E + \sin^2 E & \sin E\cos E(\cos d-1) & \sin d\cos E \\ \sin E\cos E(\cos d-1) & \cos d\,\sin^2 E + \cos^2 E & \sin d\sin E \\ -\sin d\cos E & -\sin d\sin E & \cos d \end{bmatrix} \tag{2-34}$$

根据式(2-26),并记 $a = 1/(1+\cos d)$,则有

$$M_{\text{CIO}} = \begin{bmatrix} 1-aX^2 & -aXY & X \\ -aXY & 1-aY^2 & Y \\ -X & -Y & 1-a(X^2+Y^2) \end{bmatrix} \tag{2-35}$$

② TIRS 与 CIRS 的转换关系。

CIRS、TIRS 的赤道均为图 2-11 中的 CIP 赤道,经度零点分别为 $\sigma$(CIO)和 $\omega$(TIO),二者在 CIP 赤道上的角距即为地球自转角 ERA。

由 TIRS 到 CIRS 的转换过程为

$$C_{\text{TIRS}}^{\text{CIRS}} \cong R = R_3(-\text{ERA}) \tag{2-36}$$

式中:$R$ 为地球旋转矩阵。

③ ITRS 与 TIRS 的转换关系。

记($F, g$)为 CIP 在 ITRS 天球中的球面坐标,类比 CIRS 到 GCRS 的转换过程,结合图 2-10、图 2-11 所示的 CIO、TIO、CIP 及各个参考系位置,由 $O$-$X'Y'Z'$(ITRS)到

$O\text{-}x'y'z'$(TIRS)基于无旋转原点 $\omega$(TIO)的转换过程为

$$\boldsymbol{C}_{\mathrm{ITRS}}^{\mathrm{TIRS}}=\boldsymbol{R}_3(-s')\boldsymbol{R}_3(-F)\boldsymbol{R}_2(g)\boldsymbol{R}_3(F)=\boldsymbol{R}_3(-s')\boldsymbol{M}_{\mathrm{TIO}} \tag{2-37}$$

其中

$$
\begin{aligned}
\boldsymbol{M}_{\mathrm{TIO}} &= \boldsymbol{R}_3(-F)\boldsymbol{R}_2(g)\boldsymbol{R}_3(F)\\
&=\begin{bmatrix}
\cos g\,\cos^2 F+\sin^2 F & \sin F\cos F(\cos g-1) & -\sin g\cos F\\
\sin F\cos F(\cos g-1) & \cos g\,\sin^2 F+\cos^2 F & -\sin g\sin F\\
\sin g\cos F & \sin g\sin F & \cos g
\end{bmatrix}
\end{aligned} \tag{2-38}
$$

由于 $g$ 为微小量,将 $\sin g$、$\cos g$ 用泰勒级数展开,舍弃二阶及以上小量后,得

$$\boldsymbol{M}_{\mathrm{TIO}}=\begin{bmatrix}
1 & 0 & -g\cos F\\
0 & 1 & -g\sin F\\
g\cos F & g\sin F & 1
\end{bmatrix} \tag{2-39}$$

如图 2-13 所示,ITRS 定义的地极坐标系是建立在以 $P_{\mathrm{ITRS}}$ 为原点的地球切平面上的。

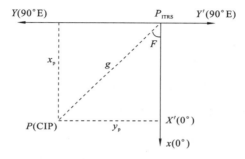

图 2-13　地极坐标系

已知 CIP 在 $O\text{-}X'Y'Z'$(ITRS)中的坐标值为 $x_{\mathrm{p}}=g\cos F$、$y_{\mathrm{p}}=-g\sin F$,因此式(2-39)可改写为

$$\boldsymbol{M}_{\mathrm{TIO}}=\begin{bmatrix}
1 & 0 & -x_{\mathrm{p}}\\
0 & 1 & y_{\mathrm{p}}\\
x_{\mathrm{p}} & -y_{\mathrm{p}} & 1
\end{bmatrix} \tag{2-40}$$

由于 $x_{\mathrm{p}}$、$y_{\mathrm{p}}$ 均为微小量,将 $\sin x_{\mathrm{p}}$、$\cos x_{\mathrm{p}}$、$\sin y_{\mathrm{p}}$、$\cos y_{\mathrm{p}}$ 用泰勒级数展开,舍弃二阶及以上小量后,得到

$$\boldsymbol{R}_2(x_{\mathrm{p}})\boldsymbol{R}_1(y_{\mathrm{p}})=\begin{bmatrix}
1 & 0 & -x_{\mathrm{p}}\\
0 & 1 & y_{\mathrm{p}}\\
x_{\mathrm{p}} & -y_{\mathrm{p}} & 1
\end{bmatrix} \tag{2-41}$$

则式(2-37)最终可写成

$$\boldsymbol{C}_{\mathrm{ITRS}}^{\mathrm{TIRS}}\cong\boldsymbol{W}=\boldsymbol{R}_3(-s')\boldsymbol{R}_2(x_{\mathrm{p}})\boldsymbol{R}_1(y_{\mathrm{p}}) \tag{2-42}$$

式中:$\boldsymbol{W}$ 为极移矩阵。

综上所示,ITRS 至 GCRS 坐标系的坐标变换可表示为

$$[\mathrm{GCRS}]=\boldsymbol{C}_{\mathrm{CIRS}}^{\mathrm{GCRS}}\cdot\boldsymbol{C}_{\mathrm{TIRS}}^{\mathrm{CIRS}}\cdot\boldsymbol{C}_{\mathrm{ITRS}}^{\mathrm{TIRS}}\cdot[\mathrm{ITRS}]=\boldsymbol{Q}\cdot\boldsymbol{R}\cdot\boldsymbol{W}\cdot[\mathrm{ITRS}] \tag{2-43}$$

转换过程中一些参数的具体计算见附录 C.2。

# 2.3 仿 真 应 用

## 2.3.1 仿真用例

轨道计算中,涉及观测站的多种时间和坐标系转换,考虑如下问题。

观测站位于北纬+19°28′52.5″、西经155°55′59.6″,海拔高度0 m,时间为2006年1月15日21:24:37.5 UTC,编程计算该时刻对应的UT1、TAI、TT、TCG、TDB和TCB时间,并编写坐标转换模块实现该站的站心地平坐标系到地心天球坐标系的转换。

## 2.3.2 仿真操作

SOFA软件提供了与时间转换和坐标转换相关的函数,涉及时间尺度、参数计算、日历、日期、岁差和章动计算等,具体说明见附录D。

本书利用SOFA软件解决2.3.1节提出的问题,时间转换程序设计流程如图2-14所示,坐标转换程序设计流程如图2-15所示。

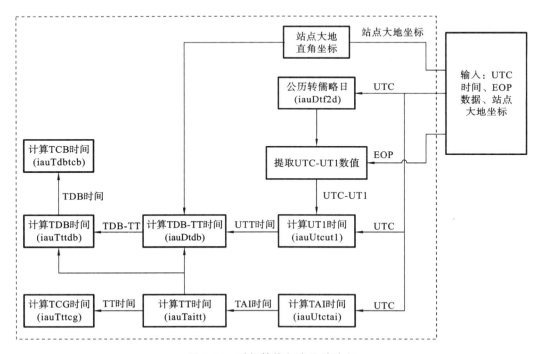

**图 2-14 时间转换程序设计流程**

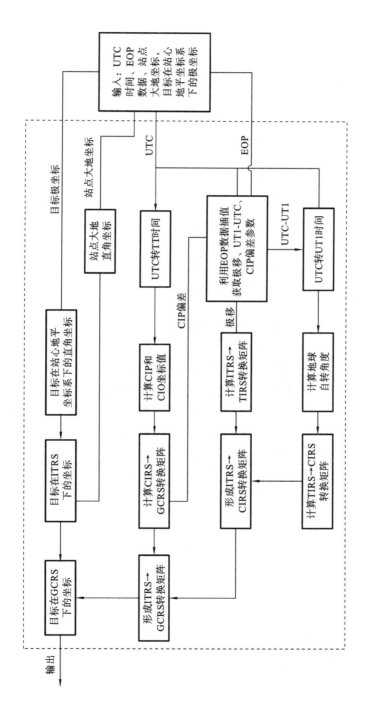

图 2-15　坐标转换程序设计流程

根据上述流程编写的时间与坐标转换代码及运行结果见附录 E。

## 2.3.3 仿真分析

**1. 时间转换**

在 SOFA 软件中,一些时间尺度转换函数在调用时需要额外的参数支持,具体说明如下。

(1) UT1−UTC。

参数 dut1＝ΔUT1＝UT1−UTC,以秒为单位,可从 IERS 发布的公告中获得。

(2) UT1−TAI。

参数 dta＝UT1−TAI,以秒为单位。它可以通过调用 SOFA 函数 iauDat 获取 ΔAT (跳秒),再从 IERS 获取 ΔUT1,两者相减可得

$$\Delta UT1 - \Delta AT = (UT1 - UTC) - (TAI - UTC) = UT1 - TAI \tag{2-44}$$

(3) TT−UT1。

参数 dt＝ΔT＝TT−UT1,以秒为单位,可以通过 ΔUT1 和 ΔAT 计算获得。

$$\Delta T = 32.184 + \Delta AT - \Delta UT1 = 32.184 + TAI - UT1 = TT - UT1 \tag{2-45}$$

(4) TDB−TT。

参数 dtr＝TDB−TT,以秒为单位。它可以通过调用 SOFA 函数 iauDtdb 获取。

**2. 坐标转换**

对于雷达观测,图 2-15 给出的转换过程分为三个部分:一是将目标在测站地平坐标系的极坐标转换为 ITRS 坐标系下的直角坐标;二是根据转换时刻以及地球定向参数(EOP)数据形成 ITRS 到 GCRS 的转换矩阵;三是将转换矩阵与 ITRS 下的直角坐标相乘得到 GCRS 下的直角坐标。

在转换过程中有如下几个问题应该注意。

(1) 按照公式的要求,应该输入站点的天文经纬度和地理经纬度。前者用来进行坐标旋转,后者用来计算站点的大地直角坐标。但通常我们只给出站点的地理经纬度,在进行坐标旋转时用地理经纬度替代天文经纬度,两者虽有细微的差别,但在绝大多数场合可忽略不计,如果需要极高坐标转换精度,则应加以区分。

(2) 转换过程中需要 EOP 数据,它可从网站下载获得[23],要注意表中数据的有效时段和数据条目的时间间隔(通常为 1 天)。因此,在给定转换时刻,通常需要依据该表插值以获取更为精确的数据,而当转换时刻超出 EOP 数据表有效时间范围时,一般可取最接近该转换时刻的数据替代,但当超出时间范围间隔过大时,其误差应加以考虑。

(3) 当需要极高坐标转换精度时,在用 EOP 数据表插值计算极移和 UTC-UT1 参数时,需要额外考虑海潮和固体潮的修正[3],但同时会导致转换速度下降。

# 思　考　题

1. 平太阳相对于真太阳有什么不同？

2. 简述世界时(UT)与世界协调时(UTC)的关系与特点。

3. 雷达定轨中,采用基于春分点的方法(IAU 76/FK5 方法)进行 ITRS 到 GCRS 坐标系的转换,需要经过几个中间坐标系？请以框图形式描述转换流程,并说明各中间坐标系的原点位置、$X$ 轴、$Y$ 轴、$Z$ 轴的指向。

4. 瞬时真天球坐标系(TOD)与瞬时平天球坐标系(MOD)的差别是什么？

5. 地固坐标系(ECEF)与伪地固坐标系(PEF)的差别是什么？

# 第3章

# 轨道运动原理

如果只考虑地球中心引力，而忽略其他微小影响力的作用来研究航天器的运动，称为二体问题。二体问题是航天器运动的一种近似描述，也是进一步讨论航天器精密运动理论的基础。本章主要从开普勒轨道根数，二体问题，轨道根数与位置矢量、速度矢量之间的关系这几个方面来讲解轨道运动的基本原理。

## 3.1  开普勒轨道根数

如果你现在正在驾驶一架飞机，地面的控制人员通过无线电信号询问你在哪里、准备去哪里，你必须告诉他们 6 个关于飞机的参数：经度、纬度、高度、水平速度、机头方向（南北等）、垂直速度（上升还是下降）。知道了这些参数，控制人员就能预见你的下一个位置。空间操作者也是如此，只不过他们不去询问卫星在哪里，而是通过跟踪站的雷达测量卫星当前的位置矢量 $r$ 和速度矢量 $v$。$r$ 和 $v$ 都是由三个分量构成的矢量，所以实际上需要的参数仍然是 6 个。然而不像飞机的经度和纬度那样，$r$ 和 $v$ 对于确定卫星的轨道不是非常有用，因为它们并不能直观地表现出一个轨道的形状、大小等特性，并且 6 个参数均会随着时间变化而不断变化，实际使用起来并不是非常方便。

例如，假设已知卫星当前位置矢量和速度为

$$r = 10000e_x + 8000e_y - 7000e_z$$
$$v = 4.4e_x + 3.1e_y - 2.7e_z$$

你能从中看出卫星轨道的大小、形状吗？利用已学过的知识，你唯一能做的事情是在三维坐标系中描绘出卫星的位置坐标，但无法直观地描述轨道。几百年前，开普勒就已经提出了一种非常方便、直观的方法来描绘轨道的大小、形状、方位以及卫星的位置。因为需要 6 个量描述一个轨道和轨道上卫星的位置,开普勒定义了 6 个轨道根数,称之为经典轨道根数(Classic Orbit Elements,COE),也称为开普勒轨道根数[24]。这 6 个参数如下。

(1) 半长轴 $a$:用来衡量轨道的大小。

(2) 偏心率 $e$:用来确定轨道的形状。

(3) 轨道倾角 $i$:用来确定轨道平面的倾斜程度。

(4) 升交点赤经 $\Omega$:用来确定升交点的方位。

(5) 近地点幅角 $\omega$:用来确定近地点的方位。

(6) 真近点角 $f$:用来确定卫星在轨道上的位置。

本节将详细讲述各个经典轨道根数的定义及其物理意义。

## 3.1.1　经典轨道根数

### 1. 半长轴

围绕地球运转的卫星沿椭圆轨道(圆轨道是椭圆轨道的一个特例)运行,半长轴 $a$ 用于确定椭圆轨道的大小,其长度是椭圆长轴的一半,如图 3-1 所示,单位一般用千米表示,也可用地球赤道半径或天文单位表示。

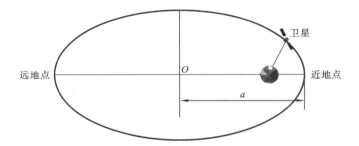

图 3-1　轨道半长轴示意图

由开普勒第三定律,轨道的半长轴与轨道周期具有一一对应的关系。轨道周期是卫星在轨道上运行一圈的时间。轨道半长轴 $a$ 越大,轨道的周期越长。

$$\frac{T^2}{a^3}=\frac{4\pi^2}{\mu} \tag{3-1}$$

式中:$T$ 是轨道周期;$\mu=GM$ 为地球引力常数。

我们还可以将轨道的半长轴与它的比机械能联系在一起,即

$$\varepsilon=\frac{E}{m}=-\frac{\mu}{2a} \tag{3-2}$$

上述公式在 3.2.1 节关于二体问题的机械能守恒特性描述中会介绍,这里先直接引用。

比机械能是物体机械能与其自身质量的比值,对于固定轨道的卫星,其比机械能为常数。可以看出,当半长轴 $a$ 增大时,卫星的比机械能随之增大,当 $a\to\infty$ 时,卫星的比机

械能 $\varepsilon=0$,这意味着卫星刚好可以脱离地球引力,离开地球。此时对应的卫星速度即为第一宇宙速度。

**2. 偏心率**

如图 3-2 所示,偏心率 $e$ 的定义为椭圆两焦点之间的距离与长轴的比值,即

$$e=\frac{2c}{2a}=\frac{c}{a} \tag{3-3}$$

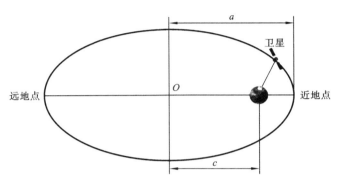

图 3-2 偏心率的定义

在圆锥曲线中,用偏心率表示圆锥曲线的"不圆度"。轨道的形状由偏心率决定,对于不同的偏心率范围,轨道呈现不同的圆锥曲线,如图 3-3 所示。

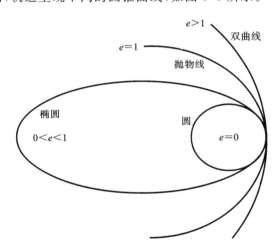

图 3-3 偏心率与轨道形状的关系

(1) 偏心率为 0 时轨道是圆,此时椭圆的两个焦点重合,$c=0$。

(2) 偏心率在 0 至 1 之间时轨道是椭圆,偏心率越大,椭圆越扁。

(3) 偏心率等于 1 时轨道是抛物线,此时抛物线的半长轴 $a$ 和半焦距 $c$ 都趋于无穷大。

(4) 偏心率大于 1 时轨道是双曲线。

在本节中,我们不考虑偏心率大于等于 1 的情况。

### 3. 轨道倾角

轨道倾角 $i$ 定义为轨道平面与地球赤道平面的夹角。我们可以通过一个固定的轨道倾角描述轨道平面相对于赤道平面的倾斜程度。

轨道倾角可以用两个平面之间的夹角表示,但是两个平面的夹角既有锐角,也有钝角,为了便于准确界定,可以用两个平面的法向量之间的夹角确定轨道倾角。如图 3-4 所示,$n$ 为轨道平面的法向量,$K$ 为赤道平面的法向量,两矢量之间的夹角即为轨道倾角。$n$ 的方向可以根据卫星的运动方向由右手法则确定,法向量 $K$ 垂直于赤道平面指向北极方向。轨道倾角的取值范围为 $0° \leqslant i \leqslant 180°$。

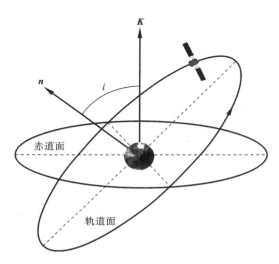

图 3-4　轨道倾角的定义

### 4. 升交点赤经

升交点赤经 $\Omega$ 是沿着地球自转方向,从春分点到轨道升交点对地心转过的张角。它和轨道倾角同样用于描述轨道的方位。升交点赤经的取值范围是 $0° \leqslant \Omega < 360°$。

这个参数理解起来会比较麻烦,需要先搞清楚两个概念——"升交点"和"赤经"。首先,我们来了解一下赤经的概念,它跟经度相似,只不过它的参考点是春分点,并且不随地球自转而转动。太阳从南半球到北半球时越过赤道的点称为春分点,是黄道和赤道的两个交点之一。在赤道平面上,以春分点与地心连线作为起始边,如图 3-5 中的 $X$ 轴方向,自西向东转到赤道平面上给定的一点,对应的角度就是赤经。

再看一看这个"升交点"。正如刚刚所描述的,轨道平面通常是倾斜的(除非 $i=0°$ 或者 $180°$)。两个平面相交成一条直线。当卫星从南半球飞往北半球时经过的交点就是升交点,当卫星穿过赤道向南飞时,经过的交点为降交点,如图 3-5 所示。

现在我们把"赤经"和"升交点"放在一起。升交点赤经给出轨道平面相对于春分点方向的方位角,描述轨道平面在空间是如何旋转的。把春分点方向作为起始点,沿赤道向东旋转到轨道的升交点,测量对地心的张角,得到的角度就是升交点赤经 $\Omega$。轨道倾角和升交点赤经共同决定了轨道平面在空间的方位,其中轨道倾角确定轨道平面的"倾

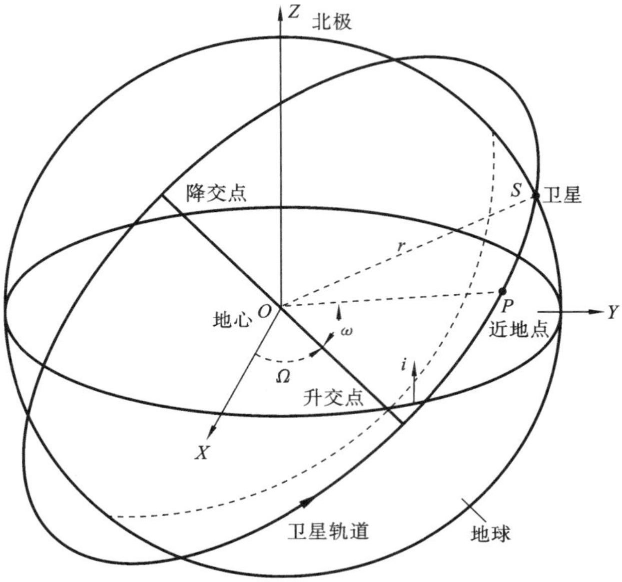

図中标注：Z 北极、降交点、S 卫星、r、地心 O、ω、P 近地点、Y、Ω、i、升交点、X、卫星轨道、地球

图 3-5　升交点赤经的定义

斜"程度,而升交点赤经确定轨道平面的"旋转"程度。

### 5. 近地点幅角

我们现在已经知道轨道的半长轴 $a$、偏心率 $e$、轨道倾角 $i$ 以及升交点赤经 $\Omega$,但是还不能完全确定一个轨道,因为还不知道轨道在平面内是如何定向的。例如,对于一个椭圆轨道,知道以上 4 个参数,已经能确定这个轨道的大小、形状、倾斜和旋转的程度,但无法确定它的近地点是在北半球还是南半球。所以还需要第五个轨道参数,即近地点幅角。

目标和地心连线沿轨道运动的方向从升交点到近地点对地心转过的张角称为近地点幅角 $\omega$,如图 3-6 所示。该角度决定椭圆轨道在轨道平面内的方位,它的范围是 $0^\circ \leq \omega < 360^\circ$。

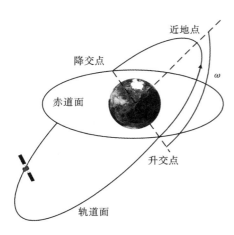

图 3-6　近地点幅角的定义

### 6. 真近点角

前面 5 个参数确定了轨道的椭圆曲线在空间中的方位,但要确定在轨道上运动目标的空间位置,还需要一个参数描述目标在轨道上的方位。目标和地心连线沿卫星的运动方向从近地点到目标当前位置对地心转过的张角就是真近点角,如图 3-7 所示。在经典轨道根数的 6 个参数中,只有真近点角随时间变化而变化,因为卫星是在不停运动的。真近点角的取值范围是 $0^\circ \leq f < 360^\circ$。

为便于计算,我们经常会用平近点角 $M$ 代替真近点角,其定义为

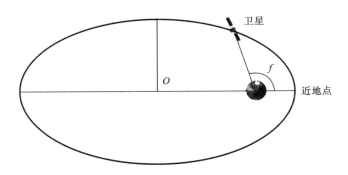

图 3-7　真近点角的定义

$$M(t)=n \cdot \Delta t \tag{3-4}$$

　　假定卫星在整个轨道运行期间都按照平均角速度 $n$ 匀速运动,则其在指定时间 $t$ 内相对于近地点所转过的角度称为平近点角。由于平近点角是随时间匀速变化的,便于人工判度和理解,因此在许多空间目标相关数据输出和存储中,都用 $M$ 替代 $f$ 作为轨道根数的输出格式。

## 3.1.2　备用轨道根数

　　在前文中我们已经讲了 6 个经典轨道根数。通常情况下,只要确定这 6 个轨道根数,就能完全确定卫星的运行轨道和它的位置,但这一组参数并非在所有的情况下都有意义。例如,圆形轨道就没有近地点,因为轨道上任意一点到地心的距离都是一样的。此时,就无法确定近地点幅角 $\omega$ 或者真近点角 $f$,因为这两个参数都必须以近地点作为参考点。为了弥补这些不足,我们有时需要引入备用轨道根数代替这两个参数。通常,对于一些特殊轨道,有一个或者多个经典轨道根数无法定义,需要利用卫星的位置矢量定义下面的量。

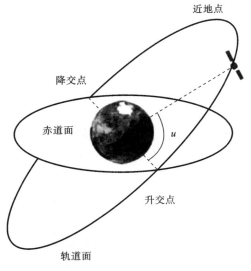

　　对于圆形轨道的例子,我们用第一个备用根数——沿迹角 $u$ 代替真近点角确定卫星的位置。沿轨道运行方向测量升交点到卫星当前位置相对地心的张角称为沿迹角 $u$,如图 3-8 所示。对于在圆形轨道上运行的卫星,只需要 5 个参数即可描述卫星的运行规律,用沿迹角 $u$ 替代近地点幅角 $\omega$ 和真近点角 $f$。

　　另外一种需要备用轨道根数的情况是赤道轨道($i = 0°$ 或者 $180°$)。此时,赤道平面与轨道平面重合,因此升交点不存在。这时升交点赤经 $\Omega$ 和近地点幅角 $\omega$ 都无法定

图 3-8　沿迹角的定义

义,需要用其他的备用根数代替它们,这就是近地点经度 $\Pi$。沿轨道运行方向测量春分点与近地点相对地心的张角,称为近地点经度 $\Pi$,如图 3-9 所示。对于在赤道轨道上运行的卫星,只需要 5 个参数即可描述卫星的运行规律,用近地点经度 $\Pi$ 替代升交点赤经 $\Omega$、近地点幅角 $\omega$ 和真近点角 $f$。

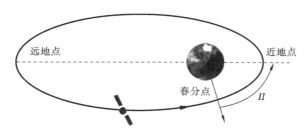

图 3-9　近地点经度

最后是圆形赤道轨道,它既没有近地点,也没有升交点,于是升交点赤经 $\Omega$、近地点幅角 $\omega$ 和真近点角 $f$ 都无法定义,可以使用最后一个备用根数——真经度 $l$ 代替它们。沿轨道运行方向测量春分点与卫星当前位置相对地心的张角,称为真经度 $l$,如图 3-10 所示。对于在圆形赤道轨道上运行的卫星,只需要 4 个参数即可描述卫星的运行规律,用真经度 $l$ 替代升交点赤经、近地点幅角和真近点角。

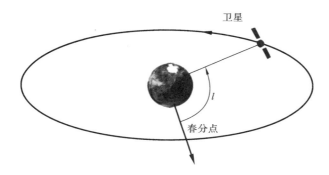

图 3-10　真经度的定义

表 3-1 总结了常用备用轨道根数。

表 3-1　常用备用轨道根数

| 符号 | 名称 | 描述 | 范围 | 应用条件 |
| --- | --- | --- | --- | --- |
| $u$ | 沿迹角<br>（升交角距） | 升交点和卫星<br>对地心的张角 | $0 \leqslant u < 360°$ | 圆形轨道（$e=0$） |
| $\Pi$ | 近地点经度 | 春分点和近地点<br>对地心的张角 | $0 \leqslant \Pi < 360°$ | 赤道轨道（$i=0°/180°$） |
| $l$ | 真经度 | 春分点和卫星<br>对地心的张角 | $0 \leqslant l < 360°$ | 圆形赤道轨道（$e=0$ 且 $i=0°/180°$） |

## 3.2 二 体 问 题

若将地球视为均质圆球,则它对航天器的吸引可等效为点质量。这样地球和航天器就构成一个二体系统,可在协议天球坐标系考虑航天器相对地心的运动。

设航天器的位置矢量为 $r$、万有引力常数为 $G$、地球质量为 $M$,则由牛顿万有引力定律和牛顿第二定理可得航天器的运动方程[1]为

$$\ddot{r}+\frac{\mu}{r^3}r=0 \tag{3-5}$$

式中:$\mu=GM$ 为地球引力常数。

## 3.2.1 二体运动的特性

本节讨论二体运动的一些重要特性。

**1. 动量矩守恒**

用 $r$ 叉乘式(3-5),经推导可得

$$r\times\dot{r}=h \tag{3-6}$$

式中:$h$ 是常矢量。它具有如下特性:① $h$ 表示的是单位质量的动量矩,也称比角动量;② 因 $h$ 为常矢量,所以二体系统的动量矩守恒;③ 因 $h$ 垂直于 $r$ 和 $\dot{r}$,故垂直于运动平面,所以该运动平面的方位在协议天球坐标系 $O\text{-}XYZ$ 中是固定不变的。如图 3-11 所示,可以用轨道面相对于 $XY$ 平面的倾角 $i$ 和轨道升交点的赤经 $\Omega$ 表示轨道平面的方向。

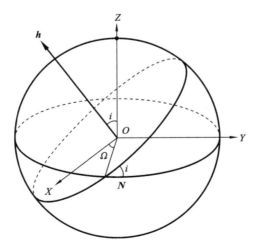

图 3-11 轨道平面的方向

$h$ 与轨道根数 $i$ 和 $\Omega$ 的具体关系分析如下。

为方便讨论,以轨道平面为基准面建立轨道坐标系,这是很有用的辅助坐标系,根据具体的应用,可以在轨道平面内选取不同的 $x$ 轴指向。在此,引入一种轨道坐标系,记为 $O\text{-}x'y'z'$,其 $x'$ 轴与 $r$ 重合,$z'$ 轴与 $h$ 重合,$y'$ 轴与 $x'$ 轴和 $z'$ 轴构成右手坐标系,如图 3-12 所示。设 $u$ 为从轨道升交点的方向到 $x'$ 轴指向之间的夹角,即沿迹角。在轨道坐标系 $O\text{-}x'y'z'$ 中有

$$\begin{cases} \boldsymbol{h} = \begin{bmatrix} 0 & 0 & h \end{bmatrix}^{\mathrm{T}} \\ \boldsymbol{r} = \begin{bmatrix} r & 0 & 0 \end{bmatrix}^{\mathrm{T}} \\ \dot{\boldsymbol{r}} = \begin{bmatrix} \dot{r} & r\dot{u} & 0 \end{bmatrix}^{\mathrm{T}} \end{cases} \tag{3-7}$$

式中:$h$ 为 $h$ 的模;$r$ 为径向距离(即 $r$ 的模);$\dot{r}$ 为径向速度(常表示为 $v_{\mathrm{r}}$);$\dot{u}$ 为角速度;$r\dot{u}$ 为周向速度(常表示为 $v_{\mathrm{f}}$)。

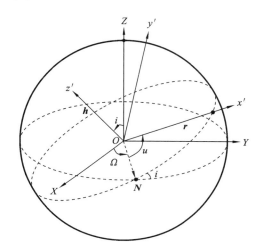

图 3-12 轨道坐标系 $O\text{-}x'y'z'$

协议天球坐标系 $O\text{-}XYZ$ 与轨道坐标系 $O\text{-}x'y'z'$ 的转换关系为

$$\begin{bmatrix} X \\ Y \\ Z \end{bmatrix} = \boldsymbol{R}_3(-\Omega)\boldsymbol{R}_1(-i)\boldsymbol{R}_3(-u) \begin{bmatrix} x' \\ y' \\ z' \end{bmatrix} \tag{3-8}$$

设在协议天球坐标系 $O\text{-}XYZ$ 中,$\boldsymbol{h} = \begin{bmatrix} h_X & h_Y & h_Z \end{bmatrix}^{\mathrm{T}}$,则根据式(3-7)和式(3-8),可得

$$\begin{bmatrix} h_X \\ h_Y \\ h_Z \end{bmatrix} = \boldsymbol{R}_3(-\Omega)\boldsymbol{R}_1(-i)\boldsymbol{R}_3(-u) \begin{bmatrix} 0 \\ 0 \\ h \end{bmatrix} = \begin{bmatrix} h\sin\Omega\sin i \\ -h\cos\Omega\sin i \\ h\cos i \end{bmatrix} \tag{3-9}$$

由式(3-9)可得

$$\begin{cases} \cos i = \dfrac{h_Z}{h} \\ \tan\Omega = -\dfrac{h_X}{h_Y} \end{cases} \tag{3-10}$$

**例 3.1** 已知某卫星沿椭圆轨道运行,其近地点到地心距离为 $r_{\mathrm{p}}$,速度为 $v_{\mathrm{p}}$,远地点

到地心距离为 $r_A$，速度大小为 $v_A$。试证明 $\dfrac{r_P}{r_A}=\dfrac{v_A}{v_P}$。

**证明**  已知 $\boldsymbol{h}=\boldsymbol{r}\times\boldsymbol{v}$，而在近地点和远地点有

$$\boldsymbol{r}_A\perp\boldsymbol{v}_A \quad \boldsymbol{r}_P\perp\boldsymbol{v}_P$$

所以

$$h=r_A v_A=r_p v_p$$

于是有

$$\frac{r_P}{r_A}=\frac{v_A}{v_P}$$

**2. 轨道方程**

将式(3-5)与 $\boldsymbol{h}$ 叉乘，经推导可得

$$\dot{\boldsymbol{r}}\times\boldsymbol{h}=\mu\left(\frac{\boldsymbol{r}}{r}+\boldsymbol{e}\right)=\frac{\mu}{r}(\boldsymbol{r}+r\boldsymbol{e}) \tag{3-11}$$

式(3-11)也称为轨道积分方程，其中 $\boldsymbol{e}$ 是常矢量。

令 $\boldsymbol{r}$ 与 $\boldsymbol{e}$ 的夹角为 $f$，将式(3-11)与 $\boldsymbol{r}$ 点乘，经化简有

$$r=\frac{h^2}{\mu}\cdot\frac{1}{1+e\cos f} \tag{3-12}$$

式(3-12)是二体运动的轨道方程，它有如下特性。

(1) 它是极坐标形式的圆锥曲线方程。

(2) $e$ 表示的是圆锥曲线的偏心率，故 $\boldsymbol{e}$ 称为偏心率矢量。$\boldsymbol{e}$ 的大小表示了轨道的形状：$e=0$ 为圆轨道，$0<e<1$ 为椭圆轨道，$e=1$ 为抛物线轨道，$e>1$ 为双曲线轨道。抛物线轨道是介于椭圆轨道和双曲线轨道的中间状态。

(3) $f=0°$ 时，$r$ 达到最小，所以 $\boldsymbol{e}$ 也称为近拱点矢量，指向近地点，$f$ 就是轨道根数中的真近点角。

(4) 设圆锥曲线的半通径为 $p$，则

$$p=\frac{h^2}{\mu}=a(1-e^2) \tag{3-13}$$

式中：$a$ 为圆锥曲线半长轴。所以式(3-12)可改写成

$$r=\frac{h^2}{\mu}\frac{1}{1+e\cos f}=\frac{p}{1+e\cos f}=\frac{a(1-e^2)}{1+e\cos f} \tag{3-14}$$

(5) 卫星在轨道上距离地心最近和最远的点分别称为近地点 $r_{min}$ 和远地点 $r_{max}$，它们分别为

$$\begin{cases}r_{min}=a(1-e)\\ r_{max}=a(1+e)\end{cases} \tag{3-15}$$

下面分析偏心率矢量 $\boldsymbol{e}$ 的特性。

将式(3-11)与 $\boldsymbol{h}$ 点乘，经化简可得

$$\boldsymbol{e}\cdot\boldsymbol{h}=0 \tag{3-16}$$

式(3-16)表明，$\boldsymbol{e}$ 位于轨道平面内。

$\boldsymbol{e}$ 与轨道根数的关系分析如下。

在协议天球坐标系 $O\text{-}XYZ$ 中，$e$ 表示为

$$\boldsymbol{e} = \begin{bmatrix} e_X & e_Y & e_Z \end{bmatrix}^{\mathrm{T}} \tag{3-17}$$

设 $\boldsymbol{e}$ 的模值为 $e$，为了方便讨论，在此引入另一种轨道坐标系，记为 $O\text{-}x''y''z''$，其中，$x''$ 轴与 $\boldsymbol{e}$ 重合，$z''$ 轴与 $\boldsymbol{h}$ 重合，$y''$ 轴与 $x''$ 轴和 $z''$ 轴构成右手坐标系，如图 3-13 所示。

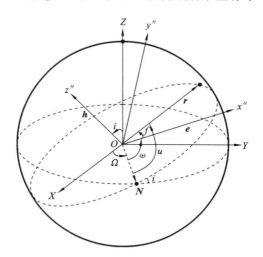

**图 3-13　轨道坐标系 $O\text{-}x''y''z''$**

在轨道坐标系 $O\text{-}x''y''z''$ 中，有

$$\boldsymbol{e} = \begin{bmatrix} e & 0 & 0 \end{bmatrix}^{\mathrm{T}} \tag{3-18}$$

由图 3-13 可知，协议天球坐标系 $O\text{-}XYZ$ 与轨道坐标系 $O\text{-}x''y''z''$ 的转换关系为

$$\begin{bmatrix} X \\ Y \\ Z \end{bmatrix} = \boldsymbol{R}_3(-\Omega)\boldsymbol{R}_1(-i)\boldsymbol{R}_3(-\omega)\begin{bmatrix} x'' \\ y'' \\ z'' \end{bmatrix} \tag{3-19}$$

根据式(3-17)、式(3-18)和式(3-19)可得

$$\begin{bmatrix} e_X \\ e_Y \\ e_Z \end{bmatrix} = \boldsymbol{R}_3(-\Omega)\boldsymbol{R}_1(-i)\boldsymbol{R}_3(-\omega)\begin{bmatrix} e \\ 0 \\ 0 \end{bmatrix} = e\begin{bmatrix} \cos\Omega\cos\omega - \sin\Omega\sin\omega\cos i \\ \sin\Omega\cos\omega + \cos\Omega\sin\omega\cos i \\ \sin\omega\sin i \end{bmatrix} \tag{3-20}$$

故

$$\tan\omega = \frac{e_Z}{(e_Y\sin\Omega + e_X\cos\Omega)\sin i} \tag{3-21}$$

**3. 机械能守恒**

回顾以前所学知识，重力场是"守恒"的，也就是说，一个物体在只受重力的情况下，其机械能不会发生变化，只可能存在动能和势能之间的转换。下面我们利用二体运动方程证明这个结论。

从轨道积分方程式(3-11)出发，两边平方(点乘)，并利用式(3-14)，经推导可得

$$v^2 = \mu\left(\frac{2}{r} - \frac{1}{a}\right) \tag{3-22}$$

式(3-22)称为活力公式,它将卫星的速度与卫星的地心距关联起来。同时,由于速度与卫星的动能相关,地心距与卫星的势能相关,因此可推导出卫星在轨道运动过程中的机械能,即动能 $E_k$ 和势能 $E_p$ 之和为常量,即

$$E_{tot} = E_k + E_p = \frac{1}{2}mv^2 - \frac{\mu m}{r} = -\frac{1}{2}\frac{\mu m}{a} \qquad (3\text{-}23)$$

式中:$m$ 为卫星的质量。式(3-23)也称为卫星轨道的能量定律,显然,卫星的总体机械能只与卫星的半长轴相关,且对于围绕地球运动的椭圆轨道,其总体机械能为负值。

对于圆轨道($r=a$)卫星,可利用活力公式计算出卫星的速度为

$$v_c = \sqrt{\frac{\mu}{a}} \qquad (3\text{-}24)$$

对于椭圆轨道,可以推导出卫星的速度在近地点处取得最大值

$$v_{max} = \sqrt{\frac{\mu}{a} \cdot \frac{1+e}{1-e}} \qquad (3\text{-}25)$$

在远地点处取得最小值

$$v_{min} = \sqrt{\frac{\mu}{a} \cdot \frac{1-e}{1+e}} \qquad (3\text{-}26)$$

**4. 开普勒三大定律**

开普勒定律又称为行星运动定律,是德国天文学家和物理学家开普勒用 10 年时间根据丹麦天文学家第谷·布拉赫对行星运动轨迹的观测资料和星表数据进行归纳发现的关于行星运动的定律。他在 1609 年出版的《新天文学》上发表了关于行星运动的前两条定律,又在 1618 年发现了第三条定律。

下面我们来了解一下开普勒三大定律。

开普勒第一定律:行星绕太阳运行的轨道是一个椭圆,太阳位于该椭圆的一个焦点上。

开普勒第二定律:行星围绕太阳运行时,行星与太阳的连线(向径)在相同的时间内扫过的面积相等。

开普勒第三定律:行星绕太阳运行周期的平方与其轨道半长轴的立方成正比。

二体问题的卫星绕地球运动与地球绕太阳运动一样,要遵循开普勒三大定律。下面结合二体运动的特性进一步展开讨论。

**1)开普勒第一定律**

卫星绕地球运行的轨道是一个椭圆,地球位于该椭圆的一个焦点上。此定律阐明了卫星轨道的基本形态及其与地心的关系。在前面我们已经推导出卫星绕地球质心运动的轨道方程如式(3-14)所示,它是极坐标形式下的圆锥曲线方程,这一方程将卫星距离 $r$ 与真近点角 $f$ 联系在一起,从而确定了卫星在轨道平面上的轨迹。

**2)开普勒第二定律**

卫星和地心的连线在单位时间内所扫过的面积相等。这意味着,卫星在椭圆轨道上的运行速度是不断变化的,在近地点的运行线速度最大,在远地点的运行线速度最小。

在二体系统中,卫星受到的地心引力总是指向地心,这使得轨道始终保持在固定平面上。因为受力方向总是与位置矢量相反,没有垂直于轨道平面上的加速度,所以在二

体问题假定下,卫星不可能脱离轨道平面。面积定律如图 3-14 所示。

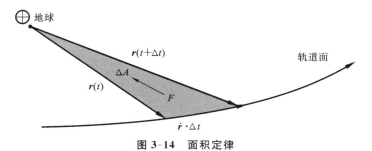

**图 3-14 面积定律**

观察图 3-14,考虑在很短的时间 $dt$ 内,将卫星沿轨道的运动看作直线运动,则卫星与地心的连线在时间 $dt$ 内扫过的面积为

$$\Delta A = \frac{1}{2} r \sin\varphi \cdot v \Delta t = \frac{1}{2} |\boldsymbol{r} \times \boldsymbol{v}| \Delta t = \frac{1}{2} |\boldsymbol{h}| \Delta t \tag{3-27}$$

式中:$\varphi$ 为位置矢量 $\boldsymbol{r}$ 和速度矢量 $\boldsymbol{v}$ 之间的夹角;$v$ 为 $\boldsymbol{v}$ 的模值,即速度大小。

因此,在一定时间内卫星与地心的连线扫过的面积为

$$A = \frac{1}{2} \int_{t_0}^{t} r(t) v(t) \sin\varphi \mathrm{d}t = \frac{1}{2} |\boldsymbol{h}| (t - t_0) \tag{3-28}$$

因为 $|\boldsymbol{h}|$ 是个常数,所以在单位时间内卫星和地心的连线扫过的面积相同,即面积速度为常数 $|\boldsymbol{h}|/2$,此即开普勒第二定律。

**3) 开普勒第三定律**

卫星轨道运行周期的平方与轨道半长轴的立方之比为常量,即

$$\frac{T^2}{a^3} = \frac{4\pi^2}{GM} \tag{3-29}$$

式(3-29)说明卫星绕地球运行的周期只与轨道半长轴有关。只要轨道半长轴相等,即使轨道类型不同,具有不同的偏心率和轨道倾角,其轨道周期也相同。

由轨道运行周期可以定义卫星的平均角速度为 $n = 2\pi/T$,代入式(3-29),可得

$$n = \sqrt{\frac{GM}{a^3}} = \sqrt{\frac{\mu}{a^3}} \tag{3-30}$$

由于平均角速度 $n$ 和轨道半长轴 $a$ 是一一对应的关系,在很多空间目标数据库和数据处理软件中,会用平均角速度 $n$ 代替轨道半长轴 $a$。

**例 3.2** 由开普勒第二定律可知,卫星绕地球运动,单位时间内地心到卫星的连线扫过的面积为常数:$\dot{A} = \frac{1}{2} h$,试由此证明开普勒第三定律:$\frac{T^2}{a^3} = \frac{4\pi^2}{\mu}$。

**证明** 椭圆的轨道面积可以表示为 $S = \pi ab$。

依据开普勒第二定律,单位时间卫星扫过面积为

$$\dot{A} = \frac{1}{2} h$$

因此卫星周期可以表示为

$$T = \frac{S}{\dot{A}} = \frac{2\pi ab}{h}$$

由式（3-13）可得

$$h^2 = \mu a(1-e^2)$$

依据椭圆偏心率定义可得

$$b^2 = a^2(1-e^2)$$

于是有

$$T^2 = \frac{4\pi^2 a^2 b^2}{h^2} = \frac{4\pi^2 a^3}{\mu}$$

所以

$$\frac{T^2}{a^3} = \frac{4\pi^2}{\mu}$$

## 3.2.2　开普勒方程

本章内容到目前为止都是关注轨道的几何形式，即轨道作为椭圆曲线所具有的性质。本节要讲的开普勒方程是从开普勒三大定律衍生出来的，但关注的重点不是轨道的形状，而是如何求解卫星在某一具体时刻处于轨道上的什么位置，即如何计算卫星的具体位置。

下面分析卫星运动位置与时间的关系。建立轨道平面坐标系，如图 3-15 所示，其原点为地球质心，$X$ 轴指向近地点方向，$Y$ 轴在轨道平面内与 $X$ 轴垂直。

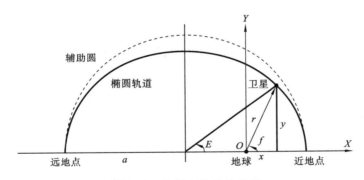

图 3-15　偏近点角 $E$ 的定义

引入辅助变量偏近点角 $E$，则卫星在轨道平面坐标系中的位置坐标可表示为

$$\begin{cases} x = r\cos f = a(\cos E - e) \\ y = r\sin f = a\sqrt{1-e^2}\sin E \end{cases} \qquad (3\text{-}31)$$

由式（3-31），经推导可得[1]

$$E(t) - e\sin E(t) = M(t) \qquad (3\text{-}32)$$

式（3-32）即为开普勒方程，其中 $t$ 为当前时间，$M(t)$ 为平近点角，定义为

$$M(t) = n(t-\tau) \qquad (3\text{-}33)$$

式中：$\tau$ 是卫星最近一次经过近地点的时间；$n$ 为平均角速度，$n = \sqrt{\dfrac{\mu}{a^3}}$。

开普勒方程通过偏近点角 $E$ 将时间 $t$ 与卫星的真近点角 $f$ 联系到一起。为了得到 $t$ 时刻卫星的位置,必须先知道卫星最近一次过近地点的时间 $\tau$ 和轨道的偏心率 $e$,再利用轨道半长轴 $a$ 计算平均角速度 $n$,进而计算平近点角 $M(t)$,再根据开普勒方程计算偏近点角 $E(t)$,最后求得真近点角 $f$。

在求解偏近点角 $E$ 时,开普勒方程是一个超越方程,无法得出解析表达式,因此只能采用迭代法,即先设定一个近似的初值,再逐步改进。常取 $E$ 的迭代初值为

$$E_0 = M \tag{3-34}$$

真近点角与偏近点角有如下关系

$$\tan \frac{f}{2} = \sqrt{\frac{1+e}{1-e}} \tan \frac{E}{2} \tag{3-35}$$

设初始时刻为 $t_0$,则由式(3-32)可得

$$\sqrt{\frac{\mu}{a^3}}(t-t_0) = (E-E_0) - e(\sin E - \sin E_0) \tag{3-36}$$

由式(3-36)可求得 $E$,而 $E_0$ 可由下述两方程唯一确定[1]

$$\begin{cases} e\cos E_0 = 1 - \dfrac{r_0}{a} \\ e\sin E_0 = \dfrac{\boldsymbol{r}_0 \cdot \dot{\boldsymbol{r}}_0}{\sqrt{\mu a}} \end{cases} \tag{3-37}$$

设 $\Delta E = E - E_0$,根据三角公式及式(3-37),式(3-36)可转化为

$$\sqrt{\frac{\mu}{a^3}}(t-t_0) = \Delta E + \frac{\boldsymbol{r}_0 \cdot \dot{\boldsymbol{r}}_0}{\sqrt{\mu a}}(1-\cos \Delta E) - \left(1 - \frac{r_0}{a}\right)\sin \Delta E \tag{3-38}$$

**例 3.3** 已知某卫星轨道半长轴 $a = 16000$ km,偏心率 $e = 0.5$,如图 3-16 所示。图中 $O$ 为椭圆中心,$O_E$ 为地心。取地球引力常数 $\mu = 4 \times 10^5$ km$^3$ · s$^{-2}$,求:

(1) 该卫星近地点 $P$,远地点 $A$ 的地心距离(km)。

(2) $C$、$D$ 两点的地心距离(km)和速度大小(km/s)。

(3) 卫星从 $P$ 点运动到 $D$ 点经过的时间(s)。

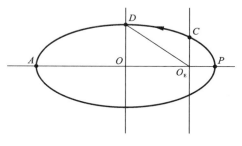

图 3-16 卫星运动示意图

**解** (1) 根据式(3-15),有

$$r_P = a(1-e) = \frac{a}{2} = 8000 \text{ km}$$

$$r_A = a(1+e) = \frac{3}{2}a = 24000 \text{ km}$$

(2) $C$ 点对应真近点角 $f = 90°$,代入式(3-14)和式(3-22)可得

$$r_C = a(1-e^2) = \frac{3}{4}a = 12000 \text{ km}$$

$$v_C = \sqrt{\mu\left(\frac{2}{r_C} - \frac{1}{a}\right)} = \frac{5}{3}\sqrt{15} \text{ km/s} = 6.455 \text{ km/s}$$

根据椭圆的定义,可得

$$r_D = a = 16000 \text{ km}$$

$$v_D = \sqrt{\mu\left(\frac{2}{r_D} - \frac{1}{a}\right)} = 5 \text{ km/s}$$

（3）卫星在 $P$ 点的真近点角为 $f_P = 0°$,依据平近点角定义,卫星在 $P$ 点的平近点角为

$$M_P = 0$$

由直角三角形 $ODO_E$ 的几何关系,易得卫星在 $D$ 点的真近点角（$\angle PO_ED$）为

$$f_D = 180° - \arccos e = 120°$$

代入式（3-35）,可得

$$E_D = 2\arctan 1 = \frac{\pi}{2}$$

再代入开普勒方程式（3-32）,可得

$$M_D = E_D - e\sin E_D = \frac{\pi}{2} - \frac{1}{2}$$

卫星在轨道上运行一周的平均角速度为

$$n = \sqrt{\frac{\mu}{a^3}} = \frac{1}{3200} \text{ rad/s}$$

代入式（3-33）,可得

$$\Delta t = \frac{M_D - M_P}{n} = 1600(\pi - 1) \text{ s} = 3426.4 \text{ s}$$

# 3.3　轨道根数与位置矢量、速度矢量之间的关系

## 3.3.1　由位置矢量和速度矢量计算轨道根数

已知某时刻 $t$ 的位置矢量 $r$ 和速度矢量 $v$,计算轨道根数的步骤如下。

（1）计算比角动量 $h$。

$$h = r \times v \tag{3-39}$$

（2）根据轨道积分方程式（3-11）计算偏心率 $e$。

$$e = \frac{1}{\mu}(v \times h) - \frac{1}{r} \cdot r \tag{3-40}$$

$$e = |e| \tag{3-41}$$

（3）计算半长轴 $a$。

$$a = \frac{h^2}{\mu(1 - e^2)} \tag{3-42}$$

（4）计算轨道倾角 $i$。

如图 3-17 所示，根据轨道倾角的定义，有

$$\boldsymbol{h} \cdot \boldsymbol{K} = hK\cos i \tag{3-43}$$

式中：$\boldsymbol{K}$ 为赤道平面的法向量，在 J2000 坐标系下，$\boldsymbol{K} = (0,0,1)^{\mathrm{T}}$。由此可得

$$i = \arccos \frac{h_Z}{h} \tag{3-44}$$

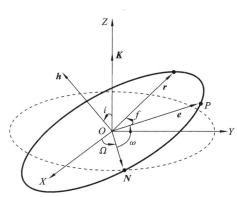

图 3-17　位置矢量和速度矢量到
轨道根数转换参考图

（5）计算升交点赤经 $\Omega$。

如图 3-17 所示，定义方向向量

$$\boldsymbol{N} = \boldsymbol{K} \times \boldsymbol{h} \tag{3-45}$$

显然 $\boldsymbol{N}$ 的方向指向升交点，同时在 J2000 坐标系下，$X$ 轴指向春分点，所以升交点赤经 $\Omega$ 即是从坐标轴 $X$ 沿着地球自转方向转动到向量 $\boldsymbol{N}$ 的角度，因此有

$$\cos \Omega = \frac{N_X}{N} \tag{3-46}$$

于是可以求得

$$\Omega = \begin{cases} \arccos \left( \dfrac{N_X}{N} \right) & N_Y \geqslant 0 \\[3mm] 2\pi - \arccos \left( \dfrac{N_X}{N} \right) & N_Y < 0 \end{cases} \tag{3-47}$$

（6）计算近地点幅角 $\omega$。

如图 3-17 所示，近地点幅角 $\omega$ 可以看作从向量 $\boldsymbol{N}$ 沿着卫星运动方向转动到偏心率矢量 $\boldsymbol{e}$ 的角度，于是有

$$\boldsymbol{N} \cdot \boldsymbol{e} = Ne\cos \omega \tag{3-48}$$

由此可得

$$\omega = \begin{cases} \arccos \dfrac{\boldsymbol{N} \cdot \boldsymbol{e}}{Ne}, & e_Z \geqslant 0 \\[3mm] 2\pi - \arccos \dfrac{\boldsymbol{N} \cdot \boldsymbol{e}}{Ne}, & e_Z < 0 \end{cases} \tag{3-49}$$

（7）计算真近点角 $f$。

如图 3-17 所示，真近点角 $f$ 可以看作是从偏心率矢量 $\boldsymbol{e}$ 沿着卫星运动方向转动到位置矢量 $\boldsymbol{r}$ 的角度，于是有

$$\boldsymbol{e} \cdot \boldsymbol{r} = er\cos f \tag{3-50}$$

由此可得

$$f = \begin{cases} \arccos \dfrac{\boldsymbol{e} \cdot \boldsymbol{r}}{er}, & v_r \geqslant 0 \\[3mm] 2\pi - \arccos \dfrac{\boldsymbol{e} \cdot \boldsymbol{r}}{er}, & v_r < 0 \end{cases} \tag{3-51}$$

其中

$$v_r = \boldsymbol{v} \cdot \frac{\boldsymbol{r}}{r} \tag{3-52}$$

### 3.3.2　由轨道根数计算位置矢量和速度矢量

若已知天体在任何时刻 $t$ 的 $r$ 和 $f$,则在如图 3-13 所示的轨道坐标系 $O\text{-}x''y''z''$ 中有

$$\begin{bmatrix} x'' \\ y'' \\ z'' \end{bmatrix} = \begin{bmatrix} r\cos f \\ r\sin f \\ 0 \end{bmatrix} \tag{3-53}$$

根据协议天球坐标系与轨道坐标系的转换关系式(3-19),可得位置矢量在协议天球坐标系下的表达式,将表达式右端展开,可得

$$\boldsymbol{r} = \boldsymbol{R}_3(-\Omega)\boldsymbol{R}_1(-i)\boldsymbol{R}_3(-\omega) \begin{bmatrix} r\cos f \\ r\sin f \\ 0 \end{bmatrix} = r\cos f \cdot \boldsymbol{P} + r\sin f \cdot \boldsymbol{Q} \tag{3-54}$$

其中,$\boldsymbol{P}$、$\boldsymbol{Q}$ 分别为 $x''$、$y''$ 轴的单位向量,它们在 $O\text{-}XYZ$ 坐标系下可表示为

$$\boldsymbol{P} = \boldsymbol{R}_3(-\Omega)\boldsymbol{R}_1(-i)\boldsymbol{R}_3(-\omega) \begin{bmatrix} 1 \\ 0 \\ 0 \end{bmatrix} = \begin{bmatrix} \cos\Omega\cos\omega - \sin\Omega\sin\omega\cos i \\ \sin\Omega\cos\omega + \cos\Omega\sin\omega\cos i \\ \sin\omega\sin i \end{bmatrix} \tag{3-55}$$

$$\boldsymbol{Q} = \boldsymbol{R}_3(-\Omega)\boldsymbol{R}_1(-i)\boldsymbol{R}_3(-\omega) \begin{bmatrix} 0 \\ 1 \\ 0 \end{bmatrix} = \begin{bmatrix} -\cos\Omega\sin\omega - \sin\Omega\cos\omega\cos i \\ -\sin\Omega\sin\omega + \cos\Omega\cos\omega\cos i \\ \cos\omega\sin i \end{bmatrix} \tag{3-56}$$

$\boldsymbol{P}$ 和 $\boldsymbol{Q}$ 为 3 个轨道根数 $\Omega$、$\omega$、$i$ 的函数,是常矢量。式(3-54)中的自变量为真近点角 $f$。所以,对式(3-54)求导可得速度矢量的表达式为

$$\dot{\boldsymbol{r}} = \boldsymbol{R}_3(-\Omega)\boldsymbol{R}_1(-i)\boldsymbol{R}_3(-\omega) \begin{bmatrix} -\dfrac{h}{p}\sin f \\ \dfrac{h}{p}(e+\cos f) \\ 0 \end{bmatrix}$$

$$= -\frac{h}{p}\sin f \cdot \boldsymbol{P} + \frac{h}{p}(e+\cos f) \cdot \boldsymbol{Q} \tag{3-57}$$

## 3.4　两个时刻的位置矢量和速度矢量的关系

本节讨论某瞬时 $t_0$ 位置矢量 $\boldsymbol{r}_0$ 和速度矢量 $\boldsymbol{v}_0$ 与任何时刻 $t$ 的位置矢量 $\boldsymbol{r}$ 和速度矢量 $\boldsymbol{v}$ 的关系。

### 3.4.1　$F$ 和 $G$ 的闭合形式

因为航天器运动限制在一个平面内,所以 $\boldsymbol{r}_0$、$\boldsymbol{v}_0$、$\boldsymbol{r}$ 和 $\boldsymbol{v}$ 这 4 个矢量共面。由共面矢量

的基本定理可知：若 $A$、$B$ 和 $C$ 为共面矢量，且 $A$ 和 $B$ 不共线，则 $C$ 可以由 $A$ 和 $B$ 的线性组合表示。因此有

$$r = F r_0 + G v_0 \tag{3-58}$$

对式(3-58)求导可得

$$v = \dot{F} r_0 + \dot{G} v_0 \tag{3-59}$$

式中：$F$、$G$、$\dot{F}$ 和 $\dot{G}$ 是与时间有关的标量。

将式(3-58)与式(3-59)叉乘，并利用动量矩守恒特性 $r \times v = r_0 \times v_0$，可得

$$F \dot{G} - G \dot{F} = 1 \tag{3-60}$$

式(3-60)表明 $F$、$G$、$\dot{F}$ 和 $\dot{G}$ 不是相互独立的。若已知其中任意三个，利用式(3-60)即可求得第 4 个。下面推导 $F$ 和 $G$ 在轨道坐标系 $O\text{-}x''y''z''$ 中的表示。

将式(3-58)叉乘 $v_0$ 即可分离标量 $F$，因为 $r = [\begin{matrix} x'' & y'' & 0 \end{matrix}]^T$ 和 $v_0 = [\begin{matrix} \dot{x}_0'' & \dot{y}_0'' & 0 \end{matrix}]^T$，故

$$r \times v_0 = [\begin{matrix} 0 & 0 & x''\dot{y}_0'' - y''\dot{x}_0'' \end{matrix}]^T = [\begin{matrix} 0 & 0 & Fh \end{matrix}]^T$$

于是

$$F = \frac{x''\dot{y}_0'' - y''\dot{x}_0''}{h} \tag{3-61}$$

类似地，用 $r_0$ 叉乘式(3-58)即可分离 $G$，可得

$$G = \frac{x_0''y'' - x''y_0''}{h} \tag{3-62}$$

为了求得 $\dot{F}$ 和 $\dot{G}$，只需对 $F$ 和 $G$ 的表达式进行微分即可，或者用 $r_0$ 叉乘式(3-59)得 $\dot{G}$，然后用 $v_0$ 叉乘式(3-59)得

$$\begin{cases} \dot{F} = \dfrac{\dot{x}''\dot{y}_0'' - \dot{y}''\dot{x}_0''}{h} \\[2mm] \dot{G} = \dfrac{x_0''\dot{y}'' - \dot{x}''y_0''}{h} \end{cases} \tag{3-63}$$

**1. 以真近点角表示的 $F$ 和 $G$**

由式(3-53)可得 $x''$ 和 $y''$ 以 $f$ 表示的表达式，对其求导可得 $\dot{x}''$ 和 $\dot{y}''$ 以 $f$ 表示的表达式，将这些表达式代入式(3-61)，结合式(3-13)可得

$$F = 1 - \frac{r}{p}(1 - \cos\Delta f) \tag{3-64}$$

式中：$\Delta f = f - f_0$。

类似可得[1]

$$\begin{cases} G = \dfrac{r r_0 \sin\Delta f}{\sqrt{\mu p}} \\[3mm] \dot{G} = 1 - \dfrac{r_0}{p}(1 - \cos\Delta f) \\[3mm] \dot{F} = \sqrt{\dfrac{\mu}{p}} \tan\dfrac{\Delta f}{2}\left(\dfrac{1 - \cos\Delta f}{p} - \dfrac{1}{r} - \dfrac{1}{r_0}\right) \end{cases} \tag{3-65}$$

其中 $r$ 的计算公式为

$$r = \frac{h^2}{\mu} \frac{1}{1 + \left(\dfrac{h^2}{\mu r_0} - 1\right)\cos\Delta f - \dfrac{(\boldsymbol{v}_0 \cdot \boldsymbol{r}_0)h}{\mu r_0}\sin\Delta f} \tag{3-66}$$

**2. 以偏近点角表示的 $F$ 和 $G$**

经推导,有[1]

$$\begin{cases} F = 1 - \dfrac{a}{r_0}(1 - \cos\Delta E) \\[3mm] G = (t - t_0) - \sqrt{\dfrac{a^3}{\mu}}(\Delta E - \sin\Delta E) \\[3mm] \dot{G} = 1 - \dfrac{a}{r}(1 - \cos\Delta E) \\[3mm] \dot{F} = -\dfrac{\sqrt{\mu a}\sin\Delta E}{r r_0} \end{cases} \tag{3-67}$$

式中:$\Delta E = E - E_0$。

**3. 以普适变量表示的 $F$ 和 $G$**

在实际运算中,如果直接采用轨道根数进行迭代,在计算近似抛物线轨道时往往误差很大,计算精度会大大地降低,或者出现迭代收敛太慢,或者根本不收敛的情况,采用普适变量可以克服上述问题。

经推导,以普适变量 $x$ 表示的 $F$ 和 $G$ 及其导数为

$$\begin{cases} F = 1 - \dfrac{x^2}{r_0}C(z) \\[3mm] G = (t - t_0) - \dfrac{x^3}{\sqrt{\mu}}S(z) \\[3mm] \dot{F} = \dfrac{\sqrt{\mu}}{r_0 r}x[zS(z) - 1] \\[3mm] \dot{G} = 1 - \dfrac{x^2}{r}C(z) \end{cases} \tag{3-68}$$

式中:$z = x^2/a$,$C$ 和 $S$ 为斯达姆夫(Stumpf)函数,定义为

$$C(z) = \begin{cases} \dfrac{1 - \cos\sqrt{z}}{z}, & z > 0 \\[3mm] \dfrac{\cosh(\sqrt{-z}) - 1}{-z}, & z < 0 \\[3mm] \dfrac{1}{2}, & z = 0 \end{cases} \tag{3-69}$$

$$S(z) = \begin{cases} \dfrac{\sqrt{z} - \sin\sqrt{z}}{\sqrt{z^3}}, & z > 0 \\[3mm] \dfrac{\sinh(\sqrt{-z}) - \sqrt{-z}}{\sqrt{-z^3}}, & z < 0 \\[3mm] \dfrac{1}{6}, & z = 0 \end{cases} \tag{3-70}$$

表达式的具体推导过程见附录 F。

## 3.4.2  $F$ 和 $G$ 的级数

从前面的内容我们可以了解到,已知某瞬时 $t_0$ 天体在轨道上的位置矢量 $\boldsymbol{r}_0$ 和速度矢量 $\dot{\boldsymbol{r}}_0$,就可以推算任何时刻 $t$ 的位置矢量 $\boldsymbol{r}$ 和速度矢量 $\dot{\boldsymbol{r}}$。但对于 $\tau = t - t_0$ 为一小量时,应用 $F$ 和 $G$ 级数法计算 $\boldsymbol{r}$ 和 $\dot{\boldsymbol{r}}$ 更为方便,下文中令 $\dot{\boldsymbol{r}} = \boldsymbol{v}$。

设在瞬时 $t_0$ 的位置矢量 $\boldsymbol{r}_0$ 和速度矢量 $\dot{\boldsymbol{r}}_0$ 是已知的。现将位置矢量 $\boldsymbol{r}$ 在 $t_0$ 附近作泰勒级数展开,有

$$\boldsymbol{r} = \boldsymbol{r}_0 + \left(\frac{\mathrm{d}\boldsymbol{r}}{\mathrm{d}t}\right)_0 \tau + \frac{1}{2!}\left(\frac{\mathrm{d}^2\boldsymbol{r}}{\mathrm{d}t^2}\right)_0 \tau^2 + \frac{1}{3!}\left(\frac{\mathrm{d}^3\boldsymbol{r}}{\mathrm{d}t^3}\right)_0 \tau^3 + \frac{1}{4!}\left(\frac{\mathrm{d}^4\boldsymbol{r}}{\mathrm{d}t^4}\right)_0 \tau^4 + \frac{1}{5!}\left(\frac{\mathrm{d}^5\boldsymbol{r}}{\mathrm{d}t^5}\right)_0 \tau^5 + \cdots$$

$$(3\text{-}71)$$

由式(3-5)可知

$$\frac{\mathrm{d}^2\boldsymbol{r}}{\mathrm{d}t^2} = -\frac{\mu}{r^3}\boldsymbol{r} \tag{3-72}$$

$\boldsymbol{r}$ 的各阶导数可由式(3-72)对时间 $t$ 逐次微分而获得,则

$$\begin{cases} \dfrac{\mathrm{d}^3\boldsymbol{r}}{\mathrm{d}t^3} = 3\,\dfrac{\mu}{r^4}\dot{r}\boldsymbol{r} - \dfrac{\mu}{r^3}\boldsymbol{v} \\[2mm] \dfrac{\mathrm{d}^4\boldsymbol{r}}{\mathrm{d}t^4} = -\dfrac{\mu}{r^4}\left(12\,\dfrac{\dot{r}^2}{r} - 3\ddot{r} - \dfrac{\mu}{r^2}\right)\boldsymbol{r} + 6\,\dfrac{\mu}{r^4}\dot{r}\boldsymbol{v} \end{cases} \tag{3-73}$$

将式 $\boldsymbol{r} \cdot \dot{\boldsymbol{r}} = r\dot{r}$ 对时间 $t$ 求导可得 $\ddot{r}$ 的表达式,将之代入式(3-73),则 $\boldsymbol{r}$ 的 4 阶导数可表达成

$$\frac{\mathrm{d}^4\boldsymbol{r}}{\mathrm{d}t^4} = -\frac{\mu}{r^5}\left(15\dot{r}^2 - 3v^2 + 2\,\frac{\mu}{r}\right)\boldsymbol{r} + 6\,\frac{\mu}{r^4}\dot{r}\boldsymbol{v} \tag{3-74}$$

再将式(3-74)对 $t$ 微分,可得 $\boldsymbol{r}$ 的 5 阶导数。将式(3-22)描述的活力公式

$$v^2 = \mu\left(\frac{2}{r} - \frac{1}{a}\right)$$

对 $t$ 求导后代入其中可以消去 $\dot{v}$,最终可得

$$\frac{\mathrm{d}^5\boldsymbol{r}}{\mathrm{d}t^5} = 15\,\frac{\mu\dot{r}}{r^6}\left(7\dot{r}^2 - 3v^2 + 2\,\frac{\mu}{r}\right)\boldsymbol{r} - \frac{\mu}{r^5}\left(45\dot{r}^2 - 9v^2 + 8\,\frac{\mu}{r}\right)\boldsymbol{v} \tag{3-75}$$

$\boldsymbol{r}$ 的更高阶导数可用相同方法获得,但表达式会越来越长。

现将以上推导所得的各阶导数表达式代入式(3-71)并整理后得

$$\boldsymbol{r} = F\boldsymbol{r}_0 + G\boldsymbol{v}_0 \tag{3-76}$$

式中

$$\begin{cases} F = 1 - \dfrac{1}{2}\,\dfrac{\mu}{r_0^3}\tau^2 + \dfrac{1}{2}\,\dfrac{\mu}{r_0^4}\dot{r}_0\tau^3 - \dfrac{1}{24}\,\dfrac{\mu^2}{r_0^6}\left[2 - 3\,\dfrac{r_0}{\mu}(v_0^2 - 5\dot{r}_0^2)\right]\tau^4 \\[3mm] \qquad + \dfrac{1}{8}\,\dfrac{\mu^2\dot{r}_0}{r_0^7}\left[2 - \dfrac{r_0}{\mu}(3v_0^2 - 7\dot{r}_0^2)\right]\tau^5 + \cdots \\[3mm] G = \tau - \dfrac{1}{6}\,\dfrac{\mu}{r_0^3}\tau^3 + \dfrac{1}{4}\,\dfrac{\mu}{r_0^4}\dot{r}_0\tau^4 - \dfrac{1}{120}\,\dfrac{\mu^2}{r_0^6}\left[8 - 3\,\dfrac{r_0}{\mu}(3v_0^2 - 15\dot{r}_0^2)\right]\tau^5 + \cdots \end{cases} \tag{3-77}$$

若令 $u_0 = \mu/r_0^3$，则系数 $F$ 和 $G$ 也可表达成以下形式

$$\begin{cases} F = 1 - \dfrac{1}{2}u_0\tau^2 - \dfrac{1}{6}\dot{u}_0\tau^3 - \dfrac{1}{24}(\ddot{u}_0 - u_0^2)\tau^4 - \dfrac{1}{120}(\dddot{u}_0 - 4u_0\dot{u}_0)\tau^5 - \cdots \\ G = \tau - \dfrac{1}{6}u_0\tau^3 - \dfrac{1}{12}\dot{u}_0\tau^4 - \dfrac{1}{120}(3\ddot{u}_0 - u_0^2)\tau^5 - \cdots \end{cases} \tag{3-78}$$

因 $\boldsymbol{r}_0$ 和 $\boldsymbol{v}_0$ 为常矢量，故 $t$ 时刻的瞬时速度 $\boldsymbol{v}$ 可由下式给出

$$\boldsymbol{v} = \dot{F}\boldsymbol{r}_0 + \dot{G}\boldsymbol{v}_0 \tag{3-79}$$

必须指出，$\tau$ 的幂级数中的所有系数都是常数。

若级数 $F$ 和 $G$ 中包含有更多的项，则式(3-60)可以用来校验它的解析表达式。

$F$ 和 $G$ 级数不仅可以用来进行轨道确定和轨道预测，也可以用来解决轨道交会问题。此方法的最大优点是它的普遍性，即可适用于所有类型的圆锥曲线。

# 3.5　仿　真　应　用

## 3.5.1　仿真用例

在实际应用中，往往需要根据卫星当前位置预测未来某个时刻的位置，即需要在给定 $t_0$、$\boldsymbol{r}_0$、$\boldsymbol{v}_0$ 的情况下，推算 $t$ 时刻的 $\boldsymbol{r}$ 和 $\boldsymbol{v}$。考虑以下问题。

围绕地球运行的一颗卫星，在惯性坐标系下某时刻的位置和速度矢量如下：

$$\boldsymbol{r}_0 = 7000.0\boldsymbol{i} - 12124\boldsymbol{j}$$

$$\boldsymbol{v}_0 = 2.6679\boldsymbol{i} + 4.6210\boldsymbol{j}$$

计算卫星 60 min 后的位置和速度矢量。

## 3.5.2　仿真操作

根据本章知识点，上述问题的求解思路如下。

(1) 利用输入参数计算以下物理量。

① $\boldsymbol{r}_0$、$\boldsymbol{v}_0$ 的模值。

$$r_0 = \sqrt{\boldsymbol{r}_0 \cdot \boldsymbol{r}_0}, \quad v_0 = \sqrt{\boldsymbol{v}_0 \cdot \boldsymbol{v}_0} \tag{3-80}$$

② 计算 $\boldsymbol{v}_0$ 在 $\boldsymbol{r}_0$ 方向上的径向分量 $v_{r_0}$。

$$v_{r_0} = \frac{\boldsymbol{r}_0 \cdot \boldsymbol{v}_0}{r_0} \tag{3-81}$$

③ 利用式(3-22)计算半长轴的倒数 $\alpha$。

$$\alpha = \frac{2}{r_0} - \frac{v_0^2}{\mu} \tag{3-82}$$

$\alpha$ 的符号可以用来判断轨道的类型，当 $\alpha > 0$ 时为椭圆轨道，$\alpha = 0$ 时为抛物线轨道，$\alpha$

$<0$ 时为双曲线轨道。

（2）利用 $r_0$、$v_{r_0}$、$\alpha$ 和 $\Delta t = t - t_0$ 计算普适变量 $x$。

① 设置普适变量 $x$ 的迭代初始值：

$$x_0 = \sqrt{\mu} \, |\alpha| \, \Delta t \tag{3-83}$$

② 在每次迭代循环中，计算以下物理量：

$$\begin{cases} f(x_n) = \dfrac{r_0 v_{r_0}}{\sqrt{\mu}} x_n^2 C(z_n) + (1 - \alpha r_0) x_n^3 S(z_n) + r_0 x_n - \sqrt{\mu} \Delta t \\ f'(x_n) = \dfrac{r_0 v_{r_0}}{\sqrt{\mu}} x_n [1 - \alpha x_n^2 S(z_n)] + (1 - \alpha r_0) x_n^2 C(z_n) + r_0 \end{cases} \tag{3-84}$$

式中：$z_n = \alpha x_n^2$。该式推导见附录 F。

③ 计算比值：

$$\lambda_n = \frac{f(x_n)}{f'(x_n)} \tag{3-85}$$

④ 如果比值超过设定的门限（如 $10^{-8}$），则更新 $x_n$，并返回步骤②执行下一次迭代：

$$x_{n+1} = x_n - \lambda_n \tag{3-86}$$

⑤ 如果比值小于设定的门限，则输出 $x_n$ 作为最终的普适变量值。

（3）由 $r_0$、$\alpha$、$\Delta t$ 和 $x$，根据式（3-68）计算 $F$、$G$。

（4）根据式（3-58）计算 $\boldsymbol{r}$。

（5）由 $r_0$、$\alpha$、$r$ 和 $x$，根据式（3-68）计算 $\dot{F}$、$\dot{G}$。

（6）根据式（3-59）计算 $\boldsymbol{v}$。

具体数值计算过程如下。

**步骤 1**

$$r_0 = \sqrt{7000.0^2 + (-12124)^2} = 14000 \text{ km}$$

$$v_0 = \sqrt{2.6679^2 + 4.6210^2} = 5.3359 \text{ km/s}$$

$$v_{r_0} = \frac{7000.0 \times 2.6679 + (-12124) \times 4.6210}{14000} = -2.6678 \text{ km/s}$$

$$\alpha = \frac{2}{14000} - \frac{5.3359^2}{398600} = 7.1429 \times 10^{-5} \text{ km}^{-1}$$

由于 $\alpha > 0$，则卫星的轨道为椭圆。

**步骤 2**　利用步骤 1 的结果，根据算法流程计算普适变量 $x$。

$$x = 253.53 \text{ km}^{1/2}$$

则

$$z = \alpha x^2 = 7.1429 \times 10^{-5} \times 253.53^2 = 4.5911$$

**步骤 3**　计算 $F$ 和 $G$。

$$F = 1 - \frac{x^2}{r_0} C(z) = 1 - \frac{253.53^2}{14000} \overset{0.3357}{\overbrace{C(4.5911)}} = -0.54123$$

$$G = \Delta t - \frac{x^3}{\sqrt{\mu}} S(z) = 3600 - \frac{253.53^3}{\sqrt{398600}} \overset{0.13233}{\overbrace{S(4.5911)}} = 184.35 \text{ s}$$

**步骤 4** 计算 $r$。

$$r = Fr_0 + Gv_0$$
$$= (-0.54123) \times (7000.0i - 12124j) + 184.35 \times (2.6679i + 4.6210j)$$
$$= -3296.8i + 7413.8j \text{ km}$$

因此 $r$ 的幅度为

$$r = \sqrt{(-3296.8)^2 + (7413.8)^2} = 8113.7 \text{ km}$$

**步骤 5** 计算 $\dot{F}$ 和 $\dot{G}$。

$$\dot{F} = \frac{\sqrt{\mu}}{r_0 r} x [zS(z) - 1] = \frac{\sqrt{398600} \times 253.53}{8113.7 \times 14000} [4.5911 \times \overbrace{S(4.5911)}^{0.13233} - 1]$$
$$= -5.5303 \times 10^{-4} \text{ s}^{-1}$$

$$\dot{G} = 1 - \frac{x^2}{r} C(z) = 1 - \frac{253.53^2}{8113.7} \overbrace{C(4.5911)}^{0.3357} = -1.6594$$

**步骤 6** 计算 $v$。

$$v = \dot{F} r_0 + \dot{G} v_0$$
$$= (-0.00055303) \times (7000.0i - 12124j) + (-1.6593) \times (2.6679i + 4.6210j)$$
$$= -8.2983i - 0.9632j \text{ km/s}$$

## 3.5.3 仿真分析

用计算机求解上述问题时需要注意以下两点。

（1）当由 $r_0$ 和 $v_0$ 计算半长轴时，若轨道接近抛物线，则分母趋近零，如果用数字计算机进行计算，就会出错。在这种情况下，应该计算和存储 $a$ 的倒数，同时所有的方程都应进行修正，凡是出现 $1/a$ 的地方都用 $\alpha$ 代替。

（2）计算 $x$ 满足收敛精度的迭代次数主要取决于 $x$ 的初值。$x$ 的初值越接近 $x$ 的正确值，收敛得越快，其合理的取值为 $x_0 = \sqrt{\mu} |\alpha| \Delta t$。

# 思 考 题

1. 请简述 6 个开普勒轨道根数的定义和作用。

2. 请简述开普勒三大定律的定义和对应公式。

3. 试证明开普勒第三定律（利用开普勒第二定律）。

4. 已知某卫星在时刻 $t$ 的位置矢量和速度矢量为 $r = [8000, 0, 0]^T$ km、$v = [0, 5, 5]^T$ km/s，取 $\mu = 4 \times 10^5$ km$^3 \cdot$ s$^{-2}$，求：

（1）比角动量 $h$；

（2）偏心率矢量 $e$；

（3）轨道倾角 $i$。

5. 已知地球半径 6370 km，某卫星在轨道上运行，其近地点高度为 1630 km，远地点高度为 17630 km，取 $\mu = 4 \times 10^5$ km$^3 \cdot$ s$^{-2}$。

（1）求轨道偏心率 $e$；

（2）求轨道半长轴 $a$(km)；

（3）求轨道周期 $T$(h)；

（4）求近地点速度 $v_P$ 和远地点速度 $v_A$(km/s)；

（5）求比角动量 $\boldsymbol{h}$(km$^2$/s)；

（6）若卫星质量为 1 kg，求其机械能 $E$(kg $\cdot$ km$^2$/s$^2$)；

（7）求轨道高度约 3230 km 时真近点角 $f$(°)；

（8）求出 $f = 60°$ 时卫星的周向速度 $v_f$ 和径向速度 $v_r$(km/s)。

6. 已知某卫星轨道根数 $(a, e, i, \Omega, \omega, f) = (14000$ km$, \sqrt{2}/4, 45°, 90°, 45°, 45°)$，试求其当前时刻位置和速度矢量。

第4章

# 轨道摄动原理

二体问题只有理论上才存在，实际情况中，卫星运动除了受地球中心引力影响外，还受很多其他微小因素的影响，这些微小因素对卫星运动的影响称为轨道摄动。本章从卫星的受力分析出发，引入轨道摄动的概念，介绍轨道摄动的分析方法，并描述几种主要轨道摄动项的特点及其对轨道运动的影响。

## 4.1　轨道摄动概述

在二体问题中，卫星轨道根数中除了真近点角外都是不随时间变化的常数，我们一般称这种二体问题下的运动为无摄运动，相应的运动轨道称为无摄轨道。在太空中运动的物体会受到各种作用力的影响，如太阳引力、大气阻力等，我们将除了地球中心引力以外的所有作用力统称为摄动力。在各种摄动力作用下，卫星的运动称为受摄运动，相应的轨道称为受摄轨道。如图 4-1 所示，受摄轨道的轨道根数是随时间变化的，它的 6 个轨道根数都随时间不断变化。受摄轨道与无摄轨道之间的差值称为轨道残差。

求解受摄运动的微分方程有两大类方法：解析法和数值积分法。解析法可以给出解的分析表达式，根据分析表达式不仅能够求出任意时刻的运动状态，而且可以清楚地看出运动规律，便于对卫星运动进行定性和定量研究。解析方法的缺点是大部分情况下只能得到近似解，有时甚至无法得到满足精度要求的分析解。数值积分法可以弥补解析法的上述不足，因为各种因素的影响总可以根据其模型用函数的形式精确地列入运动方程的右端项中，只要数值积分所用的步长和阶数取得合适，原则上可以获得所需要的任意高的精度。随着计算技术的发展，在轨道计算中越来越多地采用数值法，但数值法是以离散的形式给出运动方程的一组特解，这并不便于

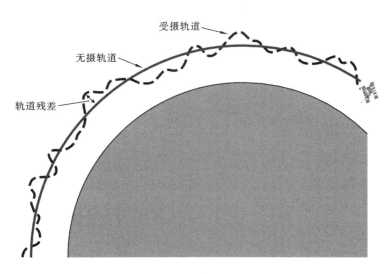

图 4-1  受摄轨道示意图

研究卫星运动的一般规律。

在研究空间目标轨道运动时应该充分考虑卫星所受作用力的特点。这个力可以分解为中心力和附加的摄动力。摄动力主要包括地球引力场非球形部分引起的扰动力、大气阻力、日月引力及太阳的光压力等。

卫星在轨道上运行,受到各种力源的综合作用,卫星的真实轨道是在这些力源的综合影响下形成的。根据对轨道的影响,可以将这些受力因素进行分类,结果如图 4-2 所示。卫星的整体受力可以分为中心力和非中心力,中心力即二体问题的万有引力,非中心力即摄动力。非中心力又分为保守力和非保守力。其中,保守力主要是指由引力导致的摄动力,包括地球、月球、太阳等星体对卫星的引力作用,保守力不改变卫星的机械能,只会造成动能与势能的相互转换;非保守力是指非引力的其他摄动力,它们是卫星损失机械能的主要原因,包括大气阻力摄动、太阳光压摄动、地球光压摄动等。保守力不损失机械能,造成的摄动是周期摄动;非保守力会损失机械能,造成的摄动中既有周期摄动,也有长期摄动。

按照摄动随时间变化的特性,卫星的轨道摄动也可以分为两大类:周期摄动与长期摄动。其中长期摄动是指导致轨道相关参数随时间单调增加或者减少的摄动。这类摄动迫使卫星越来越远离其无摄运动的路径。长期摄动项是时间间隔 $t-t_0$ 的线性函数或多项式,它随时间的加长无限制地增加或减小,故在较长时间内累积影响十分显著。

周期摄动是指导致轨道相关参数随时间做周期性变化的摄动。周期摄动又分为以下两种。

（1）长周期（Long-periodic）摄动:指摄动周期大于一个轨道周期的摄动,一般比轨道周期大一到两个量级,具有几十天甚至一年以上的摄动周期。

（2）短周期（Short-periodic）摄动:摄动周期与轨道周期的量级相同或更小,一般只有

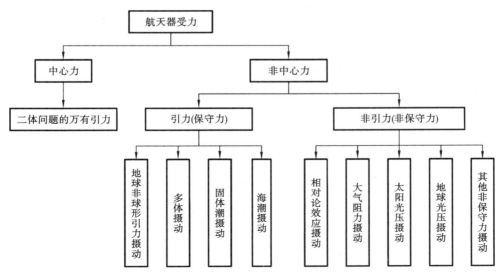

图 4-2 卫星受力的分类示意图

几小时,其振荡幅度也相对较小。

　　周期项的振幅较小,在较长时间内它们对卫星位置总的影响很小。对一些周期很大的长周期摄动,在相对较短的时间内也可作为长期项处理,这相当于用多项式逼近周期函数。

　　在轨道力学中,我们将航天器真实轨道的相关参数偏离二体问题下的标准椭圆轨道的对应参数的差值称为轨道残差,简称残差。周期摄动表现为残差在某个均值两侧的反复摆动,反映轨道根数在某个平均值上下反复变化;长期摄动表现为残差随时间逐渐增大或减小的趋势。利用近地点、远地点、轨道高度等变量分析轨道摄动的影响时,每个参数都会有自己的变化特点,有专门的研究方法去考察各个轨道根数的摄动特性,称之为"摄动分析法"[25]。

# 4.2　受摄轨道的轨道根数

## 4.2.1　密切轨道根数与平均轨道根数

　　空间目标的受摄运动可以用一系列位置速度矢量描述。在任意时刻 $t$,都存在一组开普勒轨道根数与该时刻的位置矢量和速度矢量一一对应,这些轨道根数即是时刻 $t$ 的密切轨道根数。在二体运动条件下,密切轨道根数对应的运动轨道称为密切轨道。

　　考虑摄动因素的影响,密切轨道根数中每一个参数都是随时间不断变化的,它包括各类摄动力导致的长期摄动和周期摄动。密切轨道根数主要应用于表示高精度的轨迹,在高精度轨道预报、实时定位和跟踪中有非常重要的作用。

平均轨道根数是某一时间段内的密切轨道根数的平均值。平均轨道根数同样也是随时间不断变化的,但它的变化较为平缓。根据平均轨道根数保留项的不同,平均轨道根数可以进一步划分为单平均轨道根数和双平均轨道根数。

这里我们以轨道根数中的半长轴 $a$ 为例,其密切轨道根数可以展开为

$$a(t) = a_0 + a_C(t) + a_L(t) + a_S(t) \tag{4-1}$$

式中:$a(t)$ 为密切轨道根数,它是时间 $t$ 的函数;$a_0$ 为常数项,该部分不随时间变化;$a_C(t)$ 为长期摄动项,它一般随时间单调增加或减少;$a_L(t)$ 为长周期摄动项,$a_S(t)$ 为短周期摄动项,这两项均随时间周期变化。

通过数据处理,我们可以将密切轨道根数中的短周期项消除,由此获得的轨道根数称为单平均轨道根数。单平均轨道根数包含常数项、长期摄动项以及长周期摄动项,即

$$a_1(t) = a_0 + a_C(t) + a_L(t) \tag{4-2}$$

若我们将密切轨道根数中的短周期项和长周期项都消除掉,由此获得的轨道根数称为双平均轨道根数。双平均轨道根数包含常数项和长期摄动项,即

$$a_2(t) = a_0 + a_C(t) \tag{4-3}$$

我们用单平均根数和双平均根数表示轨道在一定时间内的变化。单平均根数主要消去短周期影响,包含长期变化和长周期变化。双平均根数消去周期影响(包括短周期和长周期),仅包含长期变化。两种根数各有利弊,需要依据实际情况进行选择。

## 4.2.2 TLE

美国空间监视网会周期性更新两行轨道根数(Two-Line Elements,TLE),以维持对已编目的空间目标进行所需精度预报的能力,一般是 1 到 2 天更新一次,大多数公开的空间目标 TLE 都会定期在互联网上公布。

TLE 用特定方法去掉了周期摄动项的双平均轨道根数。为了得到高精度的预报结果,预报模型必须以同样方法重建这些摄动,因此 TLE 必须与特定的轨道预报模型一起使用来预报空间目标某一时刻的状态(位置和速度),该模型就是 SGP4/SDP4 轨道预报模型[26]。将某历元时刻的 TLE 代入 SGP4/SDP4 模型,可以得到历元前后一定时间内较为准确的空间目标位置速度矢量预报值。

TLE 的基本格式如图 4-3 所示,由两行数据组成,每行 69 个字符,包含空间目标轨道根数和其他相关信息,如目标编号、国际编号、大气阻力参数、历元时间等。各字节代表意义如表 4-1 所示。

1 XXXXXU XXXXXAAA XXXXX.XXXXXXXX +.XXXXXXXX +XXXXX-X +XXXXX-X X XXXXX
2 XXXXX XXX.XXXX XXX.XXXX XXXXXXX XXX.XXXX XXX.XXXX XX.XXXXXXXXXXXXXX

图 4-3 TLE 的基本格式

表 4-1　TLE 各参数意义

| 字 符 数 | 意 义 |
| --- | --- |
| 第一行 | |
| 1 | 行号 |
| 3～7 | 卫星编号 |
| 8 | 是否保密(保密为 S,公开为 U) |
| 10～11 | 发射年份 |
| 12～14 | 发射批次 |
| 15～17 | 发射物体编号 |
| 19～20 | 观测时间(年) |
| 21～32 | 观测时间(年累计日),小数部分为时分秒归一化到日单位 |
| 34～43 | 平运动一阶变率,即平运动对时间一阶导数的 1/2,单位为圈/天$^2$ |
| 45～52 | 平运动二阶变率,即平运动对时间二阶导数的 1/6,单位为圈/天$^3$ |
| 54～61 | 大气阻力系数,单位为地球赤道半径的倒数 1/Re |
| 63 | 轨道模型 |
| 65～68 | 观测次数 |
| 69 | 校验位 |
| 第二行 | |
| 1 | 行号 |
| 3～7 | 卫星编号 |
| 9～16 | 轨道倾角 |
| 18～25 | 升交点赤经 |
| 27～33 | 轨道偏心率(省略了前面的 0 和小数点) |
| 35～42 | 近地点幅角 |
| 44～51 | 平近点角 |
| 53～63 | 平均角速度(圈/天) |
| 64～68 | 发射以来共绕地球飞行圈数 |
| 69 | 校验位 |

**例 4.1**　图 4-4 给出遥感 1 号卫星的一组 TLE,试从该两行根数中读取相关信息。

```
1  29092U 06015A   23171.08634562  .00001007  00000-0  12681-3 0  9991
2  29092 97.8376 198.2598 0001543 91.7334 268.4057 14.84177652 927551
```

**图 4-4　TLE 实例**

**解**  该两行根数包含信息如表 4-2 所示。

表 4-2  各参数意义

| 参　　数 | 意　　义 |
| --- | --- |
| 第一行 | |
| 29092U | 卫星国际编号为 29092,U 代表不保密 |
| 06015A | 目标发射于 2006 年第 15 批次 A 组 |
| 23171.08634562 | 观测时间为 2023 年第 171 天 02:04:20.261568 |
| .00001007 | 平运动一阶变率("+"省略)为 0.00001007 圈/天$^2$ |
| 00000-0 | 平运动二阶变率("+"省略)为 0 圈/天$^3$ |
| 12681-3 | 大气阻力系数("+"省略)为 $0.12681 \times 10^{-3}$ |
| 0 | 表示轨道模型,0 即采用 SGP4/SDP4 模型 |
| 9991 | 该目标第 999 组观测数据(已达计数上限),1 为校验位 |
| 第二行 | |
| 29092 | 国际编号为 36121 |
| 97.8376 | 轨道倾角为 97.8376° |
| 198.2598 | 升交点赤经为 198.2598° |
| 0001543 | 偏心率,表示偏心率为 0.0001543 |
| 91.7334 | 近地点幅角为 91.7334° |
| 268.4057 | 平近点角为 268.4057° |
| 14.84177652 | 平均角速度为 14.84177652 圈/天 |
| 927551 | 发射以来飞行了 92755 圈,1 为校验位 |

# 4.3　轨道摄动方程

## 4.3.1　轨道摄动方程的基本形式

以 $\boldsymbol{F}_0$ 表示地球中心引力,以 $\boldsymbol{F}_1$ 表示其他的摄动力,并且不考虑卫星质量因子,则卫星的运动方程可以写为

$$\ddot{\boldsymbol{r}} = \boldsymbol{F}_0 + \boldsymbol{F}_1 \tag{4-4}$$

在二体问题中,卫星相对地球中心引力的运动方程为

$$\ddot{\boldsymbol{r}} = -\frac{1}{r^3} \boldsymbol{r} \tag{4-5}$$

其严密解的形式为[27]

$$\begin{cases} \boldsymbol{r} = \boldsymbol{f}(\sigma_1,\sigma_2,\sigma_3,\sigma_4,\sigma_5,\sigma_6) \\ \dot{\boldsymbol{r}} = \boldsymbol{g}(\sigma_1,\sigma_2,\sigma_3,\sigma_4,\sigma_5,\sigma_6) \end{cases} \tag{4-6}$$

其中的 6 个独立积分常数 $\sigma_1,\sigma_2,\sigma_3,\sigma_4,\sigma_5,\sigma_6$ 为常用卫星椭圆轨道的 6 个根数表达,即由式(4-5)可解出卫星的坐标和速度,它们是时间 $t$ 和轨道根数的函数。

若有摄动存在,则要用式(4-4)解出卫星的坐标和速度。按常微分方程解法中的常数变易法原理,可以将受摄方程式(4-4)的解仍表示为无摄运动方程的解(式(4-6))的形式,只是积分常数 $\sigma_1,\sigma_2,\sigma_3,\sigma_4,\sigma_5,\sigma_6$ 不再是常数,而是时间 $t$ 的函数。卫星在某一时刻 $t$ 的轨道根数值与初始时刻 $t_0$ 的值不同,$t$ 时刻的轨道根数值对 $t_0$ 时刻的变化量 $\Delta\sigma_j(j=1,2,\cdots,6)$ 称为轨道根数摄动。在轨道摄动影响下,卫星在 $t$ 时刻的实际轨道根数称为密切轨道根数,它随时间不断变化。

将式(4-6)第一式对 $t$ 求导,得

$$\frac{\mathrm{d}\boldsymbol{r}}{\mathrm{d}t} = \sum_{j=1}^{6} \frac{\partial \boldsymbol{f}}{\partial \sigma_j}\frac{\mathrm{d}\sigma_j}{\mathrm{d}t} + \frac{\partial \boldsymbol{f}}{\partial t} \tag{4-7}$$

由于要求式(4-6)第二式也满足受摄运动方程,所以应有

$$\frac{\mathrm{d}\boldsymbol{r}}{\mathrm{d}t} = \frac{\partial \boldsymbol{f}}{\partial t} = \boldsymbol{g}(t,\sigma_1,\sigma_2,\cdots,\sigma_6) \tag{4-8}$$

将式(4-8)再对 $t$ 求一次导数,并使其满足受摄运动方程式(4-4),即

$$\frac{\mathrm{d}^2\boldsymbol{r}}{\mathrm{d}t^2} = \frac{\partial \boldsymbol{g}}{\partial t} + \sum_{j=1}^{6} \frac{\partial \boldsymbol{g}}{\partial \sigma_j}\frac{\mathrm{d}\sigma_j}{\mathrm{d}t} = \boldsymbol{F}_0 + \boldsymbol{F}_1 \tag{4-9}$$

由于 $\partial\boldsymbol{g}/\partial t = \boldsymbol{F}_0$,故常数变易的两个条件为

$$\begin{cases} \sum_{j=1}^{6} \dfrac{\partial \boldsymbol{f}}{\partial \sigma_j}\dfrac{\mathrm{d}\sigma_j}{\mathrm{d}t} = 0 \\ \sum_{j=1}^{6} \dfrac{\partial \boldsymbol{g}}{\partial \sigma_j}\dfrac{\mathrm{d}\sigma_j}{\mathrm{d}t} = \boldsymbol{F}_1 \end{cases} \tag{4-10}$$

式中:$\partial\boldsymbol{f}/\partial\sigma_j$ 和 $\partial\boldsymbol{g}/\partial\sigma_j$ 都是 $\sigma_j$ 和 $t$ 的已知函数,"未知量"则为 6 个 $\mathrm{d}\sigma_j/\mathrm{d}t$,与方程个数相同。

对于具体应用,需要由方程式(4-10)给出 $\mathrm{d}\sigma_j/\mathrm{d}t$ 的显形式。本节给出开普勒根数的摄动方程及其变化形式。

## 4.3.2　拉格朗日摄动方程

若作用于卫星的力是保守力(如地球引力、日月引力和潮汐力等,在这些力的作用下,质点由 $A$ 移动到 $B$ 所做的功与路径无关),则存在数量函数 $R=R(x,y,z,t)$,摄动力 $\boldsymbol{F}_1$ 是 $R$ 的梯度

$$\boldsymbol{F}_1 = \mathrm{grad}(R) = (\partial R/\partial x, \partial R/\partial y, \partial R/\partial z)^{\mathrm{T}} \tag{4-11}$$

式中:$R$ 称为摄动函数。

卫星的运动可以用下述方程描述

$$\ddot{\boldsymbol{r}} = (\partial U/\partial x, \partial U/\partial y, \partial U/\partial z)^{\mathrm{T}} \tag{4-12}$$

式中:$U$ 是位函数,它可以分解为中心引力场的位函数 $\mu/r$ 与摄动位函数 $R(\boldsymbol{r})$ 之和,即

$$U = \frac{\mu}{r} + R(\boldsymbol{r}) \tag{4-13}$$

式中：$\mu$ 是地球质量与万有引力常数的乘积，$\boldsymbol{r}$ 是卫星的位置矢量。

由式(4-12)和式(4-13)，得卫星运动的加速度为

$$\begin{cases} \ddot{x} = -\dfrac{\mu x}{r^3} + \dfrac{\partial R}{\partial x} \\[2mm] \ddot{y} = -\dfrac{\mu y}{r^3} + \dfrac{\partial R}{\partial y} \\[2mm] \ddot{z} = -\dfrac{\mu z}{r^3} + \dfrac{\partial R}{\partial z} \end{cases} \tag{4-14}$$

式中：$-\mu x/r^3$、$-\mu y/r^3$、$-\mu z/r^3$ 分别为卫星在地球中心引力作用下产生的加速度沿三个坐标轴的分量。因为拉格朗日研究行星运动时，首先用常数变易法解式(4-14)得到以椭圆轨道根数为基本变量的摄动运动方程，在天体力学中称为拉格朗日摄动方程。这个方程是天体力学中的著名方程，不仅对大行星，而且对小行星、彗星、卫星、人造地球卫星等都能应用。这里，不加推导地直接给出拉格朗日摄动方程组[25]

$$\begin{cases} \dfrac{\mathrm{d}a}{\mathrm{d}t} = \dfrac{2}{na}\dfrac{\partial R}{\partial M} \\[3mm] \dfrac{\mathrm{d}e}{\mathrm{d}t} = \dfrac{1-e^2}{na^2 e}\dfrac{\partial R}{\partial M} - \dfrac{\sqrt{1-e^2}}{na^2 e}\dfrac{\partial R}{\partial \omega} \\[3mm] \dfrac{\mathrm{d}i}{\mathrm{d}t} = \dfrac{1}{na^2\sqrt{1-e^2}\sin i}\left(\cos i\dfrac{\partial R}{\partial \omega} - \dfrac{\partial R}{\partial \Omega}\right) \\[3mm] \dfrac{\mathrm{d}\Omega}{\mathrm{d}t} = \dfrac{1}{na^2\sqrt{1-e^2}\sin i}\dfrac{\partial R}{\partial i} \\[3mm] \dfrac{\mathrm{d}\omega}{\mathrm{d}t} = \dfrac{\sqrt{1-e^2}}{na^2 e}\dfrac{\partial R}{\partial e} - \cos i\dfrac{\mathrm{d}\Omega}{\mathrm{d}t} \\[3mm] \dfrac{\mathrm{d}M}{\mathrm{d}t} = n - \dfrac{1-e^2}{na^2 e}\dfrac{\partial R}{\partial e} - \dfrac{2}{na}\left(\dfrac{\partial R}{\partial a}\right)_n \end{cases} \tag{4-15}$$

式中：$(\partial R/\partial a)_n$ 表示所取的偏导数不考虑 $n$ 对 $a$ 的函数关系。

拉格朗日摄动方程说明卫星受摄运动与二体问题不同，此时的轨道根数 $\sigma$ 已不是常数，其随时间的变化率取决于等式右端的函数。右端函数包括了轨道根数 $\sigma$ 和摄动函数对轨道根数的偏导数。

用拉格朗日摄动方程解卫星受摄运动原则上可按下述步骤进行。

(1) 导出式(4-15)右端的具体表达式。摄动函数一般是卫星位置的函数，应将它化为卫星轨道根数的函数以便求导。式(4-15)右端函数记为 $F_j(\sigma, t)$，$j = 1, 2, \cdots, 6$。

(2) 解受摄运动方程，得到指定时刻的瞬时轨道根数。一般给定的初始条件是对应历元时刻 $t_0$ 的轨道根数 $\sigma(t_0)$，对式(4-15)求积分有

$$\begin{cases} \displaystyle\int_{t_0}^{t} \dfrac{\mathrm{d}\sigma_j}{\mathrm{d}t}\mathrm{d}t = \int_{t_0}^{t} F_j(\sigma, t)\mathrm{d}t \\[3mm] \sigma_j(t) = \sigma_j(t_0) + \displaystyle\int_{t_0}^{t} F_j(\sigma, t)\mathrm{d}t \end{cases} \tag{4-16}$$

（3）计算对应时刻 $t$ 的卫星位置 $\boldsymbol{r}(t)$ 和速度 $\dot{\boldsymbol{r}}(t)$。由瞬时根数按二体问题的公式计算卫星在时刻 $t$ 的位置与速度。

上述过程称为分析解。其中第（2）步也可用数值法自 $\sigma(t_0)$ 推算 $\sigma(t)$，然后进行第（3）步计算，称为拉格朗日摄动方程的数值解。

由于式（4-16）右端含有轨道根数这样的变量，难用分析方法求得严格解。只能用特定的方法取得一定精度的近似解。在求解过程中，常用级数解法，即将式（4-16）右端含 $\sigma$ 的函数 $F_j$ 按 $\sigma$ 的近似值展开为级数，然后以逐步迭代的方法求得一定精度的解。这种级数解也称为形式解，迭代过程的收敛性问题至今还没有彻底解决。

从式（4-15）可见，方程右端有些项中分母出现 $e$，不能用于 $e=0$ 的情况，另外还有 $1/\sin i$ 因子，不适用于 $i=0°$ 或 $i=180°$ 的情况。为此，可以引入一组新的轨道根数，对式（4-15）进行修正，具体见参考文献[28]。

## 4.3.3　牛顿摄动方程

若摄动力的性质为非保守力（如大气阻力、光压力、相对论效应等），此时不存在势函数，不能用拉格朗日摄动方程。为了研究更一般的情况，需要寻找普遍适用的形式。下面介绍的牛顿摄动方程就是符合这种要求的最常用的一种形式。

将任意时刻的摄动力产生的加速度分解为互相垂直的三个分量，建立直接用摄动力分量表示的摄动运动方程。这种牛顿摄动方程适用于各种性质的摄动力，且摄动方程的右端函数不需要摄动函数及其对轨道根数的偏导数，这是与拉格朗日摄动方程不相同的地方。

如果将摄动力产生的加速度分解为径向分量 $S$（沿卫星位置矢量 $\boldsymbol{r}$ 的方向）、周向分量 $T$（垂直于位置矢量，在轨道面上并指向卫星运动正方向）和轨道面法向分量 $W$，则可得用摄动力加速度的三个分量 $S$、$T$、$W$ 表示的摄动方程[29]

$$
\begin{cases}
\dfrac{\mathrm{d}a}{\mathrm{d}t} = \dfrac{2}{n\sqrt{1-e^2}}\left[Se\sin f + T(1+e\cos f)\right] \\[2mm]
\dfrac{\mathrm{d}e}{\mathrm{d}t} = \dfrac{\sqrt{1-e^2}}{na}\left[S\sin f + T(1+e\cos f)\right] \\[2mm]
\dfrac{\mathrm{d}i}{\mathrm{d}t} = \dfrac{r\cos u}{na^2\sqrt{1-e^2}}W \\[2mm]
\dfrac{\mathrm{d}\Omega}{\mathrm{d}t} = \dfrac{r\sin u}{na^2\sqrt{1-e^2}\sin i}W \\[2mm]
\dfrac{\mathrm{d}\omega}{\mathrm{d}t} = \dfrac{\sqrt{1-e^2}}{nae}\left[-S\cos f + T\left(1+\dfrac{r}{p}\right)\sin f\right] - \cos i\dfrac{\mathrm{d}\Omega}{\mathrm{d}t} \\[2mm]
\dfrac{\mathrm{d}M}{\mathrm{d}t} = n - \dfrac{1-e^2}{nae}\left[-S\left(\cos f - 2e\dfrac{r}{p}\right) + T\left(1+\dfrac{r}{p}\right)\sin f\right]
\end{cases}
\tag{4-17}
$$

式中：$S$、$T$、$W$ 为摄动力沿着径向、周向、法向三个方向的分量。

有时将摄动加速度在轨道面上沿切线和法线的方向进行分解，用 $U$、$N$ 表示这两个分量。$U$ 指向切线正方向（即卫星运动方向），$N$ 指向主法线方向（向轨道内部为正）。用 $U$、$N$、$W$ 表示的摄动方程具体见文献[28]。

# 4.4 主要轨道摄动项及其影响

## 4.4.1 地球非球形引力摄动

在研究二体问题时,我们进行了许多假设使得问题变得更加简单,其中有一条就是假定地球为质量均匀的标准刚性球体,但在实际情况下,这条假设就不够准确了。实际的地球不是球对称的,它具有扁度、梨状和"赤道膨胀"等,再加上航天器的运动、地球自转、自转轴的进动等各种因素的综合作用,使得卫星轨道相对于理想情况(二体运动)产生一系列复杂的变化,在这一系列因素影响下产生的轨道摄动作用,称为地球非球形引力摄动。在需要精确计算地球对航天器的作用力时,不能把地球简单地当作质点,而是要考虑其形状、质量分布、自转、公转,以及自转轴、黄道面、赤道面进动等各种因素对航天器运动的摄动影响。

### 1. 地球非球形引力摄动下的轨道根数

在研究地球非球形引力摄动过程中,我们可以采用引力场的位函数进行分析。目前,航天技术中采用的地球引力场位函数为[27]

$$
\begin{aligned}
U &= \frac{GM_e}{r} \sum_{n=0}^{\infty} \sum_{m=0}^{n} \left(\frac{a_e}{r}\right)^n P_{nm}(\sin\varphi)\left[C_{nm}\cos(m\lambda) + S_{nm}\sin(m\lambda)\right] \\
&= \frac{GM_e}{r}\left\{1 - \sum_{n=2}^{\infty} J_n \left(\frac{a_e}{r}\right)^n P_n(\sin\varphi) + \sum_{n=2}^{\infty}\sum_{m=1}^{n}\left(\frac{a_e}{r}\right)^n P_{nm}(\sin\varphi)\left[C_{nm}\cos(m\lambda) + S_{nm}\sin(m\lambda)\right]\right\}
\end{aligned}
$$

$$(4\text{-}18)$$

式中:$r$ 为地心距;$M_e$ 为地球质量;$a_e$ 为地球赤道半径;$\lambda$ 为地理经度;$\varphi$ 为地心纬度;$C_{nm}$、$S_{nm}$ 为测量得到的系数,当坐标系的原点置于地球质心时,$C_{1,0}$、$C_{1,1}$、$S_{1,1}$ 为零,当 $z$ 轴和地球主惯性轴共线时,$C_{2,1}$ 和 $S_{2,1}$ 为零[2];$J_n = -C_{n0}$。$P_n(x)$ 为勒让德多项式,$P_{nm}$ 为缔合勒让德多项式,定义为

$$
\begin{cases}
P_n(x) = \dfrac{1}{2^n n!}\dfrac{\mathrm{d}}{\mathrm{d}x^n}(x^2-1)^n \\
P_{nm}(x) = (1-x^2)^{\frac{m}{2}}\dfrac{\mathrm{d}^m}{\mathrm{d}x^m}P_n(x)
\end{cases}
\tag{4-19}
$$

为了方便,有时把与 $\lambda$ 有关的项表达为

$$
C_{nm}\cos(m\lambda) + S_{nm}\sin(m\lambda) = J_{nm}\cos\left[m(\lambda-\lambda_{nm})\right]
$$

$$
\begin{cases}
J_{nm} = (C_{nm}^2 + S_{nm}^2)^{1/2} \\
m\lambda_{nm} = \arctan(S_{nm}/C_{nm})
\end{cases}
$$

得到地球引力场的另一表达式形式

$$U = \frac{GM_{\mathrm{e}}}{r}\left\{1 - \sum_{n=2}^{\infty} J_n \left(\frac{a_{\mathrm{e}}}{r}\right)^n P_n(\sin\varphi) + \sum_{n=2}^{\infty}\sum_{m=1}^{n} J_{nm}\left(\frac{a_{\mathrm{e}}}{r}\right)^n P_{nm}(\sin\varphi)\cos[m(\lambda - \lambda_{nm})]\right\}$$

$$(4\text{-}20)$$

式(4-20)中与经度无关的项称为带谐项,相应的 $J_n$ 称为带谐系数;与经度有关的项称为田谐项,$J_{nm}$ 称为田谐系数。记

$$U_0 = \frac{GM_{\mathrm{e}}}{r} = \frac{\mu}{r} \qquad (4\text{-}21)$$

为地球中心引力项,则

$$R = U - U_0$$

$$= \frac{\mu}{r}\left\{-\sum_{n=2}^{\infty} J_n \left(\frac{a_{\mathrm{e}}}{r}\right)^n P_n(\sin\varphi) + \sum_{n=2}^{\infty}\sum_{m=1}^{n} J_{nm}\left(\frac{a_{\mathrm{e}}}{r}\right)^n P_{nm}(\sin\varphi)\cos[m(\lambda - \lambda_{nm})]\right\} \quad (4\text{-}22)$$

为摄动函数。其中,带谐函数描述摄动函数随纬度的变化,其值在纬度方向上正、负交替;田谐函数描述摄动函数随纬度和经度的变化,其值在纬度和经度方向上正、负交替。

$J_2$、$J_3$、$J_4$ 三项是地球引力场的低阶带谐项,对于精度要求不高的问题,非球形引力位的修正取此三项就足够了。更重要的是,通过对这三项的讨论,可以完整地体现平均根数的定义和平均法构造摄动解的细节。仅考虑 $J_2$、$J_3$、$J_4$ 三项,并展开勒让德多项式,式(4-22)变为

$$R = -\frac{\mu}{r}\left[J_2\left(\frac{a_{\mathrm{e}}}{r}\right)^2\left(\frac{3}{2}\sin^2\varphi - \frac{1}{2}\right) + J_3\left(\frac{a_{\mathrm{e}}}{r}\right)^3\left(\frac{5}{2}\sin^3\varphi - \frac{3}{2}\sin\varphi\right)\right.$$

$$\left. + J_4\left(\frac{a_{\mathrm{e}}}{r}\right)^4\left(\frac{35}{8}\sin^4\varphi - \frac{15}{4}\sin^2\varphi + \frac{3}{8}\right)\right] \qquad (4\text{-}23)$$

采用平均根数法求解,需要将式(4-23)进一步转化为

$$R = R_{\mathrm{C}} + R_{\mathrm{L}} + R_{\mathrm{S}} = R_{1\mathrm{C}} + R_{2\mathrm{C}} + R_{2\mathrm{L}} + R_{1\mathrm{S}} + R_{2\mathrm{S}} \qquad (4\text{-}24)$$

其中一、二阶长期部分 $R_{\mathrm{C}} = R_{1\mathrm{C}}(J_2) + R_{2\mathrm{C}}(J_4)$ 是 $a$、$e$、$i$ 的函数,$R_{1\mathrm{L}} = 0$,$R_{2\mathrm{L}}(J_3, J_4)$ 是长周期部分,$R_{\mathrm{S}} = R_{1\mathrm{S}}(J_2) + R_{2\mathrm{S}}(J_4, J_4)$ 是一、二阶短周期部分。

将 $R$ 的各个部分代入摄动方程式(4-15),就可得到方程的表达形式。通常只要求出一阶解(包含所有一阶项和二阶长期项)就够了,下面直接给出解的具体形式[28]。

(1)一阶长期项和二阶长期项。

$$a_1 = 0, \quad e_1 = 0, \quad i_1 = 0 \qquad (4\text{-}25)$$

$$\Omega_1 = -\frac{a_{\mathrm{e}}^2 A_2}{p^2}n\cos i(t - t_0) \qquad (4\text{-}26)$$

$$\omega_1 = \frac{a_{\mathrm{e}}^2 A_2}{p^2}n\left(2 - \frac{5}{2}\sin^2 i\right)(t - t_0) \qquad (4\text{-}27)$$

$$M_1 = \frac{a_{\mathrm{e}}^2 A_2}{p^2}n\left(1 - \frac{3}{2}\sin^2 i\right)\sqrt{1 - e^2}(t - t_0) \qquad (4\text{-}28)$$

$$a_2 = 0, \quad e_2 = 0, \quad i_2 = 0 \qquad (4\text{-}29)$$

$$\Omega_2 = -\left(\frac{a_{\mathrm{e}}^2 A_2}{p^2}\right)^2 n\cos i\left\{\left[\left(\frac{3}{2} + \frac{1}{6}e^2 + \sqrt{1 - e^2}\right) - \left(\frac{5}{3} - \frac{5e^2}{24} + \frac{3}{2}\sqrt{1 - e^2}\right)\sin^2 i\right]\right.$$

$$\left. + \left(\frac{A_4}{A_2^2}\right)\left[\left(\frac{6}{7} + \frac{9}{7}e^2\right) - \left(\frac{3}{2} + \frac{9}{4}e^2\right)\sin^2 i\right]\right\}(t - t_0) \qquad (4\text{-}30)$$

$$\omega_2=\left(\frac{a_e^2A_2}{p^2}\right)^2 n\left\{\left[\left(4+\frac{7}{12}e^2+2\sqrt{1-e^2}\right)-\left(\frac{103}{12}+\frac{3e^2}{8}+\frac{11}{2}\sqrt{1-e^2}\right)\sin^2i+\left(\frac{215}{48}-\frac{15}{32}e^2\right.\right.\right.$$

$$\left.\left.+\frac{15}{4}\sqrt{1-e^2}\right)\sin^4i\right]+\left(\frac{A_4}{A_2^2}\right)\left[\left(\frac{12}{7}+\frac{27}{14}e^2\right)-\left(\frac{93}{14}+\frac{27}{4}e^2\right)\sin^2i+\left(\frac{21}{4}+\frac{81}{16}e^2\right)\sin^4i\right]\right\}$$

$$\cdot(t-t_0) \tag{4-31}$$

$$M_2=\left(\frac{a_e^2A_2}{p^2}\right)^2 n\sqrt{1-e^2}\left\{\left[\frac{1}{2}\left(1-\frac{3}{2}\sin^2i\right)^2\sqrt{1-e^2}+\left(\frac{5}{2}+\frac{10}{3}e^2\right)-\left(\frac{19}{3}+\frac{26}{3}e^2\right)\sin^2i\right.\right.$$

$$\left.+\left(\frac{233}{48}+\frac{103e^2}{12}\right)\sin^4i+\frac{e^4}{1-e^2}\left(\frac{35}{12}-\frac{35}{4}\sin^2i+\frac{315}{32}\sin^4i\right)\right]+\left(\frac{A_4}{A_2^2}\right)e^2\left[\left(\frac{9}{14}-\frac{35}{14}\sin^2i\right.\right.$$

$$\left.\left.\left.+\frac{45}{16}\sin^4i\right)\right]\right\}(t-t_0) \tag{4-32}$$

（2）一阶短周期项。

$$a_S^{(1)}(t)=\frac{a_eA_2}{a}\left\{\frac{2}{3}\left(1-\frac{3}{2}\sin^2i\right)\left[\left(\frac{a}{r}\right)^3-(1-e^2)^{-\frac{3}{2}}\right]+\left(\frac{a}{r}\right)^3\sin^2i\cos2(\omega+f)\right\} \tag{4-33}$$

$$i_S^{(1)}(t)=\frac{a_e^2A_2\sin(2i)}{4p^2}\left[\cos2(\omega+f)+e\cos(2\omega+f)+\frac{e}{3}\cos(2\omega+3f)\right] \tag{4-34}$$

$$e_S^{(1)}(t)=\frac{a_e^2A_2}{a^2}\frac{1-e^2}{e}\left\{\left\{\frac{1}{3}\left(1-\frac{3}{2}\sin^2i\right)\left[\left(\frac{a}{r}\right)^3-(1-e^2)^{-\frac{3}{2}}\right]+\frac{1}{2}\sin^2i\left(\frac{a}{r}\right)^3\cos[2(\omega+f)]\right\}\right.$$

$$\left.-\frac{\sin^2i}{2(1-e^2)^2}\left\{\cos[2(\omega+f)]+e\cos(2\omega+f)+\frac{e}{3}\cos(2\omega+3f)\right\}\right\} \tag{4-35}$$

$$\Omega_S^{(1)}(t)=-\frac{a_e^2A_2}{p^2}\cos i\left\{f-M+e\sin f-\frac{1}{2}\sin[2(\omega+f)]-\frac{e}{6}\sin(2\omega+3f)-\frac{e}{2}\sin(2\omega+f)\right\} \tag{4-36}$$

$$\omega_S^{(1)}(t)=\frac{a_e^2A_2}{p^2}\left\{\left(2-\frac{5}{2}\sin^2i\right)(f-M+e\sin f)+\left(1-\frac{3}{2}\sin^2i\right)\left[\left(\frac{1}{e}-\frac{e}{4}\right)\sin f\right.\right.$$

$$\left.+\frac{1}{2}\sin(2f)+\frac{e}{12}\sin(3f)\right]-\left[\frac{1}{4e}\sin^2i+\left(\frac{1}{2}-\frac{15}{16}\sin^2i\right)e\right]\sin(f+2\omega)$$

$$-\left(\frac{1}{2}-\frac{5}{4}\sin^2i\right)\sin[2(\omega+f)]+\left[\frac{7}{12e}\sin^2i-\left(\frac{1}{6}-\frac{19}{48}\sin^2i\right)e\right]\sin(3f+2\omega)$$

$$\left.+\frac{3}{8}\sin^2i\sin(4f+2\omega)+\frac{e^2}{16}\sin^2i[\sin(5f+2\omega)+\sin(f-2\omega)]\right\} \tag{4-37}$$

$$M_S^{(1)}(t)=\frac{a_e^2A_2\sqrt{1-e^2}}{p^2}\left\{-\left(1-\frac{3}{2}\sin^2i\right)\left[\left(\frac{1}{e}-\frac{e}{4}\right)\sin f+\frac{1}{2}\sin(2f)+\frac{e\sin(3f)}{12}\right]\right.$$

$$+\sin^2i\left[\left(\frac{1}{4e}+\frac{5e}{16}\right)\sin(2\omega+f)-\left(\frac{7}{12e}-\frac{e}{48}\right)\sin(2\omega+3f)\right.$$

$$\left.\left.-\frac{3}{8}\sin(2\omega+4f)-\frac{e}{16}\sin(2\omega+5f)-\frac{e}{16}\sin(f-2\omega)\right]\right\} \tag{4-38}$$

（3）一阶长周期项。

$$a_L^{(1)}(t)=0 \tag{4-39}$$

$$e_L^{(1)}(t)=-\left(\frac{1-e^2}{e}\tan i\right)i_L^{(1)}(t) \tag{4-40}$$

$$i_{\mathrm{L}}^{(1)}(t)=-\frac{a_{\mathrm{e}}^2}{2p^2}\frac{\sin(2i)}{(4-5\sin^2 i)}\left[A_2\left(\frac{7}{12}-\frac{5}{8}\sin^2 i\right)-\left(\frac{A_4}{A_2}\right)\left(\frac{9}{14}-\frac{3}{4}\sin^2 i\right)\right]e^2\cos(2\omega)$$

$$-\frac{a_{\mathrm{e}}^3}{4p}\left(\frac{A_3}{A_2}\right)e\cos i\sin\omega \tag{4-41}$$

$$\Omega_{\mathrm{L}}^{(1)}(t)=-\frac{a_{\mathrm{e}}^2}{p^2}\frac{\cos i}{(4-5\sin^2 i)}\left[A_2\left(\frac{7}{3}-5\sin^2 i+\frac{25}{8}\sin^4 i\right)\right.$$

$$\left.-\left(\frac{A_4}{A_2}\right)\left(\frac{18}{7}-6\sin^2 i+\frac{15}{4}\sin^4 i\right)\right]e^2\sin(2\omega)-\frac{a_{\mathrm{e}}^3}{4p}\left(\frac{A_3}{A_2}\right)e\cot i\sin\omega \tag{4-42}$$

$$\omega_{\mathrm{L}}^{(1)}(t)=-\frac{a_{\mathrm{e}}^2}{p^2}\frac{\cos i}{(4-5\sin^2 i)^2}\left\{A_2\left[\sin^2 i\left(\frac{25}{3}-\frac{245}{12}\sin^2 i+\frac{25}{2}\sin^4 i\right)\right.\right.$$

$$\left.-e^2\left(\frac{7}{3}-\frac{17}{2}\sin^2 i+\frac{65}{6}\sin^4 i-\frac{75}{16}\sin^6 i\right)\right]-\left(\frac{A_4}{A_2}\right)\left[\sin^2 i\left(\frac{18}{7}-\frac{87}{14}\sin^2 i+\frac{15}{4}\sin^4 i\right)\right.$$

$$\left.\left.-e^2\left(\frac{18}{7}-\frac{69}{7}\sin^2 i+\frac{90}{7}\sin^4 i-\frac{45}{8}\sin^6 i\right)\right]\right\}\sin(2\omega)$$

$$+\frac{a_{\mathrm{e}}^3}{4p}\left(\frac{A_3}{A_2}\right)\frac{1}{e\sin i}\left[(1+e^2)\sin^2 i-e^2\right]\cos\omega \tag{4-43}$$

$$M_{\mathrm{L}}^{(1)}(t)=-\frac{a_{\mathrm{e}}^2}{p^2}\frac{\sqrt{1-e^2}}{4-5\sin^2 i}\sin^2 i\left\{A_2\left[\left(\frac{15}{12}-\frac{5}{2}\sin^2 i\right)-e^2\left(\frac{7}{12}-\frac{5}{8}\sin^2 i\right)\right]\right.$$

$$\left.-\left(\frac{A_4}{A_2}\right)(1-e^2)\left(\frac{9}{14}-\frac{3}{4}\sin^2 i\right)\right\}\sin(2\omega)-\frac{a_{\mathrm{e}}^3}{4p}\left(\frac{A_3}{A_2}\right)\frac{1}{e}(1-e^2)^{3/2}\sin i\cos\omega \tag{4-44}$$

式中：$A_2=\dfrac{3}{2}J_2$；$A_3=-J_3$；$A_4=-\dfrac{35}{8}J_4$。

通过摄动分析，我们可以得到地球非球形引力摄动对轨道根数的影响，其中有两种典型效果是比较特别的，因为它们影响到空间目标一些很关键的轨道特性。

**2. 地球非球形引力摄动对轨道根数的影响**

（1）地球非球形引力摄动对升交点的影响。

由于地球非球形引力摄动的影响，航天器轨道的轨道平面发生旋转，其表现为升交点缓慢进动。航天器轨道升交点赤经随时间的变化可以近似表示为

$$\frac{\mathrm{d}\Omega}{\mathrm{d}t}\approx-2.06474\times10^{14}a^{-7/2}(1-e^2)^{-2}\cos i \tag{4-45}$$

式中：$a$ 的单位为千米；计算所得单位为度/天（°/day）。

由式（4-45）可知，轨道平面的变化速度与轨道倾角相关，于是有：

① 当轨道倾角满足 $i<90°$ 时，轨道平面向西旋转；

② 当轨道倾角满足 $i=90°$ 时，轨道平面不旋转；

③ 当轨道倾角满足 $i>90°$ 时，轨道平面向东旋转。

在几种典型轨道中，极轨道和太阳同步轨道都应用了地球非球形摄动的这一典型效果。极轨道就是轨道倾角 $i=90°$ 的轨道，它的升交点不会因为地球非球形引力摄动而发生进动。太阳同步轨道就是利用了这一效果，使得轨道平面的进动刚好抵消了地球绕太阳运动时日地连线随时间变化的影响。

（2）地球非球形引力摄动对近地点的影响。

地球非球形引力摄动的影响导致航天器轨道在轨道平面内发生旋转,其表现为近地点幅角缓慢进动。航天器轨道近地点幅角随时间的变化可以近似表示为

$$\frac{\mathrm{d}\omega}{\mathrm{d}t} \approx 1.03237 \times 10^{14} a^{-7/2}(4-5\sin^2 i)(1-e^2)^{-2} \tag{4-46}$$

由式(4-46)可知,近地点幅角随时间的变化速度与轨道倾角相关,于是有

① 当轨道倾角满足 $i<63.4°$ 或 $i>116.6°$ 时,轨道旋转方向与卫星运动方向相同;

② 当轨道倾角满足 $i=63.4°$ 或 $i=116.6°$ 时,轨道不旋转;

③ 当轨道倾角满足 $63.4°<i<116.6°$ 时,轨道旋转方向与卫星运动方向相反。

当轨道倾角满足 $i=63.4°$ 或 $i=116.6°$ 时,近地点幅角随时间变化率为 0,此时近地点不发生进动,这种轨道称为冻结轨道。

## 4.4.2　大气阻力摄动

地球的大气对航天器的寿命有影响。虽然大气随着高度的增加而变得稀薄,但是在 600 km 的高空,大气阻力对航天器的影响是不可忽略的。因为很多很重要的航天任务都是在轨道低于 600 km 的高度上完成的,这些稀薄气体对航天器产生阻力作用。下面分析阻力是怎样影响轨道根数的。

阻力是非保守力,它通过摩擦作用在航天器上,使航天器机械能减少。因为轨道能量是半长轴的函数,随着时间的累积,由于阻力作用,半长轴 $a$ 会越来越小。如图 4-5 所示,这是一颗轨道高度约为 300 km 的近地轨道卫星的轨道半长轴在大气阻力作用下随时间的变化,从图中可以看出,大气阻力会逐渐减小卫星轨道的半长轴,最终导致卫星陨落。

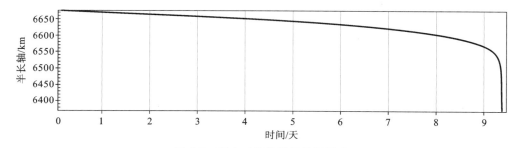

**图 4-5　阻力对低轨道卫星的影响**

大气阻力的建模因素比较复杂,因为它受到地球上空大气和航天器高度等很多因素的影响,如日夜交替、季节变换、太阳距离的变化、波动的磁场、太阳的 27 天自转以及太阳黑子的 11 年循环周期等,这使得建模变得不可能。阻力还取决于航天器的阻力系数及最大截面,最大截面会在很大的范围内变化,模型变得更加复杂。

一般可以采用静止球型大气密度模型(HP 模型)。若只考虑大气分子对卫星表面的法向作用力,而忽略其切向作用力,则大气阻力使卫星产生的摄动加速度为

$$\ddot{\boldsymbol{r}}_{\mathrm{D}} = -\frac{1}{2}C_{\mathrm{D}}\rho\left(\frac{A}{m}\right)V_{\mathrm{R}}\boldsymbol{V}_{\mathrm{R}} \tag{4-47}$$

式中: $C_D$ 为大气阻力系数; $\rho$ 是大气密度; $\boldsymbol{V}_R$ 是卫星相对大气的速度矢量; $A$ 是卫星参考面积; $m$ 是卫星质量。

在计算大气阻力摄动时,大气密度 $\rho$ 一般通过大气模型获得,根据不同的大气环境建模方式,有各种不同的大气模型,常见的有 Jessica 大气模型、NRLMSIS 大气模型等。各模型的建模原理、仿真精度、计算耗时不同,实际运用过程中应根据需要选择合适的模型。

## 4.4.3　日月引力摄动

航天器除了受地球的引力作用外,还受月球、太阳的引力作用。航天器在太阳和月球引力影响下运动状态的摄动变化称为日月引力摄动。天体对卫星的影响来自两个方面:一个是对卫星的直接吸引力;另一个是通过对地球的引力,使卫星在以地心为坐标原点的地心系中产生惯性力,它的大小与天体对地球的引力大小相等,但方向相反。因此,天体引力对卫星产生的摄动力是二者的合成,卫星受到的日、月摄动加速度矢量为

$$\ddot{\boldsymbol{r}}_S = -GM_S \left( \frac{\boldsymbol{r} - \boldsymbol{r}_S}{|\boldsymbol{r} - \boldsymbol{r}_S|^3} + \frac{\boldsymbol{r}_S}{\boldsymbol{r}_S^3} \right)$$
$$\ddot{\boldsymbol{r}}_L = -GM_L \left( \frac{\boldsymbol{r} - \boldsymbol{r}_L}{|\boldsymbol{r} - \boldsymbol{r}_L|^3} + \frac{\boldsymbol{r}_S}{\boldsymbol{r}_L^3} \right)$$

(4-48)

式中: $\boldsymbol{r}$ 是地心到卫星的距离矢量; $\boldsymbol{r}_S$ 是太阳到卫星的距离矢量; $\boldsymbol{r}_L$ 是月球到卫星的距离矢量; $G$ 是万有引力常数; $M_S$ 是太阳质量; $M_L$ 是月球质量。除了太阳和月球,其他行星由于对航天器的影响量级相对较小,通常被忽略。

航天器在日、月引力作用下,6 个轨道参数都有短周期变化;除 $a$ 外都有长周期变化(在月球摄动中,周期与恒星的数量级相同;在太阳摄动中,周期与回归年的数量级相同)。此外, $\Omega$、 $\omega$ 和 $M$ 还有长期变化。由于 $e$ 有长周期变化,它同样会使卫星的近地距离有较大幅度的变化,这就大大影响了卫星的寿命。

## 4.4.4　太阳光压摄动

航天器在近地空间运动中会受到太阳光照射,受到照射时的光压作用导致的运动状态摄动变化称为太阳光压摄动。太阳光压摄动包括太阳直接辐射光压引起的摄动和地球反射光引起的光压摄动,一般情况下,地球反射光引起的光压远小于太阳直接辐射光压,因此在分析摄动问题时可以只考虑太阳直接辐射光压的影响。

由光压和牛顿第二运动定律建立的直接光压对卫星产生的运动加速度为

$$\ddot{\boldsymbol{r}}_A = \gamma k \left( \frac{a_{sun}^2 T_{as}^2}{a_e^3 \Delta_s^2} \right) \{ -G_x \sin[\alpha + 0.015\sin(2\alpha)] - G_z \cos[\alpha + 0.025\sin(2\alpha)] \}$$ (4-49)

式中: $G_x$、 $G_z$ 对应卫星表面反射系数项,是为补偿模型不足而引入的拟合参数; $\Delta_s$ 为卫星的日心距,即矢量 $\boldsymbol{\Delta}_s = \boldsymbol{r}_s - \boldsymbol{r}$ 的模, $\boldsymbol{r}$、 $\boldsymbol{r}_s$ 分别为卫星和太阳在惯性系中的位置矢量; $a_{sun} = 1.4959787 \times 10^{11}$ 天文单位长度(地球轨道长半径); $T_{as} = 8.068111241279087 \times 10^2$ 人造卫星时间单位; $k = 1.013 \times 10^{-7} - 2.4 \times 10^{-9}\cos(2\alpha) + 1.3 \times 10^{-9}\cos(4\alpha) + 4.0 \times$

$10^{-10}\sin(6\alpha)$，$\alpha$ 为 $r$ 与 $\boldsymbol{\Delta}_s$ 之间的夹角；$\gamma$ 为蚀因子，是反映卫星与地影和月影之间的被蚀关系的参数，其计算较为复杂，涉及天文学相关计算。

卫星在太阳光压的作用下，所有轨道根数都会产生短周期变化和长周期变化。$a$ 和 $e$ 的长周期变化会使卫星轨道的偏心率有大幅度的变化。这样对于面质比较大的卫星，其近地点地心距离可能大幅度减小，导致卫星的寿命缩短。例如，美国"回声"一号（Echo-1）卫星面质比为 $10.2\ \mathrm{m^2/kg}$，它的寿命就比理论计算的寿命短许多。

## 4.4.5　摄动力的量级

在轨道上运行的卫星除受上述摄动的影响外，还受其他的摄动影响，如地球固体潮摄动、广义相对论摄动、海潮摄动、大气潮摄动、反照辐射摄动、地球自转形变摄动、巡航姿态控制动力摄动等。以地球固体潮摄动为例，地球并非刚体，它受日月引力作用会产生弹性形变，称为潮汐现象，这种形变使得地球内部物质发生小的变化，导致引力位函数产生小的形变位差——潮汐位，卫星运动的地球固体潮摄动就是潮汐位效应的结果。例如有些卫星在巡航过程中需要保持三轴稳定姿态，需通过姿态控制实现，有的卫星姿态控制的动力来源于高压气瓶的喷气，这样在姿态控制的同时也影响卫星质心的运动，从而导致巡航姿态控制动力摄动。这些摄动对卫星轨道摄动影响非常小，但其计算却要耗费大量的时间，一般可以忽略。

在轨人造卫星在地球中心引力的作用下，在一个固定的椭圆轨道上运动。由于卫星同时受中心引力、大气阻力、日月引力、光压力，以及地球磁场的电磁力、地流体和固体部分的潮汐力等的作用，使卫星的运动受到影响。为了便于了解各种轨道类型的卫星应当考虑哪些作用力，将上述几种摄动力进行比较，如表 4-3 所示。其中以地球中心引力作为各种摄动力的单位。

表 4-3　摄动力对卫星的影响

| 摄动力 | 卫星类型 | | |
| --- | --- | --- | --- |
| | 近地卫星（约 200 km） | 中等高度卫星（约 1000 km） | 地球同步卫星（约 35800 km） |
| 地球扁率 $J_2$ 项 | $10^{-3}$ | $10^{-3}$ | $10^{-5}$ |
| 地球引力场球谐项 | $10^{-6}$ | $10^{-6}$ | $10^{-9}$ |
| 大气阻力 | $0.4\times10^{-5}$ | $10^{-9}$ | 0 |
| 太阳光压 | $0.2\times10^{-8}$ | $10^{-9}$ | $10^{-9}$ |
| 太阳引力 | $0.3\times10^{-7}$ | $0.5\times10^{-7}$ | $0.2\times10^{-6}$ |
| 月球引力 | $0.6\times10^{-7}$ | $0.1\times10^{-6}$ | $0.5\times10^{-6}$ |
| 太阳潮汐力 | $0.4\times10^{-7}$ | $0.4\times10^{-7}$ | $10^{-11}$ |
| 月球潮汐力 | $0.5\times10^{-7}$ | $0.3\times10^{-7}$ | $0.8\times10^{-11}$ |

注：计算大气阻力和光压时，假定面质比为 $1/1000\ \mathrm{m^2/kg}$。

由表 4-3 可见,地球非球形摄动是对卫星影响最大的摄动项;大气阻力摄动随着轨道高度的增加而减小,并且对地球同步轨道卫星的影响几乎可以忽略;太阳光压摄动在轨道高度较低时影响较大,主要是因为结合了地球反照的光压;日月引力摄动随着轨道高度的升高而缓慢增加。整体而言,低轨道卫星受到轨道摄动的影响比高轨道卫星大。

在计算大气阻力对低轨圆轨道卫星的影响时,假定了外大气层的温度在 $500 \sim 2000$ K 之间。在计算非引力时,假定面质比为 $0.01$ m$^2$/kg。对于特殊设计的大地测量卫星,例如 LAGEOS,相应的值可能会小一到两个量级。在计算地球引力场系数 $J_{nm}$ 导致的摄动和日月引力摄动时,引用了 Milani(1987)等人的经验法则。为了对照比较,这里说明一下,$10^{-11}$ km/s$^2$ 的恒定径向加速度将会导致地球同步轨道卫星的半长轴变化大约 1 m。

虽然地球的各阶非球形摄动随着轨道高度升高而降低,但对地球同步轨道卫星,仍然是最主要的摄动因素;大气阻力摄动随轨道高度升高而急剧降低,对中轨以上的高度都可以忽略;日月引力摄动比太阳光压摄动的量级要大,并且随轨道高度升高而缓慢上升;其他的固体潮以及行星引力等因素的量级更小,对于多数的卫星定轨计算,都可以忽略。

# 4.5 仿 真 应 用

## 4.5.1 仿真用例

在进行空间目标轨道预报或轨道特性分析时,需要利用轨道根数进行轨道仿真计算,因此选择合适的轨道计算模型并引入恰当的轨道摄动因素就成为获得准确仿真结果所必须要考虑的问题。针对这一问题,本节将介绍利用 STK 软件在不同轨道摄动条件下进行空间目标轨道预报和轨道摄动分析的方法。

在 STK 仿真软件中内置了大量各种类型的轨道预报模型,利用这些轨道预报模型,我们可以计算出在各种不同摄动影响下的目标运动情况。选用合适的轨道摄动模型和摄动参数,可以帮助我们尽可能仿真出空间目标在近地空间中接近真实的运动状态,并由此开展更加准确的轨道预报、过境预报、碰撞预警以及轨道数据分析工作。STK 常用轨道预报模型的名称和特点如表 4-4 所示。

表 4-4 STK 常用轨道预报模型的名称和特点

| 名　称 | 预 报 模 型 | 模 型 简 介 |
|---|---|---|
| TwoBody | 二体预报模型 | 仅考虑地球中心引力的预报模型,计算出的目标轨道不含摄动影响 |
| J2Perturbation | J2 预报模型 | 模型仅考虑地球非球形引力摄动,且摄动函数仅考虑 $J_2$ 带谐项,计算速度较快 |

续表

| 名　　称 | 预报模型 | 模型简介 |
|---|---|---|
| J4Perturbation | J4 预报模型 | 模型仅考虑地球非球形引力摄动,且摄动函数仅考虑 $J_2$、$J_3$、$J_4$ 三项,计算结果比 J2 预报模型更加准确 |
| SGP4 | SGP4 预报模型 | 基于 TLE 轨道根数的摄动模型用于轨道周期小于 225 min 的近地轨道,在解析模型中具有较高的预报精度,需要用 TLE 格式输入相关参数进行计算 |
| HPOP(High Precision Orbit Propagator) | 高精度轨道预报模型 | 精度最高的轨道预报模型可以通过参数设置引入地球非球形引力、大气阻力、日月引力、太阳光压等多种摄动力,该模型预报结果更符合现实,但运算过程复杂,仿真速度较慢 |
| LOP(Long-term Orbit Propagator) | 长期轨道预报模型 | 专用于较长时间跨度的轨道预报模型,如数月甚至几年内的高精度轨道预报,在进行时间跨度较大的轨道预报计算时具有较高的精度 |

下面依次介绍利用 STK 的常用预报模型进行地球非球形引力摄动、大气阻力摄动、日月引力摄动和太阳光压摄动四种典型摄动影响下的轨道预报方法,并讲解利用 STK 的"Report & Graph Manager"模块对关键参数进行绘图和分析的操作方法。

## 4.5.2　仿真操作

**1. 地球非球形引力摄动仿真**

(1) 运行 STK 软件,在弹出的对话框中点击"Continue Startup"按钮。

(2) 在弹出图 4-6 所示的对话框中,点击"Create a Scenario",建立一个新的场景。

图 4-6　STK 开始界面

（3）在图 4-7 所示的场景设置界面中输入相关参数，表 4-5 给出了各参数的意义，场景时间输入栏右边的下拉菜单可以选择不同的时间表示格式，如改成 DD/MM/YYYY，就可以按日/月/年格式输入时间，这里建议场景时间设置（Start 和 Stop 间隔）长一些，以便于后面的分析、查看，设置完成后点击"OK"按钮，在弹出的对话框中再次点击"Close"按钮。

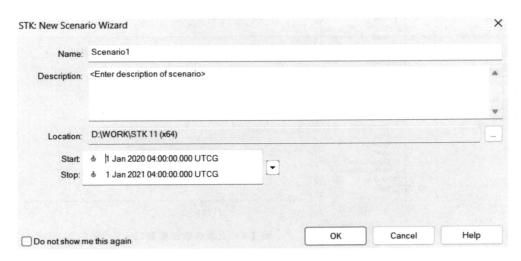

图 4-7　场景设置界面

表 4-5　场景设置参数的意义

| 名　　称 | 意　　义 |
| --- | --- |
| Name | 场景的名称 |
| Description | 场景介绍 |
| Location | 存放位置 |
| Start | 开始时间 |
| Stop | 结束时间 |

（4）点击工具栏上"Insert Default Object"按钮旁边的下拉菜单，选择"Satellite"，再点击"Insert"按钮，建立一个卫星对象，如图 4-8 所示。

（5）鼠标右键点击"Object Browser"栏中的卫星，选择"Rename"菜单，将其命名为"S1"。

（6）双击对象"S1"，弹出图 4-9 所示的设置窗口，在属性列表框中选择"Basic""Orbit"，按照表 4-6 设置相关参数。

图 4-8　建立一个
卫星对象

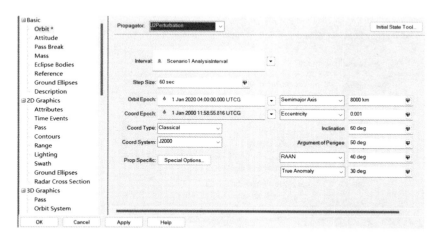

图 4-9　卫星参数设置窗口

表 4-6　卫星 S1 参数设置

| 名　称 | 意　义 | 设 置 参 数 |
| --- | --- | --- |
| Propagator | 轨道预报模型 | J2Perturbation |
| Step Size | 演算步长 | 60 s |
| Orbit Epoch | 仿真历元时间 | 1 Jan 2020 04:00:00.000 UTCG |
| Coord Epoch | 坐标系历元时间 | 默认 |
| Coord Type | 参数格式 | Classical(经典开普勒轨道根数) |
| Coord System | 坐标系 | J2000 |
| Prop Specific | 细节参数设置 | 默认 |
| Semimajor Axis | 半长轴 | 8000 km |
| Eccentricity | 偏心率 | 0.001 |
| Inclination | 轨道倾角 | 60° |
| Argument of Perigee | 近地点幅角 | 50° |
| RAAN | 升交点赤经 | 40° |
| True Anomaly | 真近点角 | 30° |

（7）点击左下角"Apply"按钮，再点击"OK"按钮，回到 3D 视图界面，使用鼠标调整视图（鼠标左键按住不放拖动调整视角，鼠标右键按住不放拖动调整远近）。

（8）鼠标右键选择"S1"对象，在弹出菜单中选择"Copy"。

（9）点击"Object Browser"中工具栏的"Paste"按钮，复制一颗同样参数设置的卫星作为参考卫星，将该卫星更名为"S0"，并在参数设置中将"Propagator"一项设置为"Two Body"。

（10）点击"S0"，选择"2D Graphics""Attributes"，修改"Color"项，将轨迹颜色修改为其他颜色以便区分，如图 4-10 所示。

图 4-10　卫星轨迹颜色修改

（11）切换到 3D 视图，点击仿真运行控制栏中的" ▶ "按钮，运行仿真，可利用控制栏中的加速、减速按钮" ⌄ "" ⌃ "调整仿真运行速度，点击" ◀◀ "恢复到开始时间，观察轨道随时间变化的情况。

（12）点击软件工具栏中的"Report & Graph Manager"" ▦▾ "按钮，然后在"Object Type"设置中选择"Satellite"，如图 4-11 所示。

（13）在右侧"Styles"设置栏中点击" ▦ "生成图表，更名为"Graph 1"，如图 4-12 所示。

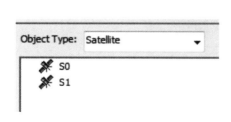

图 4-11　Object Type 设置

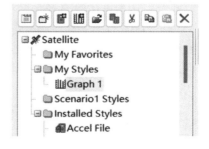

图 4-12　生成图表

（14）点击"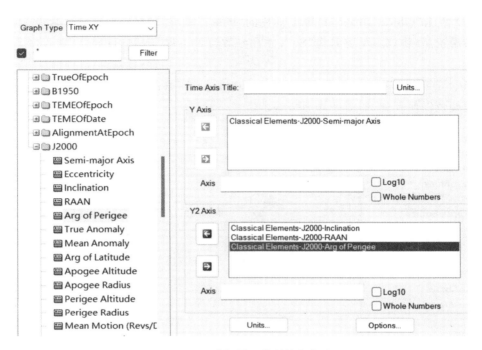"进入设置界面，在左侧选择栏中选择"Classical Elements""J2000""Semi-major Axis"，点击"Y Axis"栏的" "导入绘图参数，如图4-13所示。

**图4-13　选择需要绘制的参数**

（15）在左侧选择栏中选择"Classical Elements""J2000""Inclination"，点击"Y2 Axis"栏的" "导入绘图参数；并以同样方式向"Y2 Axis"栏导入"RAAN"和"Arg of Perigee"，这几项参数单位相同，可在同一Y轴绘制。

（16）点击下方"Apply"按钮，再点击"OK"按钮。

（17）在报表窗口的左侧栏中选中"S1"对象，双击新建的"Graph 1"图表，查看各项轨道根数随时间变化的情况。有时绘制出的参数变化图形中，Y轴坐标选取尺度过小，需要自行调整。调整方法是鼠标在图形上点击右键，在弹出菜单中选择"Customization Dialog"，选择"Axis"标签，在"Y Axis"或者"Right Y Axis"栏中选择"Min/Max"，然后输入最小值和最大值，点击"Apply"，再点击"OK"，如图4-14所示。

（18）点击" "保存场景。

**2. 大气阻力摄动仿真**

（1）参照前面"地球非球形引力摄动仿真"操作，新建场景，并在场景中新建一颗卫星"S1"。

（2）双击对象"S1"，选择右方"Basic""Orbit"，进入设置窗口，对照表4-7设置相关参数，HPOP模型计算量较大，若计算太慢，可以适当增大演算步长。

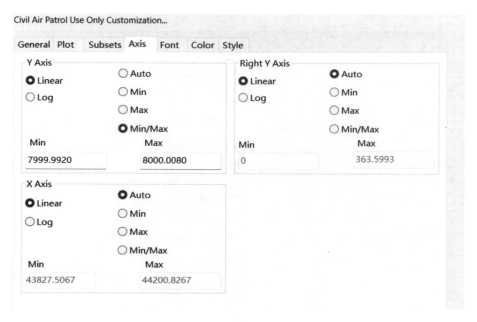

图 4-14　调整坐标轴

表 4-7　卫星参数设置

| 名　　称 | 意　　义 | 设 置 参 数 |
|---|---|---|
| Propagator | 轨道预报模型 | HPOP |
| Step Size | 演算步长 | 60 s |
| Orbit Epoch | 仿真历元时间 | 1 Jan 2020 04：00：00.000 UTCG |
| Coord Epoch | 坐标系历元时间 | 默认 |
| Coord Type | 参数格式 | Classical(经典开普勒轨道根数) |
| Coord System | 坐标系 | J2000 |
| Prop Specific | 细节参数设置 | 默认 |
| Semimajor Axis | 半长轴 | 6700 km |
| Eccentricity | 偏心率 | 0.001 |
| Inclination | 轨道倾角 | 60° |
| Argument of Perigee | 近地点幅角 | 50° |
| RAAN | 升交点赤经 | 40° |
| True Anomaly | 真近点角 | 30° |

（3）继续点击窗口中的"Force Model"按钮，弹出如图 4-15 所示的对话框，其中各设置项意义如表 4-8 所示。

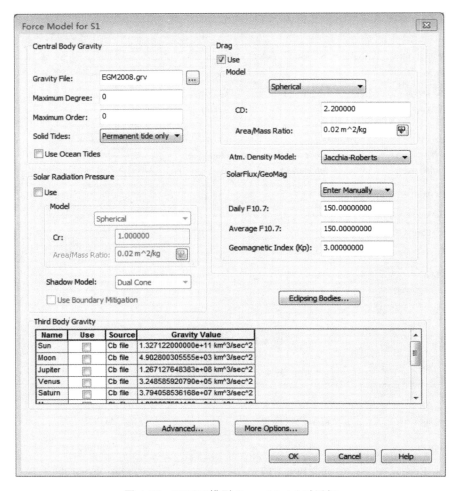

图 4-15　HPOP 模型 Force Model 对话框

表 4-8　不同摄动因素的意义

| 名　　称 | 意　　义 |
| --- | --- |
| Central Body Gravity | 地球非球形引力摄动 |
| Solar Radiation Pressure | 太阳光压摄动 |
| Drag | 大气阻力摄动 |
| Third Body Gravity | 多体引力摄动 |

（4）将该设置页面除"Drag"外所有的"Use"复选框勾选项去掉，点击"OK"，将"Maximum Degree"和"Maximum Order"两项修改为 0，此时进行轨道计算的结果是仅考虑大气阻力摄动的预报结果，点击"OK"按钮。

（5）点击属性窗口中的"Apply"按钮，再点击"OK"按钮。

（6）以"S1"对象为模板，复制一颗同样参数设置的卫星作为参考卫星，将该卫星更名为"S0"，并修改它的轨迹颜色以便区分。

（7）选中"S0"对象，修改它的"Force Model"设置，将"Drag"栏中的"Use"复选框也去掉，此卫星作为无摄动的参考卫星，点击"OK"按钮。

（8）点击下方"Apply"按钮，再点击"OK"按钮。

（9）点击工具栏中的" "按钮，选择 S0 作为基准视角，如图 4-16 所示，然后点击" "运行仿真，可以观察 S0、S1 随时间变化的区别。

图 4-16　基准视角设置界面

（10）切换到 3D 视图，点击仿真运行控制栏中的" "按钮，运行仿真，可利用控制栏中的加速、减速按钮" "" "调整仿真运行快慢，点击" "恢复到开始时间，观察轨道随时间变化的情况。

（11）参照前面"地球非球形引力摄动仿真"部分的轨道根数查看方法，绘制相关图表。

（12）点击" "保存场景。

**3. 日月引力摄动仿真**

（1）参照前面"地球非球形引力摄动仿真"操作，新建场景，并在场景中新建一颗卫星"S1"。

（2）双击对象"S1"，弹出如图 4-17 所示窗口，在属性列表中选择"Basic""Orbit"，依表 4-9 设置参数，HPOP 为数值法预报模型，计算量大，当仿真时间设置过长或演算步长设置过短时,运算较为费时,可一次性调整参数到位后再点击"Apply",若计算太慢,可以适当增大演算步长。

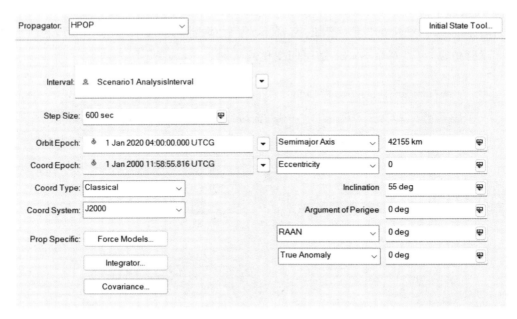

**图 4-17　HPOP 设置界面**

**表 4-9　卫星参数设置**

| 名　　称 | 意　　义 | 设　置　参　数 |
|---|---|---|
| Propagator | 轨道预报模型 | HPOP |
| Step Size | 演算步长 | 600 s |
| Orbit Epoch | 仿真历元时间 | 1 Jan 2020 04:00:00.000 UTCG |
| Coord Epoch | 坐标系历元时间 | 默认 |
| Coord Type | 参数格式 | Classical(经典开普勒轨道根数) |
| Coord System | 坐标系 | J2000 |
| Prop Specific | 细节参数设置 | 默认 |
| Semimajor Axis | 半长轴 | 42155 km |
| Eccentricity | 偏心率 | 0 |
| Inclination | 轨道倾角 | 55° |
| Argument of Perigee | 近地点幅角 | 0° |
| RAAN | 升交点赤经 | 0° |
| True Anomaly | 真近点角 | 0° |

　　(3) 继续点击窗口中的"Force Model"按钮,将对话框中除"Third Body Gravity"以外所有"Use"复选框勾选项去掉,"Third Body Gravity"中也仅保留"Sun"和"Moon"对应"Use"的复选框,将"Central Body Gravity"中的"Maximum Degree"和"Maximum Order"

均设置为 0,如图 4-18 所示,点击"OK"按钮,回到属性窗口后再点击下方的"Apply"按钮和"OK"按钮。

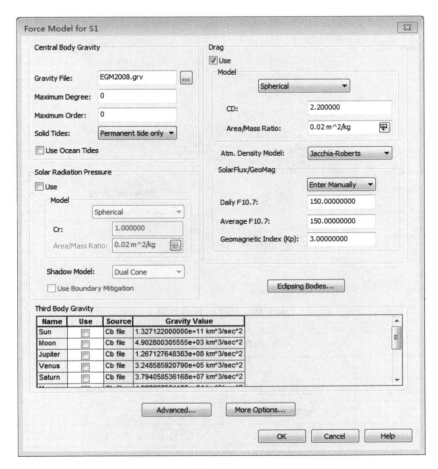

**图 4-18**　HPOP 模型 Force Model 设置界面

（4）以"S1"对象为模板,复制一颗同样参数设置的卫星作为参考卫星,将该卫星更名为"S0",并修改它的轨迹颜色以便区分。

（5）选中"S0"对象,修改它的"Force Model"设置,将"Third Body Gravity"栏中的"Sun"和"Moon"的"Use"复选框也去掉,点击"OK"按钮,回到属性窗口,再点击下方的"Apply"按钮和"OK"按钮。

（6）选择"S0"作为基准视角,然后点击"▶"运行仿真,可以观察 S0、S1 随时间变化的区别。

（7）参照前面"地球非球形引力摄动仿真"部分的轨道根数查看方法,绘制相关图表。

（8）点击"💾"保存场景。

**4. 太阳光压摄动仿真**

（1）参照前面"地球非球形引力摄动仿真"操作,新建场景,并在场景中新建一颗卫星

"S1"。

（2）双击对象"S1"，弹出图4-19所示界面，在属性列表中选择"Basic""Orbit"，根据表4-10设置参数。

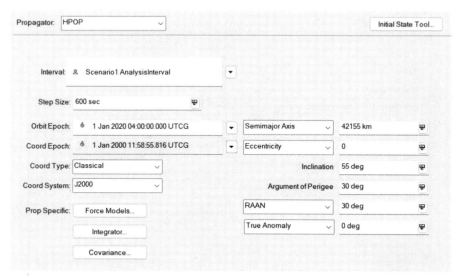

图 4-19　HPOP 设置界面

表 4-10　卫星参数设置

| 名　　称 | 意　　义 | 设 置 参 数 |
| --- | --- | --- |
| Propagator | 轨道预报模型 | HPOP |
| Step Size | 演算步长 | 600 s |
| Orbit Epoch | 仿真历元时间 | 1 Jan 2020 04:00:00.000 UTCG |
| Coord Epoch | 坐标系历元时间 | 默认 |
| Coord Type | 参数格式 | Classical(经典开普勒轨道根数) |
| Coord System | 坐标系 | J2000 |
| Prop Specific | 细节参数设置 | 默认 |
| Semimajor Axis | 半长轴 | 42155 km |
| Eccentricity | 偏心率 | 0 |
| Inclination | 轨道倾角 | 55° |
| Argument of Perigee | 近地点幅角 | 30° |
| RAAN | 升交点赤经 | 30° |
| True Anomaly | 真近点角 | 0° |

（3）继续点击窗口中的"Force Model"按钮，只选中"Solar Radiation Pressure"栏中的"Use"复选框，其他的取消选中，将"Central Body Gravity"中的"Maximum Degree"和"Maximum Order"均设置为0，如图4-20所示，点击"OK"按钮，回到属性窗口后再点击

下方的"Apply"按钮和"OK"按钮。

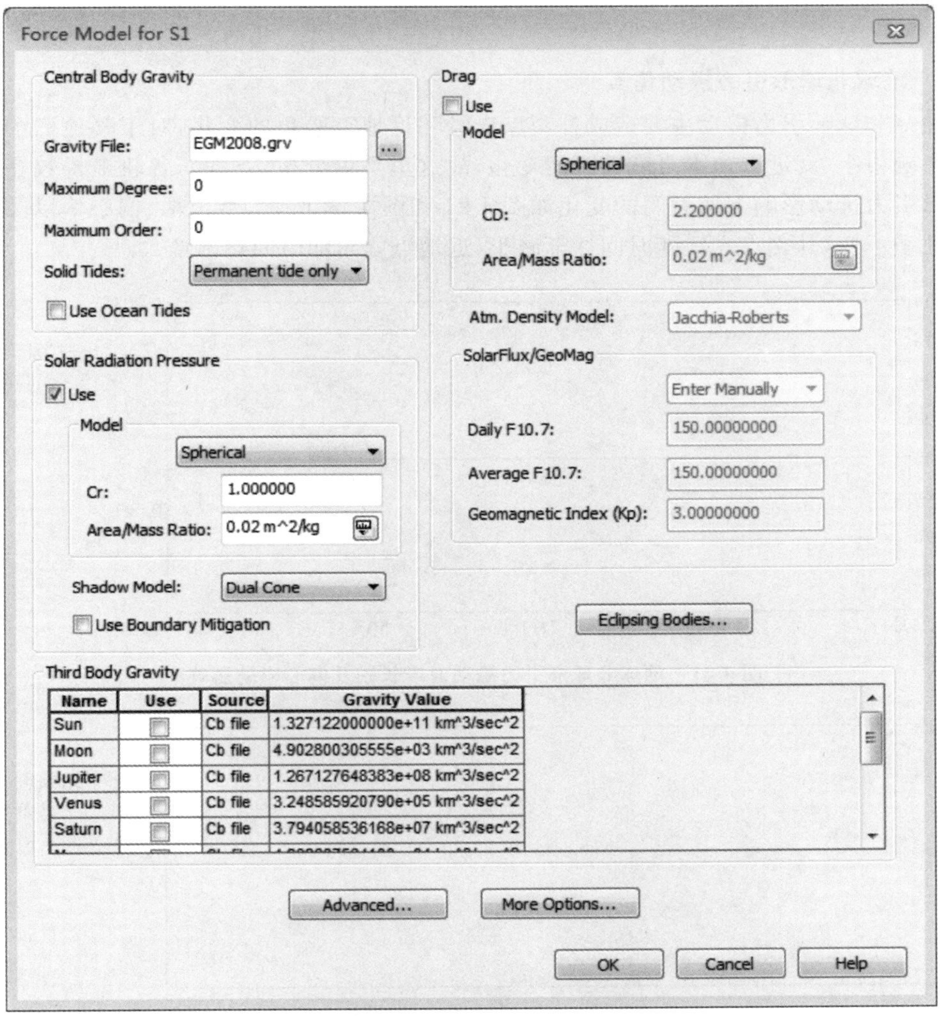

图 4-20　HPOP 模型 Force Model 设置界面

（4）以"S1"对象为模板，复制一颗同样参数设置的卫星作为参考卫星，将该卫星更名为"S0"，并修改它的轨迹颜色以便区分。

（5）选中"S0"对象，修改它的"Force Model"设置，去掉"Solar Radiation Pressure"栏中的"Use"复选框，其他设置与 S1 相同，点击"OK"按钮，回到属性窗口，再点击下方的"Apply"按钮和"OK"按钮。

（6）选择"S0"作为基准视角，然后点击" ▶ "运行仿真，可以观察 S0、S1 随时间变化的区别。

（7）参照前面"地球非球形引力摄动仿真"部分的轨道根数查看方法，绘制相关图表。

（8）点击" 🖫 "保存场景。

### 4.5.3 仿真分析

**1. 地球非球形引力摄动仿真**

地球非球形引力摄动主要造成升交点赤经和近地点幅角的变化,对于其他三个轨道参数影响很小(真近点角本身就随时间变化,故这里不做分析,下同),各轨道根数在地球非球形引力摄动影响下随时间的变化如图4-21和图4-22所示,半长轴、偏心率以及轨道倾角几乎不变,升交点赤经随时间逐渐减小,近地点幅角随时间逐渐增大。

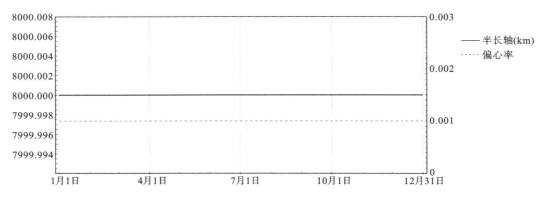

**图4-21 地球非球形引力摄动对半长轴及偏心率的影响**

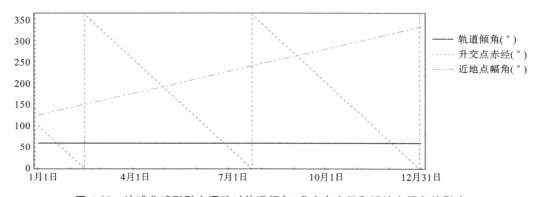

**图4-22 地球非球形引力摄动对轨道倾角、升交点赤经和近地点幅角的影响**

**2. 大气阻力摄动仿真**

大气阻力摄动对轨道根数的影响主要体现在半长轴上,对其他轨道根数影响较小,如图4-23所示。大气阻力是非保守力摄动,因此会造成机械能损失,导致卫星轨道半长轴随时间逐渐下降,并最终陨落。

**3. 日月引力摄动仿真**

日月引力摄动对半长轴和偏心率造成微弱影响,这些摄动均为周期性摄动,对轨道倾角和升交点赤经几乎没有影响。图4-24从上到下分别为半长轴随时间的变化和偏心率随时间的变化,图4-25从上到下依次为升交点赤经、轨道倾角随时间的变化,这里由于

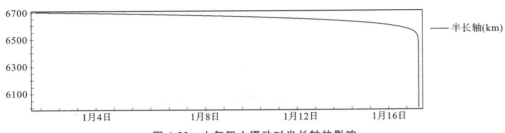

图 4-23　大气阻力摄动对半长轴的影响

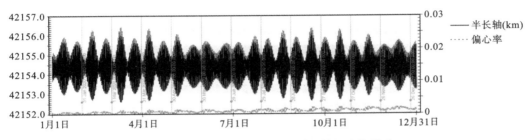

图 4-24　日月引力摄动对半长轴及偏心率的影响

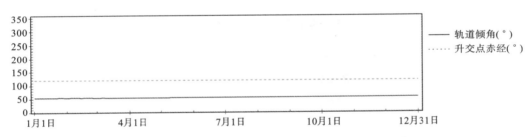

图 4-25　日月引力摄动对轨道倾角、升交点赤经的影响

轨道为圆形轨道,近地点幅角难以准确计算,故不做分析。

### 4. 太阳光压摄动仿真

太阳光压摄动对轨道半长轴、偏心率轨道产生微弱影响,其影响主要表现为周期性摄动,而对轨道倾角和升交点赤经几乎没有影响。图 4-26 从上到下依次为半长轴、偏心率随时间的变化,图 4-27 从上到下依次为轨道倾角、升交点赤经随时间的变化。这里由于轨道为圆形轨道,近地点幅角难以准确计算,故不做分析。

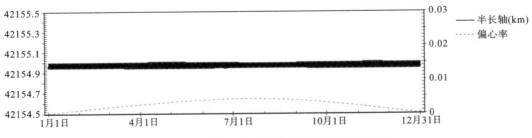

图 4-26　太阳光压摄动对半长轴及偏心率的影响

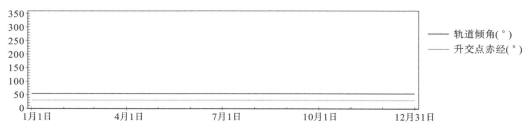

图 4-27　太阳光压摄动对轨道倾角、升交点赤经的影响

# 思　考　题

1. 请描述长期摄动、周期摄动、长周期摄动和短周期摄动的区别。

2. 请简述四种典型摄动的分类以及它们对空间目标造成的摄动效果。

3. 在分析地球非球形引力摄动时，目标引力场位函数可以分哪几项？各有什么特点？

4. 地球非球形引力摄动会导致升交点和近地点随时间进动，设计什么样的轨道可以避免升交点的进动？说明原因。

5. 已知某卫星 TLE 两行根数如下：

1 41315U 16006A　17136.63832991　−.00000054　+00000−0　+00000−0　0　9995

2 41315　055.0261　174.5746　0003395　292.3087　067.7255　01.86235706　08794

请描述该卫星以下信息：

（1）国际编号、观测时间、发射年份和批次；

（2）截至目前一共运行的圈数，平均角速度（圈/天）；

（3）偏心率、轨道倾角、升交点赤经、近地点幅角和平近点角。

# 第5章

# 轨道机动原理

随着航天技术的发展，特别是空间攻防技术的发展，航天器对自身运行的控制能力也越来越强。许多航天器在运行过程中需要按照指令改变轨道从而完成指定的任务，这种任务一般通过轨道机动实现。本书在前面章节中讲述了航天器在中心引力场中的运动，这些运动属于被动运动。本章关注航天器的主动变轨问题，内容包括轨道机动的概念和分类、轨道机动的主要原理以及典型轨道机动问题的求解方法。

## 5.1 轨道机动概述

### 5.1.1 轨道机动的概念

#### 1. 轨道机动的定义

航天器主动改变飞行轨道的过程称为轨道机动。在一次轨道机动过程中，机动前的初始轨道称为初轨道或停泊轨道，机动后进入的目标轨道称为终轨道或预定轨道。

航天器进行轨道机动的目的主要有以下三种。

（1）完成复杂的飞行任务。

（2）消除干扰导致的轨道偏差。

（3）实现交会对接、发射及返回。

#### 2. 轨道机动系统

轨道机动系统的基本构成如图 5-1 所示，其中动力装置提供轨道机动所需的推

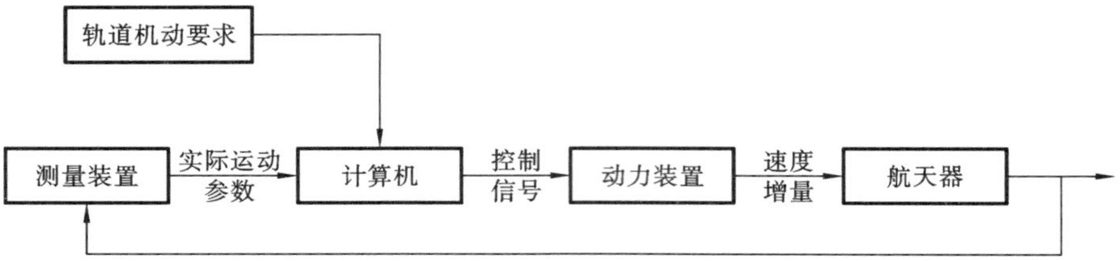

图 5-1　轨道机动系统的基本构成

力,它一般为具有多次点火启动能力的火箭发动机。测量装置用来测量航天器的实际运动参数。计算机的输入为航天器的实际运动参数和轨道机动要求,在计算机中由轨道机动要求计算出航天器在某一时刻运动参数的预期值,将同一时刻的运动参数的实际值与预期值进行比较后,求出此时应提供的速度增量的大小和方向,据此形成航天器的姿态控制与动力装置的控制信号,姿态控制系统(简称姿控系统)和动力装置按控制信号工作,控制航天器完成预定的轨道机动。

图 5-1 中测量装置和计算机可以安装在航天器上,也可安装在地面测控站,在后一情况下,控制信号由地面测控站发出,由航天器接收,航天器的姿控系统和动力装置按接收的信号工作。这种方式可以减少航天器上安装的设备,但会降低航天器轨道机动的灵活性。

当采用火箭发动机作为轨道机动系统的动力装置时,由于火箭发动机能提供较大的推力,因而短时间工作即可使航天器获得所需的速度增量,故在初步讨论轨道机动问题时,假设发动机按冲量方式工作,即在航天器位置不发生变化的情况下,使航天器的速度发生瞬时变化,这一假设可使问题得到简化,为更深入的研究提供必要的基础。

## 5.1.2　轨道机动分类

根据发动机作用持续时间,航天器轨道机动可以分为脉冲式机动和连续式机动[30]。

(1)脉冲式机动。

发动机在非常短的时间内产生推力,使航天器获得脉冲速度进行机动的方式称为脉冲式机动。在机动过程中,发动机推动时间很短,分析时可以认为速度变化是在一瞬间完成的。脉冲式机动对发动机的推力要求较高,对应的发动机重量和体积都会较大。

(2)连续式机动。

在一段时间内依靠持续作用力使航天器获得持续的加速度进行机动的方式称为连续式机动。连续式机动对发动机推力要求较低,发动机的重量和体积也都较小,但短时间内能够提供的冲量也较小,例如利用电离子火箭发动机进行的机动。

根据轨道机动的目标,航天器的轨道机动也可以分为轨道调整和一般轨道机动。

(1)轨道调整。

若初轨道与终轨道差别很小,对原来的轨道进行小冲量机动即可实现目的,这样的过程称为轨道调整。由于机动所需的冲量较小,所以消耗燃料也较少。轨道调整又可以进一步区分为轨道修正和轨道保持[30]。

轨道修正：在发射卫星时，由于不可避免的入轨误差，卫星的轨道根数对标称值有较小的偏离，为了消除入轨误差，使卫星获得标称轨道根数而进行的轨道机动称为轨道修正。

轨道保持：卫星在运行过程中由于各种摄动因素的作用，轨道根数也会产生偏差。当摄动影响积累到一定的数值时，为了消除摄动导致的轨道偏差而进行的轨道机动称为轨道保持。

（2）一般轨道机动。

若初轨道与终轨道差别较大，就需要进行大冲量机动来大幅度改变轨道根数，这样的轨道机动称为一般轨道机动，例如从低轨道转移到高轨道，从椭圆轨道转移到圆轨道。这种转移的特点是需要大冲量的火箭发动机，消耗的燃料也较多。根据轨道机动的次数，一般轨道机动又可以进一步分为轨道改变与轨道转移[30]。

轨道改变：当终轨道与初轨道相交（切）时，在交（切）点施加一次冲量即可使航天器由初轨道进入终轨道，这一过程称为轨道改变。

轨道转移：当终轨道与初轨道不相交（切）时，至少要施加两次冲量才能使航天器由初轨道进入终轨道，这一过程称为轨道转移。

连接初轨道与终轨道的过渡轨道称为转移轨道。

## 5.1.3　轨道机动的燃料消耗

轨道机动是需要消耗航天器自身燃料进行的，其速度变化量 $\Delta v$ 与燃料消耗关系满足

$$\frac{\Delta m}{m}=1-e^{-\frac{\Delta v}{I_{sp}g_0}} \tag{5-1}$$

式中：$\Delta m$ 为燃料消耗质量；$m$ 是航天器总质量；$\Delta v$ 是速度变化量（$\Delta v>0$）；$g_0$ 为海平面重力加速度；$I_{sp}$ 为比冲量，其计算方式如下

$$I_{sp}=\frac{P_s}{m_s g_0} \tag{5-2}$$

式中：$P_s$ 是航天器受到的冲量；$m_s$ 是形成冲量 $P_s$ 消耗的燃料质量。

## 5.1.4　轨道机动的应用

轨道机动是一系列空间操作的基本支撑，即为了完成必要的空间操作使空间平台在指定的时间到达空间指定的位置并保持指定的速度、姿态等。目前，各航天大国将空间机动技术的演示验证作为航天技术研发的重点。美国、俄罗斯、中国、日本和欧洲各国在这一领域都取得了重要进展。轨道机动的应用随着新的空间操作的开发不断出现，目前已知的应用可以分为以下几类。

（1）应急维修。

航天事故的发生绝大多数都是由航天器本身的故障引起的，为了尽量降低和避免航

天器故障,除了在设计生产时严格控制质量,在轨运行过程中定期检查、维护外,在发现故障后进行在轨维修也十分必要。

(2)轨道清理。

环绕地球的工作轨道是非常宝贵的自然资源。在这些轨道上不仅有正在工作的数以百计的航天器,还有大量的空间碎片。因此,需要对轨道上的碎片进行及时清理。

(3)在轨加注。

航天器发射之后,所带的燃料量是其在轨寿命的决定性因素之一。为了提高航天器的利用效率,延长使用寿命并提高机动能力,需要在轨补充加注推进剂和其他液体必需品。

(4)应急救援。

载人航天的发展使人类可以进入太空,但航天器故障和空间环境时刻对航天员的生命产生威胁,为了应对这种威胁,保护航天员在紧急情况下的生命安全,必须发展在轨应急救援,保证在故障发生后的短时间内(几十分钟或几小时)到达航天员所在位置。

(5)应急规避。

在空间紧急情况下,如空间碎片撞击、陨石来袭等,为了防止航天器受到破坏,需要进行快速轨道提升或降低以规避来袭目标,危险过后再回到原来的轨道正常工作。

(6)来袭防御。

航天器运行轨道的固有特性决定了其脆弱性,重要航天器容易受到攻击和威胁,编队护航是一种有效的对抗手段,即小型航天器与大型重要航天器编队飞行,在受到威胁和攻击时小型航天器机动对付来袭物,以保护重要航天器的安全。

(7)目标监视。

随着航天技术的不断发展,目前许多卫星和航天器的轨道高度已经远远超出了常规地面监测雷达的观测区域,这使得天基空间目标监视设备的发展变得更加重要。利用天基设备进行空间目标监视,就必须利用轨道机动调整监视设备的轨道,使其能够实现对观测目标的有效观测。

(8)空间作战。

空间作战是未来战争不可避免的发展趋势。在太空中运行的航天器和卫星,由于轨道本身的确定性和可预测性,如果不具备临时轨道机动能力,一旦面临敌方攻击,就只能成为活靶子。在对敌方目标实施监视和进攻的过程中,机动能力也是决定成败的关键因素。

# 5.2　典型轨道机动的分析方法

## 5.2.1　霍曼转移

霍曼转移(Hohmann Transfer)的假设早在1925年就由霍曼提出,直至1963年由巴拉尔对此假设进行了严格的证明。霍曼转移是一种典型的轨道转移,在不限制时间和两次冲量的条件下,它是能量消耗最小的轨道转移方案。它有如下限制条件。

（1）初轨道和终轨道都是圆形轨道且共面。

（2）通过实施 2 次脉冲式机动完成转移。

（3）冲量方向和机动前速度方向相同。

霍曼转移示意图如图 5-2 所示。目标在半径为 $r_1$ 的圆轨道 $C_1$ 的 $P$ 点进行第一次机动,产生第 1 个速度变化量 $\Delta v_1$,此时目标已经转移到椭圆轨道 $E$,该轨道称为转移轨道;在 $E$ 的远地点 $A$ 进行第二次机动,产生第 2 个速度变化量 $\Delta v_2$,使目标轨道从转移轨道 $E$ 进入半径为 $r_2$ 的圆轨道 $C_2$。

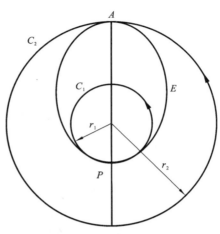

图 5-2　霍曼转移示意图

设 $v_{C_1}$ 和 $v_{C_2}$ 分别为半径为 $r_1$ 和 $r_2$ 的圆轨道上目标的速度,转移轨道 $E$ 上的目标在近地点和远地点的速度分别为 $v_{EP}$ 和 $v_{EA}$,依据活力公式,可以得到

$$\begin{cases} v_{C_1} = \sqrt{\dfrac{\mu}{r_1}} \\[2mm] v_{C_2} = \sqrt{\dfrac{\mu}{r_2}} \\[2mm] v_{EP} = \sqrt{2\mu \dfrac{r_2}{r_1(r_1+r_2)}} \\[2mm] v_{EA} = \sqrt{2\mu \dfrac{r_1}{r_2(r_1+r_2)}} \end{cases} \tag{5-3}$$

根据转移过程可知

$$\begin{cases} \Delta v_1 = v_{EP} - v_{C_1} \\ \Delta v_2 = v_{C_2} - v_{EA} \end{cases} \tag{5-4}$$

总速度增量为

$$\Delta v = \Delta v_1 + \Delta v_2 \tag{5-5}$$

转移时间为转移轨道周期的一半,由开普勒第三定律可得

$$\Delta t = \frac{T_E}{2} = \pi \sqrt{\frac{1}{\mu}\left(\frac{r_1+r_2}{2}\right)^3} \tag{5-6}$$

在进行霍曼转移过程中,我们往往还需要考虑航天器的交会问题。如图 5-3 所示,在初始时刻 $t_0$,追踪器在圆轨道 $C_1$ 的 $P$ 点,目标在圆轨道 $C_2$ 的 $R$ 点,且目标超前追踪器一个圆心角 $\theta$。此时,追踪器开始向大圆轨道进行霍曼转移,期望在远地点 $A$ 处与目标交会。

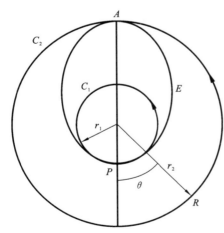

图 5-3　霍曼转移中的交会对接问题

追踪器从 $P$ 到 $A$ 的时间为 $\Delta t_1$，目标从 $R$ 到 $A$ 的时间为 $\Delta t_2$，即

$$\begin{cases} \Delta t_1 = \dfrac{\pi}{\sqrt{\mu}}\left(\dfrac{r_1+r_2}{2}\right)^{3/2} \\[3mm] \Delta t_2 = \dfrac{\pi-\theta}{\sqrt{\mu}} r_2^{3/2} \end{cases} \tag{5-7}$$

实现交会的条件是 $\Delta t_1 = \Delta t_2$，故要想实现交会，圆心角 $\theta$ 必须满足条件

$$\theta = \pi\left[1-\left(\dfrac{r_1+r_2}{2r_2}\right)^{3/2}\right] \tag{5-8}$$

如果圆心角 $\theta$ 不符合上述条件，则追踪器可以在停泊轨道上等待一段时间，当满足条件时才开始转移。霍曼转移轨道能量最省，但是完成转移的时间却不是最优的。然而时间和能量都达到最优几乎不可能，因此在实际应用中要对二者进行适当折中，以满足任务需求。

**例 5.1** 已知某卫星 $S_1$ 在圆轨道 $C_1$ 上运行，其轨道半径为 $r_1=8000$ km，现需要利用霍曼转移将其转移到另一个圆形轨道 $C_2$ 上，$r_2=40000$ km，如图 5-4 所示（取地球引力常数 $\mu=4\times10^5$ km³/s²）。

（1）求转移轨道的半长轴和偏心率；

（2）求两次轨道机动的总速度增量；

（3）求转移消耗的时间；

（4）若轨道 $C_2$ 上有另外一颗卫星 $S_2$，且超前卫星 $S_1$ 一个圆心角 $\theta$。若经过霍曼转移后两颗卫星刚好实现轨道交会，$\theta$ 应为多少？

**解** （1）转移轨道与 $C_1$、$C_2$ 相切，则有

$$a_E = \frac{r_1+r_2}{2} = 24000 \text{ km}$$

$$e_E = \frac{r_2-r_1}{r_1+r_2} = \frac{2}{3}$$

（2）根据活力公式，可得

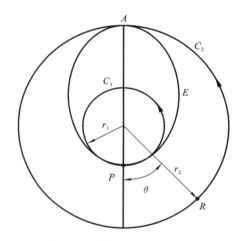

**图 5-4 卫星霍曼转移示意图**

$$\begin{cases} v_{C_1} = \sqrt{\dfrac{\mu}{r_1}} = 5\sqrt{2} \text{ km/s} \\[3mm] v_{C_2} = \sqrt{\dfrac{\mu}{r_2}} = \sqrt{10} \text{ km/s} \\[3mm] v_{EP} = \sqrt{\mu\left(\dfrac{2}{r_1}-\dfrac{1}{a_E}\right)} = \dfrac{5}{3}\sqrt{30} \text{ km/s} \\[3mm] v_{EA} = \sqrt{\mu\left(\dfrac{2}{r_2}-\dfrac{1}{a_E}\right)} = \dfrac{1}{3}\sqrt{30} \text{ km/s} \end{cases}$$

两次机动速度增量以及总速度增量分别为

$$\begin{cases} \Delta v_1 = v_{EP} - v_{C_1} = \left(\dfrac{5}{3}\sqrt{30}-5\sqrt{2}\right)\text{km/s} \\[3mm] \Delta v_2 = v_{C_2} - v_{EA} = \left(\sqrt{10}-\dfrac{1}{3}\sqrt{30}\right)\text{km/s} \\[3mm] \Delta v = \Delta v_1 + \Delta v_2 = \left(\dfrac{4}{3}\sqrt{30}+\sqrt{10}-5\sqrt{2}\right)\text{km/s} \end{cases}$$

（3）转移消耗的时间正好为卫星沿着转移轨道运行半个周期的时间，于是有

$$t_A = \frac{1}{2}T = \pi\sqrt{\frac{a_E^3}{\mu}} = 2400\pi\sqrt{6}\ \mathrm{s} = \frac{2\pi\sqrt{6}}{3}\ \mathrm{h} \approx 5.12\ \mathrm{h}$$

（4）卫星 $S_1$ 从 $P$ 点运行到 $A$ 点时间为

$$\Delta t_{S_1} = \pi\sqrt{\frac{a_E^3}{\mu}}$$

卫星 $S_2$ 从 $R$ 点运行到 $P$ 点时间为

$$\Delta t_{S_2} = \sqrt{\frac{r_1^3}{\mu}}(\pi-\theta)$$

若要求两颗卫星刚好交会，则应满足

$$\Delta t_{S_1} = \Delta t_{S_2}$$

解得

$$\theta = \pi\left[1-\left(\frac{a_E}{r_1}\right)^{3/2}\right] = \pi\left(1-\frac{3}{25}\sqrt{15}\right)\mathrm{rad} = \left(1-\frac{3}{25}\sqrt{15}\right)\times 180° \approx 96.34°$$

## 5.2.2　双椭圆轨道转移

双椭圆轨道转移又称为三冲量轨道转移，在某些条件下，它甚至比霍曼转移消耗的能量更少。双椭圆轨道转移有如下限制条件。

（1）初轨道和终轨道都是圆形轨道且共面。

（2）通过实施 3 次脉冲式机动完成转移。

（3）冲量方向和机动前速度方向相同。

双椭圆轨道转移过程如图 5-5 所示。在目标轨道的外面选定一点 $A$，作为双椭圆转移轨道的公共远地点。转移椭圆 $E_1$ 在近地点和圆轨道 $C_1$ 相切，转移轨道 $E_2$ 在近地点和圆轨道 $C_2$ 相切，航天器在做机动时，在 $P_1$、$A$ 两处切向加速，在 $P_2$ 处切向减速，使航天器进入目标轨道，实现双椭圆转移。

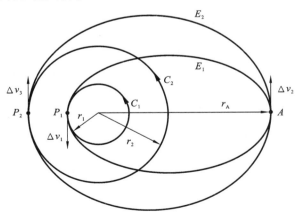

图 5-5　双椭圆轨道转移过程

113

设 $v_{P_1}$ 和 $v_{A_1}$ 分别为转移轨道 $E_1$ 的近地点和远地点速度，$v_{P_2}$ 和 $v_{A_2}$ 分别为转移轨道 $E_2$ 的近地点和远地点速度，则有

$$\begin{cases} v_{A_1} = \sqrt{2\mu \dfrac{r_1}{r_A(r_1+r_A)}}, & v_{C_1} = \sqrt{\dfrac{\mu}{r_1}}, & v_{P_1} = \sqrt{2\mu \dfrac{r_A}{r_1(r_1+r_A)}} \\ v_{A_2} = \sqrt{2\mu \dfrac{r_2}{r_A(r_2+r_A)}}, & v_{C_2} = \sqrt{\dfrac{\mu}{r_2}}, & v_{P_2} = \sqrt{2\mu \dfrac{r_A}{r_2(r_2+r_A)}} \end{cases} \tag{5-9}$$

根据转移过程可知

$$\begin{cases} \Delta v_1 = v_{P_1} - v_{C_1} \\ \Delta v_2 = v_{A_2} - v_{A_1} \\ \Delta v_3 = v_{P_2} - v_{C_2} \end{cases} \tag{5-10}$$

所以总速度增量为

$$\Delta v = \Delta v_1 + \Delta v_2 + \Delta v_3 \tag{5-11}$$

初轨道和终轨道的半径 $r_1, r_2$ 是确定的，而转移轨道的远地点地心距离 $r_A$ 是可选的。按照极值条件即可求出消耗能量最小的最优转移轨道。在寻找这个最优转移轨道时，根据初轨道和终轨道半径比值不同，可以划分为以下三种情况。

（1）当 $r_2 < 11.9 r_1$ 时，霍曼转移比双椭圆轨道转移能量消耗更低。

（2）当 $r_2 > 15 r_1$ 时，双椭圆轨道转移比霍曼转移能量消耗更低。

（3）当 $11.9 r_1 \leqslant r_2 \leqslant 15 r_1$ 时，根据选择的远地点 $A$ 不同，会有不同的结果，需要做进一步判断。

双椭圆轨道转移消耗的时间为两个转移轨道周期之和的一半，即

$$t_u = \frac{T_1 + T_2}{2} = \frac{\pi}{\sqrt{\mu}} \left( \frac{r_1 + r_A}{2} \right)^{3/2} + \frac{\pi}{\sqrt{\mu}} \left( \frac{r_A + r_2}{2} \right)^{3/2} \tag{5-12}$$

双椭圆转移也可实现航天器的交会。设在初始时刻 $t_0$ 追踪器在半径为 $r_1$ 的圆轨道 $C_1$ 的 $A_0$ 点，目标在半径为 $r_2$ 的圆轨道 $C_2$ 的 $P_0$ 点，且目标超前追踪器 1 个圆心角 $\theta$。在此时，追踪器开始双椭圆转移。追踪器消耗的时间为 $\Delta t_1$，目标运动的时间为 $\Delta t_2$，即

$$\begin{cases} \Delta t_1 = \dfrac{\pi}{\sqrt{\mu}} \left( \dfrac{r_1 + r_A}{2} \right)^{3/2} + \dfrac{\pi}{\sqrt{\mu}} \left( \dfrac{r_A + r_2}{2} \right)^{3/2} \\ \Delta t_2 = \dfrac{2\pi - \theta}{\sqrt{\mu}} r_2^{3/2} \end{cases} \tag{5-13}$$

实现交会的条件是 $\Delta t_1 = \Delta t_2$，故要想实现交会，$\theta$ 必须满足条件

$$\theta = \pi \left[ 2 - \left( \frac{r_1 + r_A}{2 r_2} \right)^{3/2} - \left( \frac{r_2 + r_A}{2 r_2} \right)^{3/2} \right] \tag{5-14}$$

需要特别指出的是：施加第二次冲量时航天器的轨道速度很小，冲量的误差会引起转移轨道 $E_2$ 的轨道参数明显变化，这在一定程度上也影响了它的实用价值。

## 5.2.3 共轨机动

轨道转移中存在一种特殊的情况，即初轨道和终轨道重合，转移前后目标的 6 个轨

道根数中的前 5 个都完全相同,我们称之为共轨机动。共轨机动方法可用于同轨道多颗卫星之间的相位调整,也可用于静止轨道卫星定点位置的调整,或者用于实施轨道抓捕或轨道交会任务。例如,当目标与追踪航天器处于同一条轨道,但存在一定的相位差时,追踪航天器到目标位置的机动就可以通过共轨机动实现,它需要通过机动产生两次大小相等、方向相反的速度增量。本节按目标超前与滞后追踪航天器两种情况进行讨论。共轨机动的两种形式如图 5-6 所示。

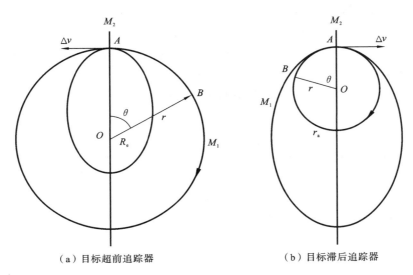

（a）目标超前追踪器         （b）目标滞后追踪器

**图 5-6 共轨机动的两种形式**

### 1. 目标超前追踪航天器地心角 $\theta$

如图 5-6(a)所示,若目标 $M_1$ 与追踪航天器 $M_2$ 顺时针方向运行在同一轨道上,且目标 $M_1$ 超前追踪航天器 $M_2$ 地心角 $\theta$,则追踪航天器需通过施加反向速度增量,进入转移轨道,缩短轨道周期,以期与目标交会于 $A$ 点。

首先,$M_2$ 在椭圆轨道上运行一周的时间为

$$\Delta t_{M_2} = 2\pi \sqrt{\frac{a_E^3}{\mu}} \tag{5-15}$$

同时,$M_1$ 从 $B$ 点运行到 $A$ 点的时间为

$$\Delta t_{M_1} = \sqrt{\frac{r^3}{\mu}}(2\pi - \theta) \tag{5-16}$$

若要二者在 $A$ 点刚好交会,则必须满足 $\Delta t_{M_1} = \Delta t_{M_2}$,于是可得

$$a_E = r\left(1 - \frac{\theta}{2\pi}\right)^{\frac{2}{3}} \tag{5-17}$$

那么对应的速度增量

$$\Delta v = v_C - v_{EA} = \sqrt{\frac{\mu}{r}} \cdot \left[1 - \sqrt{2 - \left(1 - \frac{\theta}{2\pi}\right)^{-\frac{2}{3}}}\right] \tag{5-18}$$

消耗时间为

$$\Delta t = \sqrt{\frac{r^3}{\mu}}(2\pi - \theta) \tag{5-19}$$

这里我们需要注意,由于转移轨道半径不可能小于地球半径,显然有转移轨道近地点地心距离 $r_p > R_e$,所以有

$$\theta < 2\pi \cdot \left[1 - \left(\frac{r + R_e}{2r}\right)^{3/2}\right] \tag{5-20}$$

**2. 目标滞后追踪航天器地心角 $\theta$**

如图 5-6(b)所示,若目标 $M_1$ 与追踪航天器 $M_2$ 沿顺时针方向运行在同一轨道上,且目标 $M_1$ 滞后追踪航天器 $M_2$ 的地心角为 $\theta$,则追踪航天器需通过施加正向速度增量,进入转移轨道,增大轨道周期,以期与目标交会于 $A$ 点。

与上一种情况类似,首先 $M_2$ 在椭圆轨道上运行一周的时间为

$$\Delta t_{M_2} = 2\pi \sqrt{\frac{a_E^3}{\mu}} \tag{5-21}$$

同时 $M_1$ 从 $B$ 点运行到 $A$ 点的时间为

$$\Delta t_{M_1} = \sqrt{\frac{r^3}{\mu}}(2\pi + \theta) \tag{5-22}$$

若要二者在 $A$ 点刚好交会,则必须满足 $\Delta t_{M_1} = \Delta t_{M_2}$,于是可得

$$a_E = r\left(1 + \frac{\theta}{2\pi}\right)^{\frac{2}{3}} \tag{5-23}$$

那么对应的速度增量

$$\Delta v = v_{EA} - v_C = \sqrt{\frac{\mu}{r}} \cdot \left[\sqrt{2 - \left(1 + \frac{\theta}{2\pi}\right)^{-\frac{2}{3}}} - 1\right] \tag{5-24}$$

消耗时间为

$$\Delta t = \sqrt{\frac{r^3}{\mu}}(2\pi + \theta) \tag{5-25}$$

如果有足够的准备时间,则可以将 $\theta$ 划分成 $N$ 等份,卫星在中间轨道上运行 $N$ 圈后再实施第二次机动,消耗的能量将大大减少。

# 5.3　一般轨道机动的分析方法

## 5.3.1　共面轨道机动

共面轨道机动指初轨道和终轨道共面的轨道机动方式。初轨道和终轨道具有相同的升交点赤经 $\Omega$ 和轨道倾角 $i$,在机动过程中只有 $a$、$e$、$\omega$、$\tau$ 这 4 个轨道根数发生变化。

设初轨道和终轨道的交点为 $C$,初轨道在 $C$ 点的位置和速度为 $r_1$、$v_1$,速度倾角为 $\theta_1$

（速度倾角为速度方向和周向夹角，取当地水平面以上为正），终轨道在 $C$ 点的位置和速度为 $r_2$、$v_2$，速度倾角为 $\theta_2$，则 $r_1=r_2$，$u_1=u_2$。过 $C$ 点的任一轨道根数 $a_2$、$e_2$、$\omega_2$、$\tau_2$ 可以由该轨道在 $C$ 点的速度 $v_2$ 和速度倾角 $\theta_2$ 表示，即[31]

$$
\begin{cases}
a_2 = \dfrac{\mu r_1}{2\mu - r_1 v_2^2} \\[2mm]
e_2 = \sqrt{1 + \dfrac{r_1 v_2^2}{\mu^2}(r_1 v_2^2 - 2\mu)\cos^2\theta_2} \\[2mm]
\tan f_2 = \dfrac{r_1 v_2^2 \cos\theta_2 \sin\theta_2}{r_1 v_2^2 \cos^2\theta_2 - \mu} \\[2mm]
\tan\dfrac{E_2}{2} = \sqrt{\dfrac{1-e_2}{1+e_2}}\tan\dfrac{f_2}{2} \\[2mm]
\tau_2 = t - \sqrt{\dfrac{a_2^3}{\mu}}(E_2 - e_2\sin E_2) \\[2mm]
\omega_2 = u_2 - f_2 = u_1 - f_2
\end{cases}
\tag{5-26}
$$

可见，当交点 $C$ 确定后，已知 $v_2$、$\theta_2$ 就可以计算 $a_2$、$e_2$、$\omega_2$、$\tau_2$ 这 4 个参数。

已知过交点 $C$ 的终轨道的任意 2 个轨道参数，求在交点 $C$ 施加的速度冲量和方向。建立轨道坐标系 $O\text{-}XYZ$，即 $X$ 轴为径向，$Y$ 轴为周向，$Z$ 轴为法向。速度增量在 $O\text{-}XYZ$ 坐标系的 $X$ 轴和 $Y$ 轴方向上的分量为

$$
\begin{cases}
\Delta v_x = v_2\sin\theta_2 - v_1\sin\theta_1 \\
\Delta v_y = v_2\cos\theta_2 - v_1\cos\theta_1
\end{cases}
\tag{5-27}
$$

速度增量为

$$
\Delta v = v_1\left[1 - 2\frac{v_2}{v_1}\cos\Delta\theta + \left(\frac{v_2}{v_1}\right)^2\right]^{1/2}
\tag{5-28}
$$

速度增量的方向为

$$
\tan\varphi = \frac{\Delta v_x}{\Delta v_y} = \frac{v_2\sin\theta_2 - v_1\sin\theta_1}{v_2\cos\theta_2 - v_1\cos\theta_1}
\tag{5-29}
$$

式中：$\Delta v$、$\varphi$ 分别为速度增量的大小和方向；$\Delta\theta$ 为机动前后速度倾角之差；下标 1、2 分别表示航天器的初轨与终轨。显然，当 $\Delta\theta = 0°$ 时，$\Delta v$ 最小，对应的能量消耗也最小。

## 5.3.2　轨道面机动

轨道面机动指轨道形状和大小不发生变化，仅轨道平面发生改变的轨道机动。在只改变轨道平面的前提下，其初轨道和终轨道应满足

$$
\begin{cases}
r_1 = r_2 \\
v_1 = v_2 \\
\theta_1 = \theta_2
\end{cases}
\Rightarrow
\begin{cases}
a_1 = a_2 \\
e_1 = e_2 \\
\tau_1 = \tau_2 \\
f_1 = f_2
\end{cases}
\tag{5-30}
$$

设初轨道与终轨道之间的夹角为 $\xi$，速度 $v_1$、$v_2$ 之间的夹角为 $\alpha$，速度增量为

$$\Delta v = 2v\cos\theta\sin\frac{\xi}{2} = 2v\sin\frac{\alpha}{2} \tag{5-31}$$

则

$$\sin\frac{\alpha}{2} = \cos\theta\sin\frac{\xi}{2} \tag{5-32}$$

在一般情况下，$\alpha$ 与 $\xi$ 不等，只有在 $\theta = 0°$ 时，两者才相等。

$\xi$ 与两轨道平面之间的关系如图 5-7 所示，依据球面三角形定律可得

$$\begin{cases} \cos i_2 = \cos i_1 \cos\xi - \sin i_1 \sin\xi\cos u_1 \\ \sin\Delta\Omega = \sin u_1 \dfrac{\sin\xi}{\sin i_2} \\ \Delta\omega = \arcsin\dfrac{\sin i_1 \sin u_1}{\sin i_2} - u_1 \end{cases} \tag{5-33}$$

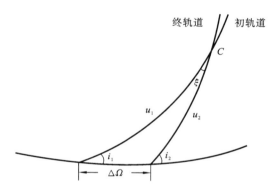

图 5-7　轨道平面改变对轨道根数的影响

可见，在改变轨道平面的轨道机动中，只有 $\xi$ 参数是可以选择的，因而在 $i_2$、$\Omega_2$、$\omega_2$ 这 3 个参数中，只能使一个参数通过改变轨道面的变轨与预定值相等。对于给定的预定值，利用上述公式可求出 $\xi$ 和速度增量 $\Delta v$。

由式 (5-33) 可知以下两点。

（1）若将变轨点选在 $u_1 = 0°$ 或 $u_1 = 180°$ 处，则变轨时将改变 $i_1$，而 $\Omega_1$、$\omega_1$ 不变，且 $\Delta i = \pm\xi$，正号对应变轨点 $u_1 = 0°$，负号对应变轨点 $u_1 = 180°$。

（2）若 $\xi$ 为小量，近似认为 $\cos\xi = 1$，$\sin\xi = \xi$，则当变轨点选在 $u_1 = 90°$ 或 $u_1 = 270°$ 时，$\Delta i = 0°$，$\omega = 0°$；当 $\xi$ 使得 $\Omega$ 的变化也为小量时，近似认为 $\sin\Delta\Omega = \Delta\Omega$，则有 $\Delta\Omega = \pm\xi/\sin i_1$，正号对应于变轨点 $u_1 = 90°$，负号对应于变轨点 $u_1 = 270°$。

当 $\xi$ 确定后，将 $\Delta v$ 向变轨点 $C$ 处的轨道坐标系进行投影，则

$$\begin{cases} \Delta v_X = 0 \\ \Delta v_Y = -2\Delta v\cos\theta\sin^2\dfrac{\xi}{2} \\ \Delta v_Z = \Delta v\cos\theta\sin\xi \end{cases} \tag{5-35}$$

则描述速度增量方向的俯仰角 $\varphi$ 和偏航角 $\psi$ 为

$$\begin{cases} \varphi = \arctan \dfrac{\Delta v_X}{\Delta v_Y} \\[2mm] \psi = \arctan \dfrac{\Delta v_Z \cos\varphi}{\Delta v_Y} \end{cases} \Rightarrow \begin{cases} \varphi = 0° \\[2mm] \psi = 90° + \dfrac{\xi}{2} \end{cases} \qquad (5\text{-}36)$$

### 5.3.3　轨道机动的一般情况

轨道机动的一般情况实际上是上述两种情况的组合,称为混合机动。因此,其机动速度增量为二者的矢量合成,即

$$\Delta \boldsymbol{v} = \Delta \boldsymbol{v}_1 + \Delta \boldsymbol{v}_2$$

式中:$\Delta \boldsymbol{v}_1$ 为轨道面机动所需要的速度增量;$\Delta \boldsymbol{v}_2$ 为轨道面机动后在终轨道平面内进行共面轨道机动所需要的速度增量。

当已知初轨道和终轨道的轨道根数的情况下,求解一般情况下轨道机动的总速度增量,也可以采用以下方法。

(1) 求解初轨道和终轨道的比角动量 $\boldsymbol{h}_0$、$\boldsymbol{h}_1$。

(2) 求解交点坐标 $\boldsymbol{r}_A$。

(3) 根据轨道根数与位置速度转换关系求解在初轨道上坐标 $\boldsymbol{r}_A$ 处航天器速度 $\boldsymbol{v}_0$。

(4) 根据轨道根数与位置速度转换关系求解在终轨道上坐标 $\boldsymbol{r}_A$ 处航天器速度 $\boldsymbol{v}_1$。

(5) 求解速度增量 $\Delta \boldsymbol{v} = \boldsymbol{v}_1 - \boldsymbol{v}_0$。

# 5.4　仿 真 应 用

## 5.4.1　仿真用例

无论是进行空间目标跟踪监视还是目标数据分析,机动目标都是重点关注的对象,但对机动目标的仿真和分析一直都是一个难点。常规的轨道预报、轨道确定等数据处理和分析方法并不适用于处理目标机动问题,而常规的轨道计算模型也无法直接用于目标的机动过程计算。进行轨道机动仿真需要用 STK 的特殊模块实现。本节将介绍利用 STK 软件进行空间目标轨道机动仿真的方法。

STK 中有一个专门的轨道机动仿真模块,即"Astrogator"模块。利用这一模块,我们可以通过一系列任务控制序列(Mission Control Sequence,MCS)方便地设计和仿真目标的轨道机动过程,对机动目标的运动过程进行直观表现和准确分析。"Astrogator"模块将目标的运动过程分解为多段按照一定顺序相互衔接的任务序列。在 5.4.2 节,我们将探讨如何利用 STK 的"Astrogator"模块来实现轨道机动目标的仿真。此外,我们会详细地解释如何在 STK 环境内构建雷达模型,并且展示如何使用它来发现和跟踪这些机动目标。

## 5.4.2 仿真操作

**1. 轨道机动目标仿真**

(1) 运行 STK 软件,在弹出对话框中点击"Continue Startup"按钮。

(2) 点击"Create a Scenario"按钮,建立一个新的场景。

(3) 在场景设置窗口中输入相关参数,设置完成后点击"OK"按钮,在弹出的对话框中再次点击"Close"按钮。

(4) 选择工具栏上"Insert Default Object"按钮,建立一个卫星对象。

(5) 鼠标右键单击该对象,选择"Rename",更改对象名称为"S1"。

(6) 双击对象"S1",弹出设置窗口如图 5-8 所示,在属性列表中选择"Basic""Orbit",设置目标轨道模型(Propagator)为"Astrogator"(轨道机动模型),选择"Initial State",对照图 5-8 所示设置相关参数,点击"Apply"按钮,该对象为无机动参照对象。

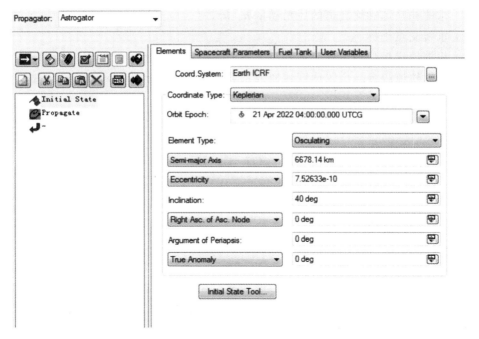

**图 5-8 轨道机动设置窗口**

(7) 以"S1"对象为模板,复制一个卫星对象"S2"。

(8) 点击左方"Propagate"图标"🐾",进入轨道推算模块,点击右侧工具栏上的"New"按钮"▢",选择模块停止条件类型"Epoch",点击"OK"按钮,如图 5-9 所示,该推算模块用于仿真机动前的运动阶段。

(9) 依照图 5-10 设置"Epoch"条件的具体参数。

(10) 点击"Insert Segment After"按钮"▢",打开模块添加界面,如图 5-11 所示,选

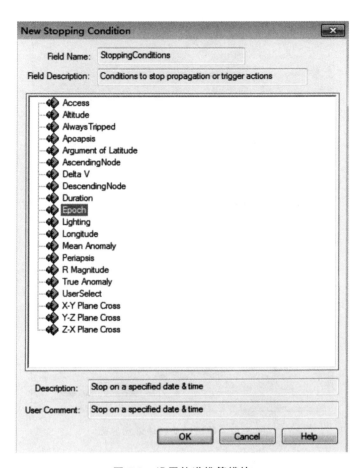

**图 5-9　设置轨道推算模块**

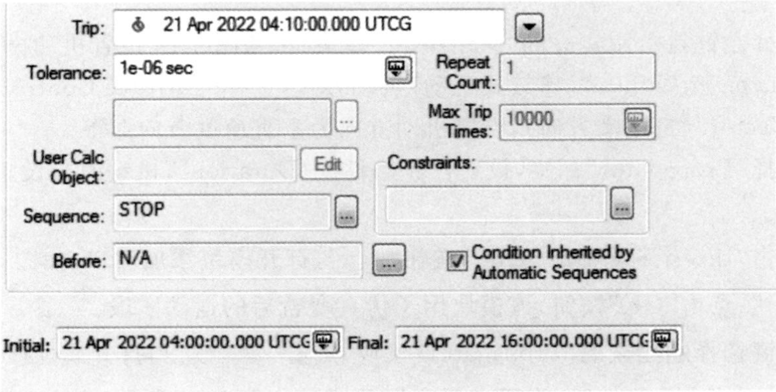

**图 5-10　"Epoch"条件设置**

择"Maneuver"模块,点击"OK"按钮添加轨道机动模块,该模块用于仿真轨道机动时的运动阶段。

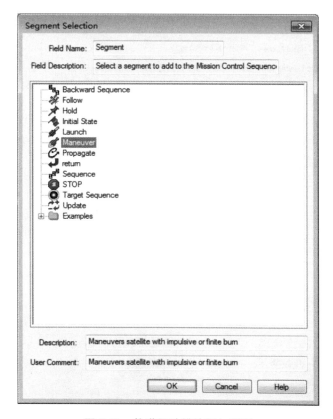

图 5-11　轨道机动模块添加界面

（11）左键选择刚建立的"Maneuver"模块,点击属性按钮"▥",打开属性设置界面,如图 5-12 所示,修改其显示颜色为红色（便于在 3D 界面查看不同阶段）,点击"OK"按钮。

（12）鼠标左键点击刚建立的"Maneuver"模块,依照图 5-13 设置机动模型参数,选择"Maneuver Type"为"Finite"（连续式机动）机动方式,选择"Altitude Control"（姿态控制）为"Thrust Vector"（自定义方向）,设置机动方向为垂直速度方向向下。

（13）选择"Propagator"标签,设置停止条件为"Duration",机动时长设定为 300 s,如图 5-14 所示。

（14）点击"Insert Segment After"按钮"▣",打开模块添加窗口,如图 5-15 所示,选择"Propagate",点击"OK"按钮,该模块用于仿真变轨后的运动阶段。

（15）左键选择刚建立的"Propagate1"模块,点击"▥"按钮,打开属性设置界面,修改其显示颜色为黄色（便于在 3D 界面查看不同阶段）,如图 5-16 所示,点击"OK"按钮。

（16）完成参数设置后,点击左边"▣▾"按钮,运行轨道机动模型,开始轨道计算,计算完成后点击左下角"OK"按钮,此时查看 3D 界面,可以看到 S2 目标生成的变轨轨道。

（17）若希望只显示当前一圈运行轨迹,可以选择"Propagate1"模块,点击"☑"按钮,

图 5-12　更改轨道显示颜色

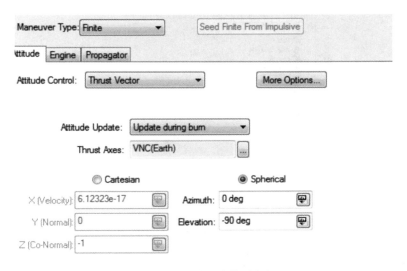

图 5-13　设置机动模型参数

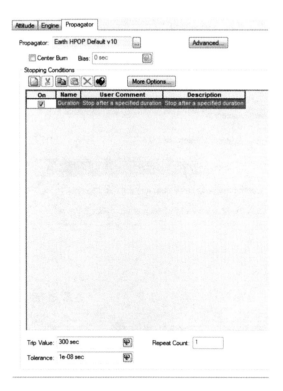

图 5-14　设置停止条件

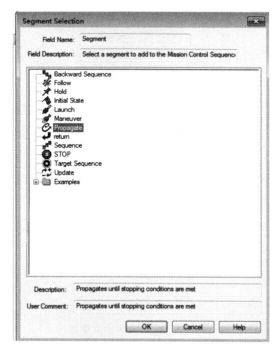

图 5-15　添加外推模块

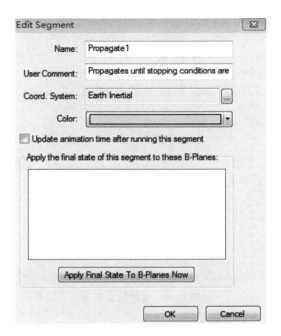

**图 5-16　颜色修改**

在弹出属性设置框中,将"General"栏中"Draw While Calculating(DWC)"中的第二项取消即可,如图 5-17 所示。

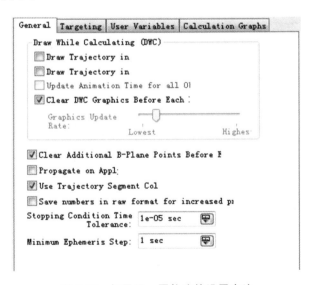

**图 5-17　仅显示一圈轨迹的设置方法**

(18)鼠标左键选择"Maneuver"模块,点击上方" "按钮,可以生成仿真报告,如图 5-18 所示,报告给出机动过程中各节点的重要参数,可用于对本次机动效果进行分析和评估。

(19)点击上方工具栏" "按钮,进入报告生成界面,选中左方"S2"对象,在右方点

图 5-18　生成仿真报告

击"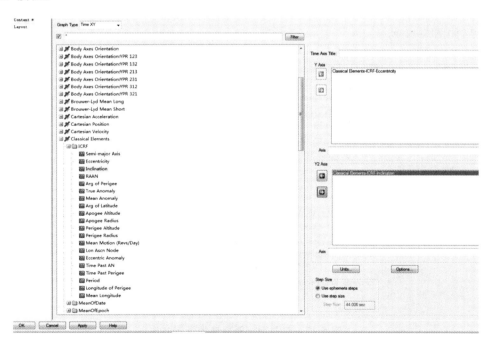"按钮，进入图像生成界面，选择你想分析的数据，如图 5-19 所示，设置完成后点击"OK"按钮。

图 5-19　生成分析数据

（20）双击刚才生成的图形报告，可以生成对应参数随时间变化的分析图。

（21）点击"　"保存场景。

**2. 雷达对轨道机动目标跟踪监视仿真**

（1）运行 STK 软件，打开上一个场景，本次操作依托上一个实验场景进行。

（2）选中"Object Browser"栏中刚建立的场景，点击工具栏按钮"Insert Default Object"旁的下拉菜单，选择"Facility"，再点击"Insert"按钮，建立雷达对象，如图 5-20 所示。

（3）鼠标右键单击该对象，选择"Rename"，更改对象名称为"Radar"。

（4）双击对象，弹出设置窗口，在属性列表中选择"Basic""Position"，展开雷达参数设置界面，如图 5-21 所示，设置相关参数。

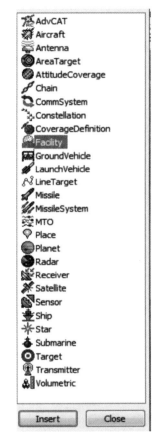

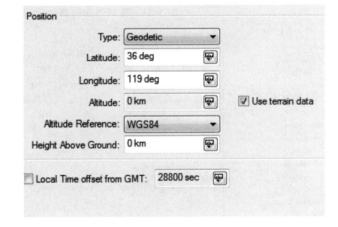

图 5-20　建立雷达对象　　　图 5-21　雷达参数设置界面

（5）鼠标左键点选对象"Radar"，点击工具栏按钮"Insert Default Object"旁的下拉菜单，选择"Sensor"（传感器），该传感器对象用于仿真搜索屏。

（6）双击"sensor1"对象，在属性列表中选择"Basic""Definition"，展开传感器形状参数设置界面，如图 5-22 所示，设置相关参数。

（7）在属性列表中选择"Basic""Pointing"，展开传感器指向参数设置界面，如图 5-23 所示，设置相关参数。

（8）在属性列表中选择"Constraints""Basic"，对照图 5-24 设置相关参数。

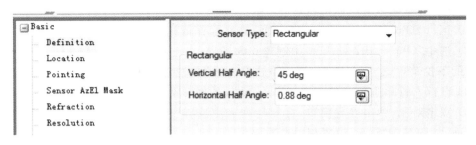

图 5-22　传感器形状参数设置界面

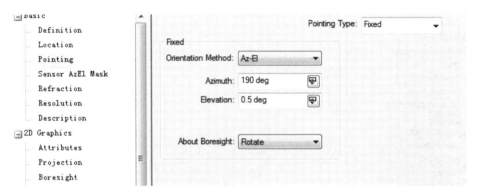

图 5-23　传感器指向参数设置界面

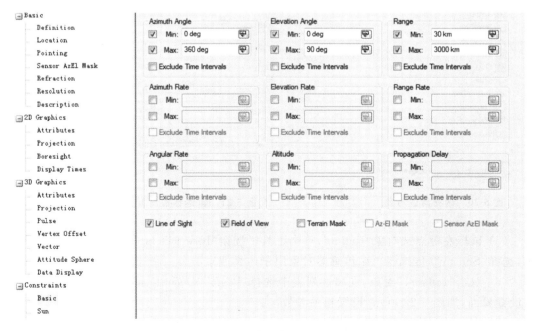

图 5-24　搜索屏参数设置界面

（9）再次生成一个传感器对象"Sensor2"，该传感器将用于仿真跟踪波束，在属性列表中选择"Basic""Definition"，展开传感器参数设置界面，对照图 5-25 设置相关参数。

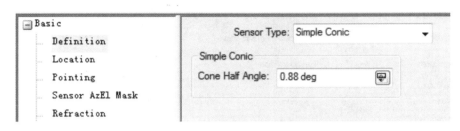

图 5-25　跟踪波束设置界面

（10）在属性列表中选择"Basic""Pointing"，展开传感器指向参数设置界面，对照图 5-26 设置相关参数。

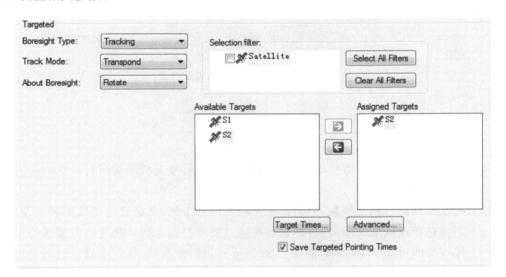

图 5-26　跟踪目标设置界面

（11）在属性列表中选择"Constraints""Basic"，对照图 5-27 设置相关参数。

（12）运行仿真，微调以上参数设置，确保在 3D 视图中实现对目标的最佳扫描位置。

（13）鼠标右键点击"Sensor1"，在弹出菜单选择"Access"，打开 Access 计算模块。

（14）选择"S2"，点击"Reports"中的"Access"按钮，可以查看穿屏时间相关参数报表，点击"Graphs"中的"Access"按钮，可以查看穿屏时间的覆盖时段。

（15）鼠标右键点击"Sensor2"，在弹出菜单选择"Access"，打开 Access 计算模块，选择"S2"，点击"Reports"中的"Access"按钮，可以查看跟踪时间相关参数报表，点击"Graphs"中的"Access"按钮，可以查看跟踪时间的覆盖时段。

（16）点击" 🖫 "保存场景。

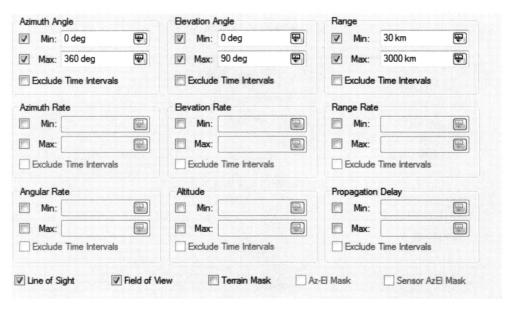

图 5-27　跟踪波束参数约束设置界面

## 5.4.3　仿真分析

本次仿真中,S2 通过轨道机动使其轨道高度降低,对照无机动参照目标 S1 的运行情况,可得出如下结论。

(1) 对比机动前后轨道根数,除轨道半长轴和偏心率外,其余轨道根数无明显变化。

(2) 当雷达布设区域受限时,目标很容易通过机动时机选择来规避我方雷达的探测。

(3) 相对参照目标 S1(即预报轨道),S2 实际过境时间提前,但首点发现时间延后,这主要是由于目标轨道高度下降所导致的。

(4) 虽然单部雷达可实现对机动目标的跟踪监视,但跟踪时长有限,可跟踪弧段在整个轨道周期占比较小,采用多部雷达接力的方式可以有效提高实际跟踪时长。

# 思　考　题

1. 试简述轨道改变、轨道转移的区别和特点。

2. 请简述霍曼转移的基本条件,以及霍曼转移的基本流程。

3. 轨道机动可以细分为哪几种?各有什么特点?

4. 某卫星 $S_1$ 在圆轨道 $C_1$ 上运行,如图 5-28 所示,经过一次双椭圆轨道转移后,进入圆轨道 $C_2$ 的轨道上运行,已知轨道 $C_1$ 的半径为 16000 km,轨道 $C_2$ 的半径为 36000 km,第

二次机动点 $A$ 距离地心的距离为 144000 km，取地球引力常数 $\mu = 4 \times 10^5 \text{ km}^3 \cdot \text{s}^{-2}$。

（1）求转移轨道 $E_1$ 的半长轴（km）和偏心率；

（2）求转移轨道 $E_2$ 的半长轴（km）和偏心率；

（3）求轨道机动的总速度增量（km/s）；

（4）求转移消耗的时间（h）。

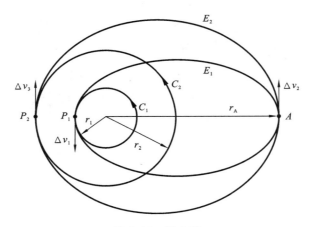

图 5-28　题 4 图

第6章

# 轨道预报与确定

轨道预报实际上就是根据卫星运动方程推算卫星的运动状态,计算方法主要有解析法、数值法等。轨道确定又主要分为初轨确定和轨道改进。初轨确定要利用少量、离散的跟踪观测数据快速确定航天器轨道的近似值;轨道改进又称精轨计算,它在初轨计算的基础上,从一系列较长时间间隔的观测资料,利用摄动理论,计算出初轨根数的改正量,从而得到精轨根数。空间目标轨道预报与确定是空间态势感知的重要因素,是空间碰撞预警、空间碎片环境模型和许多空间应用的基础。本章首先介绍轨道预报的基本模型和方法,然后讲解初轨计算的几种典型算法,最后讲解轨道改进的基本原理和算法。

## 6.1 轨 道 预 报

### 6.1.1 轨道预报模型简介

受摄轨道的运动方程可以表示为

$$\ddot{\boldsymbol{r}} = \boldsymbol{F}_0 + \boldsymbol{F}_\varepsilon \qquad (6\text{-}1)$$

我们一般会将其转化为相应的摄动方程求解,即

$$\frac{\mathrm{d}\boldsymbol{\sigma}}{\mathrm{d}t} = f_\varepsilon(\sigma, t, \varepsilon) \qquad (6\text{-}2)$$

式中:$\sigma$ 是 6 个密切根数,相应的右函数是六维向量函数。

在一定条件下,用平均根数法可以得到式(6-2)的小参数幂级数解[32]。一般进行受摄轨道预报需要考虑的摄动有地球非球形引力摄动、日月引力摄动、大气阻力

摄动、光压摄动、潮汐摄动等。在实际处理过程中,可以把这些摄动导致的变化表示为这些小参数的幂级数。对于一个具体问题,在一定精度要求下,相应的小参数幂级数解只要取到足够多项就行了。例如,一阶摄动解(简称一阶解)是指取所有的一阶摄动项(包括长期项、长周期项和短周期项)和二阶长期项;二阶摄动解(二阶解)是指取所有的二阶摄动项和三阶长期项,依此类推。对长期项的要求高一阶,其原因在于对卫星而言,卫星运动较快,近地卫星一天就能转十多圈,10 天左右即有 $n(t-t_0)=O(1/\varepsilon)$。因此,二阶长期项的量级将与一阶周期项差不多。对于一阶解,如果计算弧段 $n(t-t_0)=10^3$,则可满足 $10^{-5}$ 的精度,相当于地面定位精度在 100 m 以内。

通过构造受摄运动的运动方程,求解各项参数随时间变化的解析表达式,进而进行预报的方法称为解析法预报。解析法用近似解析表达式代替原来的运动方程。在有限的时间区间内近似解析式可以描述运动的基本特点。实际上,直接求解受摄运动方程的解析解有很大的难度,各种摄动因素会导致求解过程变得非常复杂,为了减少轨道预报的复杂度,一般做一定的简化处理。常用的简化处理方法是采用级数展开法,只取展开式的前面几项作为近似解,这样提高了计算速度,但会使精度有所下降。解析法得到的是有限时间区间内近似的结果,对于任意的初始条件都成立,其计算精度随着预报时间增加而逐渐变差。一般解析法比数值法更加难以推导,但是通过解析法可以更好地理解摄动因素。

如果不求解运动方程的解析表达式,而采用迭代算法计算出卫星在给定时刻的具体位置,则这种方法称为数值法预报。数值法是以逐步逼近的方法计算卫星在空间的位置,相对解析法可以考虑更为复杂的摄动因素,计算精度较高,但计算速度较慢,且难以得到卫星运动的一般规律。应用数值法时,必须考虑舍入误差和截断误差这两个主要误差源,积分步长必须在两个相互矛盾的需求中折中选择。

无论是解析法还是数值法都不是全能的,也不能完全互相替代。数值法与解析法的联合使用对卫星定轨计算带来极大便利。

卫星的轨道预报实际上归结于卫星有摄运动方程的求解,对于解析法的求解步骤已经在 4.3 节中介绍过。从前面的描述中可以看出,卫星运动的有摄运动方程是复杂的非线性微分方程,不仅无法给出严格解,而且给出的小参数幂级数解也很复杂,而有时我们只需要在若干点上满足一定精度的离散解,这时就可以应用微分方程的数值解法。数值解法通常是直接对式(6-1)采用适当的数值计算方法求解,这涉及两个问题:① 以卫星运动状态 $r(t)$ 和 $\dot{r}(t)$ 为参量,在惯性坐标系下描述各种摄动力所引起的卫星加速度的具体表达形式;② 适合于求解卫星运动微分方程的数值计算方法。下面对这两个问题进行阐述。

## 6.1.2　地球引力加速度

根据地球引力位 $U(r_b, \varphi, \lambda)$ 计算在惯性坐标系下的引力位加速度为

$$a_1 = \nabla U(r_1) = C_{\text{ITRS}}^{\text{GCRS}} \nabla U(r_b) = C_{\text{ITRS}}^{\text{GCRS}} \left( \frac{\partial U}{\partial r_b} \frac{\partial r_b}{\partial r_b} + \frac{\partial U}{\partial \varphi} \frac{\partial \varphi}{\partial r_b} + \frac{\partial U}{\partial \lambda} \frac{\partial \lambda}{\partial r_b} \right) \tag{6-3}$$

式中：$r_I$ 为卫星在惯性坐标系的位置矢量；$r_b$ 为卫星在地固坐标系下的位置矢量，$r_b = (x_b^2 + y_b^2 + z_b^2)^{1/2}$ 为 $r_b$ 的模值；$U(r_b)$ 是用 $r_b$ 表示的引力位，$\nabla U(r_b)$ 是引力位的梯度，即引力加速度在地固坐标系下的表示；$C_{ITRS}^{GCRS}$ 表示从地固坐标系（ITRS）到惯性坐标系（GCRS）的旋转矩阵，在第 2.2.3 节中已详细介绍。$U$ 对 $r_b$、$\varphi$ 和 $\lambda$ 的偏导数为[1]

$$\begin{cases} \dfrac{\partial U}{\partial r_b} = -\dfrac{GM_e}{r_b^2}\left[1 + \sum_{n=2}^{\infty}(n+1)\left(\dfrac{a_e}{r_b}\right)^n \sum_{m=0}^{n} P_{nm}(\sin\varphi)[C_{nm}\cos(m\lambda) + S_{nm}\sin(m\lambda)]\right] \\[2mm] \dfrac{\partial U}{\partial \varphi} = \dfrac{GM_e}{r_b}\sum_{n=2}^{\infty}\left(\dfrac{a_e}{r_b}\right)^n \sum_{m=0}^{n}[P_n^{m+1}(\sin\varphi) - m\tan\varphi P_n^m(\sin\varphi)][C_{nm}\cos(m\lambda) \\[2mm] \qquad\qquad + S_{nm}\sin(m\lambda)] \\[2mm] \dfrac{\partial U}{\partial \lambda} = \dfrac{GM_e}{r_b}\sum_{n=2}^{\infty}\left(\dfrac{a_e}{r_b}\right)^n \sum_{m=0}^{n}mP_{nm}(\sin\varphi)[S_{nm}\cos(m\lambda) - C_{nm}\sin(m\lambda)] \end{cases}$$

$$(6-4)$$

距离 $r_b$、纬度 $\varphi$ 和经度 $\lambda$ 对矢量 $r_b$ 的导数分别为

$$\begin{cases} \dfrac{\partial r_b}{\partial r_b} = \dfrac{r_b}{r_b} \\[2mm] \dfrac{\partial \varphi}{\partial r_b} = \dfrac{1}{\sqrt{x_b^2 + y_b^2}}\left(-\dfrac{z_b}{r_b^2}r_b + k\right) \\[2mm] \dfrac{\partial \lambda}{\partial r_b} = \dfrac{1}{x_b^2 + y_b^2}(x_b j - y_b i) \end{cases}$$

$$(6-5)$$

式中：$i$，$j$，$k$ 为地固坐标系下 $X$，$Y$，$Z$ 三个轴的单位向量。

将式（6-4）和式（6-5）代入式（6-3）可计算 $a_I$。

## 6.1.3　大气阻力加速度

### 1. 数学原理

大气阻力是作用在低轨卫星上最大的非引力摄动。然而，气动力的精确建模存在三点困难：一是大气的物理特性，特别是高层大气的密度很难准确获得；二是力的建模需要详细了解不同航天器表面中性气体以及带电粒子之间的相互作用；三是需要考虑非球形卫星相对于大气粒子流的姿态变化。

大气对低轨卫星的主要作用力称为阻力，它的方向与卫星相对于气流运动速度的方向相反，因此会降低卫星运动速度。大气摄动对卫星的次要影响是升力和副法向力，方向垂直于相对速度。大多数情况下，这两种次要影响力可以忽略不计。

大气阻力产生的卫星加速度可以写作[2]

$$\ddot{r} = -\frac{1}{2}C_D \frac{A}{m}\rho v_r^2 e_v$$

$$(6-6)$$

式中：$C_D$ 为航天器大气阻力系数；$A$ 为航天器横截面积；$m$ 为航天器质量；$\rho$ 为航天器所在位置的大气密度；$v_r$ 为航天器相对于大气运动的速度；$e_v$ 为航天器运动方向的单位矢量。

卫星对于大气的相对速度取决于复杂的空气动力学。假设大气与地球一起旋转，相对速度可以近似写为[2]

$$\boldsymbol{v}_r = \boldsymbol{v} - \boldsymbol{\omega}_\oplus \times \boldsymbol{r} \tag{6-7}$$

式中：$\boldsymbol{v}$ 为卫星惯性速度矢量；$\boldsymbol{\omega}_\oplus = [0,0,\omega_E]$ 为地球加速度矢量，大小等于 $0.7292 \times 10^{-4}$ rad/s；$\boldsymbol{r}$ 为卫星惯性位置矢量。

**2. 大气模型**

大气密度是影响加速度计算的一个重要物理量。Jacchia-70 模型是低轨卫星（LEO）定轨预报程序的通用大气模型，但其预报精度已不能满足实际应用需求，目前多采用 NRLMSISE-00（US Naval Research Laboratory Mass Spectrometer and Incoherent Scatter Radar Extend）大气模型，它在航天器轨道确定和预报中发挥着重要作用。

NRLMSISE-00 大气模型于 2000 年在 MSISE-90 模型的基础上发展而来。MSIS 是指质谱仪和非相干散射雷达，E 表示该模型从地面覆盖到逸散底层，而早期模型只覆盖到热成层。该模型共 8 个输入项：当年 1 月 1 日至当天的天数，当天 00:00:00 至求解时刻的秒数，当地太阳时，地理经度、纬度、海拔，前一天 10.7 cm 的太阳辐射通量（$F_{10.7}$），81 天（3 个太阳自转周期，以当天为中点）的平均 $F_{10.7}$，由当天平均地磁指数（Ap）和求解时刻之前的 20 个 3h 平均 Ap 算得的 8 位数组。输出包括 $N_2$、$O_2$、He、Ar、N、H、O 和电离层正氧离子 $O^+$ 的数量密度、中性大气温度和总体大气密度。

$F_{10.7}$ 早期主要由大气探索者（Atmosphere Explorer，AE）系列卫星及火箭上搭载的质谱仪和太阳 EUV 吸收测定装置给出，NRLMSISE-00 模型新加入了美国国家航空航天局（National Aeronautics and Space Administration，NASA）太阳峰年计划（Solar Maximum Mission，SMM）卫星的太阳 EUV 吸收测定数据；Ap 由全球各个地磁站测量；地面 ISR 雷达站主要用于监测电离层。这些手段还同时用于监测大气温度和各种气体的密度。

这些空间环境参数由文件 SpaceWeather.txt 给出，文件中每行代表一条指定日期的空间环境参数记录，该记录有 32 个字段，如图 6-1 所示，与大气阻力计算相关的字段含义如表 6-1 所示[33]。

```
---------------------------------------------------------------------------------------------------------------
                                                                   Adj      Adj   Adj   Obs   Obs   Obs
yyyy mm dd BSRN ND Kp Kp Kp Kp Kp Kp Kp Kp Sum Ap  Ap  Ap  Ap  Ap  Ap  Ap  Ap  Avg Cp C9 ISN F10.7 Q Ctr81 Lst81 F10.7 Ctr81 Lst81
---------------------------------------------------------------------------------------------------------------
yyyy mm dd nnnn nn nn nn nn nn nn nn nn nn nnn nnn nnn nnn nnn nnn nnn nnn nnn nnn n.n n nnn nnn.n n nnn.n nnn.n nnn.n nnn.n nnn.n
---------------------------------------------------------------------------------------------------------------
2000 01 01 2272  7 53 47 40 33 43 30 43 37 327  56  39  27  18  32  15  32  22  30 1.3 6  48 125.6 0 160.5 175.0 129.9 165.6 179.0
---------------------------------------------------------------------------------------------------------------
```

图 6-1　空间环境参数记录参数格式

表 6-1　空间环境参数字段含义

| 列 | 名　称 | 描　述 |
|---|---|---|
| 001—004 | yyyy | 年 |
| 006—007 | mm | 月（01—12） |

续表

| 列 | 名　称 | 描　　述 |
|---|---|---|
| 009—010 | dd | 日 |
| 048—050 | Ap0 | 00:00—03:00 UT 时间范围内行星地磁活动的 Ap 指数(也称行星等效振幅) |
| 052—054 | Ap3 | 03:00—06:00 UT 时间范围内行星地磁活动的 Ap 指数 |
| 056—058 | Ap6 | 06:00—09:00 UT 时间范围内行星地磁活动的 Ap 指数 |
| 060—062 | Ap9 | 09:00—12:00 UT 时间范围内行星地磁活动的 Ap 指数 |
| 064—066 | Ap12 | 12:00—15:00 UT 时间范围内行星地磁活动的 Ap 指数 |
| 068—070 | Ap15 | 15:00—18:00 UT 时间范围内行星地磁活动的 Ap 指数 |
| 072—074 | Ap18 | 18:00—21:00 UT 时间范围内行星地磁活动的 Ap 指数 |
| 076—078 | Ap21 | 21:00—24:00 UT 时间范围内行星地磁活动的 Ap 指数 |
| 114—118 | Obs $F_{10.7}$ | 前一天的 $F_{10.7}$ 值(观测值) |

## 6.1.4　第三体引力加速度

### 1. 数学原理

根据牛顿万有引力定律,在 GCRS 坐标系下,点质量 $M$ 引起的卫星加速度为

$$\ddot{\boldsymbol{r}} = GM\left(\frac{\boldsymbol{s}-\boldsymbol{r}}{|\boldsymbol{s}-\boldsymbol{r}|^3} - \frac{\boldsymbol{s}}{|\boldsymbol{s}|^3}\right) \tag{6-8}$$

式中:$\boldsymbol{r}$ 和 $\boldsymbol{s}$ 分别为卫星和 $M$ 的地心位置矢量;$G$ 是万有引力常数。

由于日、月和行星离地球的距离远大于绝大部分卫星相对地球的距离,在定性分析中,式(6-8)可以进一步简化来分析 GCRS 坐标系下加速度的特点。式(6-8)经级数展开并略去高阶小量可得

$$\ddot{\boldsymbol{r}} \approx \frac{GMr}{s^3}\left[-\boldsymbol{e}_{\mathrm{r}} + 3\boldsymbol{e}_{\mathrm{s}}(\boldsymbol{e}_{\mathrm{s}}\boldsymbol{e}_{\mathrm{r}})\right] \tag{6-9}$$

式中:$r$ 和 $s$ 分别为矢量 $\boldsymbol{r}$ 和 $\boldsymbol{s}$ 的模;单位矢量 $\boldsymbol{e}_{\mathrm{s}} = \boldsymbol{s}/s$,$\boldsymbol{e}_{\mathrm{r}} = \boldsymbol{r}/r$。

如果 $\boldsymbol{e}_{\mathrm{r}} = \pm\boldsymbol{e}_{\mathrm{s}}$,式(6-9)变为

$$\ddot{\boldsymbol{r}} \approx \frac{2GM\boldsymbol{r}}{s^3} \tag{6-10}$$

如果 $\boldsymbol{e}_{\mathrm{r}}\boldsymbol{e}_{\mathrm{s}} = 0$,式(6-9)变为

$$\ddot{\boldsymbol{r}} \approx -\frac{GM\boldsymbol{r}}{s^3} \tag{6-11}$$

由式(6-9)、式(6-10)、式(6-11)可以看出,加速度与卫星的地心距离成正比,而与第三体的距离的三次方成反比。只要卫星和地球及第三体共线,卫星将受到远离地球的加速度,而当卫星与第三体相对于地球的夹角为直角时,卫星将受到指向地球的加速度。

由式(6-8)可以看出,为了计算加速度,需要知道第三体在 GCRS 坐标系下的位置矢量,这可借助 JPL 星历计算,下面简要介绍 JPL 星历。

**2. JPL 星历**

20 世纪 60 年代,由于当时星历的精度难以满足太空导航的需要,一个星历发展计划开始在美国喷气实验室(Jet Propulsion Laboratory,JPL)实施,目的是支持太阳系的观测和观测数据分析工作。到 70 年代初,JPL 星历已经成为世界标准,目前国际地球自转服务组织(IERS)推荐的行星/月球历表为 JPL 的 DE405/LE405 历表。JPL 星历目前广泛应用于太空导航、行星探测计划、天文精密观测的数据分析中。

**1)星历结构**[34]

JPL 星历表根据创建时间不同有多个版本,这里介绍广泛使用的 DE405,它是 1997 年创建的,包括从 1599 年到 2201 年太阳系九大行星和月球的位置。DE405 的核心文件包括头文件 header. 405 和系数文件 ascp * * * * . 405, * * * * 代表系数文件的起始时间,每个系数文件包含 20 年天体位置的切比雪夫插值系数,例如从 2000 年到 2020 年的系数包含在文件 ascp2000. 405 里。

(1)头文件。

DE405 的头文件 header. 405 包含了 DE405 的数据信息、天文常数和数据索引,它们以分组形式存储,具体含义如下。

① Group 1010:星历表头信息。

包含星历名称、以儒略日和格里历表示的星历开始和结束历元。

② Group 1030:星历跨度信息。

包含以儒略日表示的星历开始和结束历元、星历记录的时间跨度。

③ Group 1040:星历常量名称。

包含星历常量的个数和各常量的名称,如天文单位、地月质量比率等。

④ Group 1041:星历常量系数表。

星历常量的具体数值,每三个一行,排列顺序同 Group 1040 组中星历常量名称的顺序。

⑤ Group 1050 组:数据索引表。

数据索引表是一个 3 行 13 列的表,如表 6-2 所示,每列数据代表一个天体的位置数据在系数文件中数据块内的位置,依次为水星、金星、地月系统、火星、木星、土星、天王星、海王星、冥王星、月球、太阳,第 12 列数据代表章动角,包含两个角度:黄经章动 $\Psi$ 和交角章动 $\varepsilon$,第 13 列数据代表月球天平动参数,包含三个欧拉角 $\zeta, z, \theta$。每列的第一行指示该天体数据在数据块的起始位置,第二行表示插值近似时使用的切比雪夫多项式的阶

**表 6-2　DE405 星历数据索引表信息**

| 项目 | 水星 | 金星 | 地月系统 | 火星 | 木星 | 土星 | 天王星 | 海王星 | 冥王星 | 月球 | 太阳 | 章动角 | 月球天平动 |
|---|---|---|---|---|---|---|---|---|---|---|---|---|---|
| $P_1$ | 3 | 171 | 231 | 309 | 342 | 366 | 387 | 405 | 423 | 441 | 753 | 819 | 899 |
| $P_2$ | 14 | 10 | 13 | 11 | 8 | 7 | 6 | 6 | 6 | 13 | 11 | 10 | 10 |
| $P_3$ | 4 | 2 | 2 | 1 | 1 | 1 | 1 | 1 | 1 | 8 | 2 | 4 | 4 |
| $P_4$ | 3 | 3 | 3 | 3 | 3 | 3 | 3 | 3 | 3 | 3 | 3 | 2 | 3 |

数,第三行表示该天体的数据被划分成几个子区间,最后一行是数据的维度(3 表示三轴,该行在实际索引表中没有具体给出,是默认值)。

以水星的数据索引:3、14、4 为例,具体说明如下。

① 数字 3 表示水星的切比雪夫系数从数据块内第 3 个数据开始。

② 数字 14 为切比雪夫多项式阶数,即每轴位置用 14 个切比雪夫系数表示,共有 $x$、$y$、$z$ 三轴的系数。

③ 数字 4 为划分的子区间个数,由于星体运动周期不同,划分的子区间个数也不一样,周期较短,运动不规则的星体子区间个数较多(其中月球最多为 8 个子区间),同样的时间内表示位置的数据量也较大。

(2)系数文件。

以 DE405 的系数文件 ascp2000.405 为例,它由 229 个数据块组成,每个数据块代表 32 天,每块包含 1018 个数据。每个数据块第一行是序号和数据个数,从第二行开始,每三个数据一行,第一个数据是数据块起始时间,第二个数据是数据块终止时间,然后依次是水星、金星等天体的位置数据和章动、月球天平动数据。

星历文件中,行星的位置是以 km 为单位给出的(速度的单位为 km/s)。章动和天平动以弧度为单位给出。如果用户不做修改,JPL 提供的 Fortran 版程序给出的行星位置自动转化为以天文单位 Au 为单位(速度的单位为天文单位每天 Au/day)。

ascp2000.405 系数文件的数据结构如图 6-2 所示。

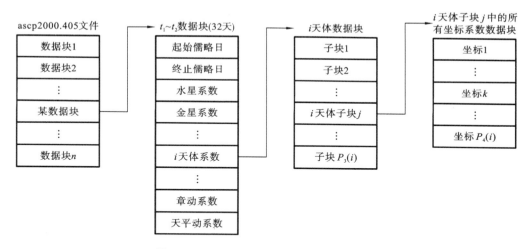

**图 6-2** ascp2000.405 **系数文件的数据结构**

**2）星历计算**

JPL 星历采用儒略日形式的双精度 TDB 时刻作为插值时刻,也可用 TT 代替,精度损失可忽略,小于 200 系列的版本(如 DE118)采用的是 B1950 参考系,DE200 系列采用 J2000 动力学赤道和春分点作为参考系,最近的 DE400 系列版本中,所有的数据均参照国际天球参考系(ICRS),插值得到的位置坐标是在这个坐标系下的值(月球除外,月球数据是 GCRS 坐标系,与 ICRS 相比只是坐标原点不同,ICRS 坐标系原点是太阳系质心,GCRS 坐标系原点是地心)。

在计算日月摄动加速度时,需要知道太阳和月球在 GCRS 坐标系下的位置,后者在 JPL 星历中直接给出,而前者没有,这就需要通过空间几何关系计算太阳的位置。

图 6-3 为相关天体的几何位置关系,图中 $\boldsymbol{P}_{\mathrm{bs}}$ 为太阳系质心指向太阳中心的矢量,$\boldsymbol{P}_{\mathrm{be}}$ 为太阳系质心指向地月系质心的矢量、$\boldsymbol{P}_{\mathrm{em}}$ 为地球指向月球的矢量,这三个矢量由 JPL 星历直接给出。我们需要通过图 6-3 所示的几何关系,求解出地球指向太阳的矢量,即 $\boldsymbol{P}_{\mathrm{es}}$。

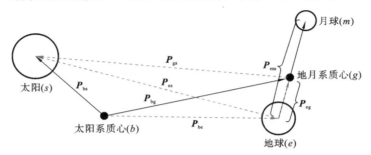

图 6-3　太阳 GCRS 坐标系计算的空间几何关系

由图 6-3 中的几何关系,可得 $\boldsymbol{P}_{\mathrm{es}}$ 为

$$\boldsymbol{P}_{\mathrm{es}} = \boldsymbol{P}_{\mathrm{eg}} + \boldsymbol{P}_{\mathrm{gs}} \tag{6-12}$$

假设 $m_{\mathrm{e}}$、$m_{\mathrm{m}}$ 分别为地球和月球的质量,则有

$$\boldsymbol{P}_{\mathrm{eg}} = \frac{m_{\mathrm{m}}}{m_{\mathrm{m}} + m_{\mathrm{e}}} \boldsymbol{P}_{\mathrm{em}} = \frac{1}{1 + \dfrac{m_{\mathrm{e}}}{m_{\mathrm{m}}}} \boldsymbol{P}_{\mathrm{em}} \tag{6-13}$$

式中:$m_{\mathrm{e}}/m_{\mathrm{m}}$ 为地月质量比常数,可从 JPL 星历常数表中获取,约为 81.3。

此外,由图 6-3 中的几何关系易得

$$\boldsymbol{P}_{\mathrm{gs}} = \boldsymbol{P}_{\mathrm{bs}} - \boldsymbol{P}_{\mathrm{bg}} \tag{6-14}$$

将式(6-13)、式(6-14)代入式(6-12),得

$$\boldsymbol{P}_{\mathrm{es}} = \frac{1}{1 + \dfrac{m_{\mathrm{e}}}{m_{\mathrm{m}}}} \boldsymbol{P}_{\mathrm{em}} + \boldsymbol{P}_{\mathrm{bs}} - \boldsymbol{P}_{\mathrm{bg}} \tag{6-15}$$

## 6.1.5　轨道预报积分算法

这一小节我们将讨论数值轨道预报的第二个问题,即微分方程的数值计算方法。

首先,假设待求一阶 $n$ 维微分方程为

$$\dot{\boldsymbol{y}} = f(t, \boldsymbol{y}), \quad \boldsymbol{y}, \dot{\boldsymbol{y}}, f \in \mathbf{R}^{n} \tag{6-16}$$

上式是关于时间变量 $t$ 的微分,通常由以下二阶微分方程得到

$$\ddot{\boldsymbol{r}} = \boldsymbol{a}(t, \boldsymbol{r}, \dot{\boldsymbol{r}}) \tag{6-17}$$

卫星加速度可以由卫星位置矢量 $\boldsymbol{r}$、速度 $\dot{\boldsymbol{r}}$ 组成的 6 维状态矢量表示,有

$$\boldsymbol{y} = \begin{pmatrix} \boldsymbol{r} \\ \dot{\boldsymbol{r}} \end{pmatrix} \tag{6-18}$$

满足

$$\dot{\boldsymbol{y}} = \boldsymbol{f}(t, \boldsymbol{y}) = \begin{pmatrix} \dot{\boldsymbol{r}} \\ \boldsymbol{a}(t, \boldsymbol{r}, \dot{\boldsymbol{r}}) \end{pmatrix} \tag{6-19}$$

下面介绍求解上述微分方程的单步数值计算方法——龙格-库塔（Runge-Kutta，RK）法和多步数值计算方法——亚当斯（Adams）方法。

**1. 龙格-库塔法**

**1) 基本原理**

龙格-库塔法的基本思想是间接引用泰勒展开式，即用区间 $[t_n, t_{n+1}]$ 上若干个点的 $f$ 值的线性组合来代替 $f$ 的导数，然后用泰勒展开式确定相应的系数，这样既能避免计算右函数 $f$ 的各阶导数，又能保证精度。龙格-库塔法的一般形式（一维形式，多维类似）为

$$\begin{cases} y_{n+1} = y_n + h \sum_{i=1}^{P} c_i K_i \\ K_1 = f(t_n, y_n) \\ K_i = f\left(t_n + a_i h, y_n + h \sum_{j=1}^{i-1} b_{ij} K_j\right), \quad i = 2, \cdots, P \end{cases} \tag{6-20}$$

上式称为 $P$ 阶龙格-库塔法，其中 $a_i$，$b_{ij}$，$c_i$ 为待定参数。

下面以常用的四阶龙格-库塔法介绍参数确定的具体过程，令

$$y_{n+1} = y_n + h \sum_{i=1}^{4} c_i K_i \tag{6-21}$$

式中：$c_i$ 为待定的权因子；$K_i$ 满足下列方程

$$\begin{cases} K_1 = f(t_n, y_n) \\ K_2 = f(t_n + a_2 h, y_n + b_{21} h K_1) \\ K_3 = f(t_n + a_3 h, y_n + b_{31} h K_1 + b_{32} h K_2) \\ K_4 = f(t_n + a_4 h, y_n + b_{41} h K_1 + b_{42} h K_2 + b_{43} h K_3) \end{cases} \tag{6-22}$$

将 $K_i$ 右端的 $f$ 在 $(t_n, y_n)$ 处二维泰勒展开

$$K_1 = f_n, \quad K_2 = f_n + h(a_2 f'_{t_n} + b_{21} f_n f'_{y_n}) + \cdots \tag{6-23}$$

$y(t_n + h)$ 在 $t_n$ 处的一维泰勒展开式为

$$y(t_n + h) = y(t_n) + h f(t_n, y_n) + \frac{h^2}{2}(f'_{t_n} + f'_{y_n} f_n) + \cdots \tag{6-24}$$

将式（6-23）代入式（6-21），并与式（6-24）逐项比较，令 $h, h^2, h^3, h^4$ 项的系数相等，便得到确定 $a_i$，$b_{ij}$，$c_i$ 的关系，即

$$\begin{cases} b_{21} = a_2, \qquad\qquad b_{31} + b_{32} = a_3 \\ b_{41} + b_{42} + b_{43} = a_4, \qquad c_1 + c_2 + c_3 + c_4 = 1 \\ c_2 a_2 + c_3 a_3 + c_4 a_4 = \dfrac{1}{2}, \qquad c_2 a_2^2 + c_3 a_3^2 + c_4 a_4^2 = \dfrac{1}{3} \\ c_2 a_2^3 + c_3 a_3^3 + c_4 a_4^3 = \dfrac{1}{4}, \qquad c_3 a_2 b_{32} + c_4 (a_2 b_{42} + a_3 b_{43}) = \dfrac{1}{6} \\ c_3 a_2 a_3 b_{32} + c_4 a_4 (a_2 b_{42} + a_3 b_{43}) = \dfrac{1}{8}, \quad c_3 a_2^2 b_{32} + c_4 (a_2^2 b_{42} + a_3^2 b_{43}) = \dfrac{1}{12} \\ c_4 a_2 a_3 b_{43} = \dfrac{1}{24} \end{cases} \tag{6-25}$$

显然,式(6-25)中 $a_i$,$b_{ij}$,$c_i$ 的选择并不唯一,有自由参数,它的不同选择就确定了不同的 RK 公式。不难看出,对于四阶 RK 公式,其阶数与每前进一步所需计算的函数值 $f$ 的次数是一致的。但更高阶 RK 公式所需计算的 $f$ 值的次数要比阶数多。

下面给出两组常用的 RK 公式[2]。

(1) 古典形式。

$$y_{n+1} = y_n + \frac{1}{6}h(K_1 + 2K_2 + 2K_3 + K_4) \tag{6-26}$$

$$\begin{cases} K_1 = f(t_n, y_n) \\ K_2 = f\left(t_n + \frac{h}{2}, y_n + \frac{h}{2}K_1\right) \\ K_3 = f\left(t_n + \frac{h}{2}, y_n + \frac{h}{2}K_2\right) \\ K_4 = f(t_n + h, y_n + hK_3) \end{cases} \tag{6-27}$$

(2) Gill 公式(有减小舍入误差的优点)。

$$y_{n+1} = y_n + \frac{1}{6}h\left[K_1 + (2-\sqrt{2})K_2 + (2+\sqrt{2})K_3 + K_4\right] \tag{6-28}$$

$$\begin{cases} K_1 = f(t_n, y_n) \\ K_2 = f\left[t_n + \frac{h}{2}, y_n + \frac{h}{2}K_1\right] \\ K_3 = f\left[t_n + \frac{h}{2}, y_n + \frac{\sqrt{2}-1}{2}hK_1 + \left(1-\frac{\sqrt{2}}{2}\right)hK_2\right] \\ K_4 = f\left[t_n + h, y_n - \frac{\sqrt{2}}{2}hK_2 + \left(1+\frac{\sqrt{2}}{2}\right)hK_3\right] \end{cases} \tag{6-29}$$

**2）步长控制**

式(6-29)常规 RK 方法没有考虑步长控制,在某些情况会出现计算效率低和误差较大的问题。为此,Fehlberg 设计了一个精巧的嵌套方法:在采用一个 $P$ 阶方法的同时,计算一个 $P+1$ 阶的结果,并由此给出误差估计。

$P$ 阶方法:$y_{n+1} = y(t_n + h) - ch^{P+1}$;$P+1$ 阶方法:$\hat{y}_{n+1} = y(t_n + h) - ch^{P+2}$。

因此 $P$ 阶方法的局部截断误差可以近似为

$$e_{n+1} = y_{n+1} - \hat{y}_{n+1} = \sum_{i=1}^{P}(c_i - \hat{c}_i)hK_i = \sum_{i=1}^{P}d_i hK_i \tag{6-30}$$

RK 方法中的待定系数不是唯一确定的。因此就有可能利用这个特点,选择适当的系数使得 $P$ 阶和 $P+1$ 阶公式中尽可能多的系数相同,从而达到减少计算量的目的。实际上,可以找到仅有权系数 $c_i$ 不同的 $P$ 阶和 $P+1$ 阶算法,如此一来,右函数的计算就可以大大减少。

Fehlberg 给出的四阶、五阶公式 RKF4(5)系数表如表 6-3 所示。

表 6-3　四阶、五阶公式 RKF4(5) 系数表

| | $a_i$ | $b_{i1}$ | $b_{i2}$ | $b_{i3}$ | $b_{i4}$ | $b_{i5}$ | $c_i$ | $\hat{c}_i$ | $d_i$ |
|---|---|---|---|---|---|---|---|---|---|
| $i=1$ | 0 | 0 | | | | | $\dfrac{25}{216}$ | $\dfrac{16}{135}$ | $-\dfrac{1}{360}$ |
| $i=2$ | $\dfrac{1}{4}$ | $\dfrac{1}{4}$ | | | | | 0 | 0 | 0 |
| $i=3$ | $\dfrac{3}{8}$ | $\dfrac{3}{32}$ | $\dfrac{9}{32}$ | | | | $\dfrac{1408}{2565}$ | $\dfrac{6656}{12825}$ | $\dfrac{128}{4275}$ |
| $i=4$ | $\dfrac{12}{13}$ | $\dfrac{1932}{2179}$ | $-\dfrac{7200}{2179}$ | $\dfrac{7296}{2179}$ | | | $\dfrac{2197}{4104}$ | $\dfrac{28561}{56430}$ | $\dfrac{2197}{75240}$ |
| $i=5$ | 1 | $\dfrac{439}{216}$ | $-8$ | $\dfrac{3680}{513}$ | $-\dfrac{845}{4104}$ | | $-\dfrac{1}{5}$ | $-\dfrac{9}{50}$ | $-\dfrac{1}{50}$ |
| $i=6$ | $\dfrac{1}{2}$ | $-\dfrac{8}{27}$ | 2 | $-\dfrac{3544}{2565}$ | $\dfrac{1859}{4104}$ | $-\dfrac{11}{40}$ | 0 | $\dfrac{2}{55}$ | $-\dfrac{2}{55}$ |

$$\begin{cases} K_1 = f(t_n, y_n) \\ K_2 = f\left(t_n + \dfrac{1}{4}h, y_n + \dfrac{1}{4}hK_1\right) \\ K_3 = f\left[t_n + \dfrac{3}{8}h, y_n + h\left(\dfrac{3}{32}K_1 + \dfrac{9}{32}K_2\right)\right] \\ K_4 = f\left[t_n + \dfrac{12}{13}h, y_n + h\left(\dfrac{1932}{2197}K_1 - \dfrac{7200}{2197}K_2 + \dfrac{7296}{2197}K_3\right)\right] \\ K_5 = f\left[t_n + h, y_n + h\left(\dfrac{439}{216}K_1 - 8K_2 + \dfrac{3680}{513}K_3 - \dfrac{845}{4104}K_4\right)\right] \\ K_6 = f\left[t_n + \dfrac{1}{2}h, y_n + h\left(-\dfrac{8}{27}K_1 + 2K_2 - \dfrac{3544}{2565}K_3 + \dfrac{1859}{4104}K_4 - \dfrac{11}{40}K_5\right)\right] \end{cases} \tag{6-31}$$

实际使用 RKF4(5) 时，采用五阶公式计算下一步的值，即

$$y_{n+1} = y_n + h\sum_{i=1}^{5} c_i K_i = y_n + h\left(\dfrac{25}{216}K_1 + \dfrac{1408}{2565}K_3 + \dfrac{2197}{4104}K_4 - \dfrac{1}{5}K_5\right) \tag{6-32}$$

误差计算公式为

$$e_{n+1} = h\sum_{i=1}^{6} d_i K_i = h\left(-\dfrac{1}{360}K_1 + \dfrac{128}{4275}K_3 + \dfrac{2197}{75240}K_4 - \dfrac{1}{50}K_5 - \dfrac{2}{55}K_6\right) \tag{6-33}$$

步长调整公式为

$$h_{\text{new}} = 0.9 \cdot h_{\text{old}} \cdot \left(\dfrac{D_n}{e_i}\right)^{0.2} \tag{6-34}$$

其中

$$D_n = e_{\text{abs}} + \dfrac{1}{2}e_{\text{rel}}(|y_n| + h|y_n'|)$$

式中：$e_{\text{abs}}$ 和 $e_{\text{rel}}$ 是用户输入的绝对误差和相对误差门限，$y_n$ 是每步计算的函数值，$y_n'$ 是导数值，数值上等于 $K_1$。

**2. 亚当斯方法**

为阐述多步法的基本原理,假设已知 $y(t_n)$ 的近似值为 $\boldsymbol{\eta}_n$,其中 $t_n = t_0 + nh$,$n = 0$,$1,\cdots$ 为等间隔时间。对微分方程

$$\dot{\boldsymbol{y}} = \boldsymbol{f}(t, \boldsymbol{y}) \tag{6-35}$$

关于 $t$ 从 $t_n$ 到 $t_{n+1}$ 两边积分,得

$$\boldsymbol{y}(t_{n+1}) = \boldsymbol{y}(t_n) + \int_{t_n}^{t_n+h} \boldsymbol{f}(t, \boldsymbol{y}(t)) \mathrm{d}t \tag{6-36}$$

上式依赖于微分方程中未知的 $\boldsymbol{y}(t)$,不能直接积分。作为近似,可以使用多项式 $\boldsymbol{p}(t)$ 替代被积函数,$\boldsymbol{p}(t)$ 可以由初始条件中 $t_n$ 时刻的值通过多项式插值得到。因此有

$$\boldsymbol{\eta}_{n+1} = \boldsymbol{\eta}_n + \int_{t_n}^{t_n+h} \boldsymbol{p}(t) \mathrm{d}t \tag{6-37}$$

记 $f_n = f(t_n, \boldsymbol{\eta}_n)$,并定义多步法的增量函数为

$$\boldsymbol{\Phi} = \frac{1}{h} \int_{t_n}^{t_n+h} \boldsymbol{p}(t) \mathrm{d}t \tag{6-38}$$

图 6-4 所示为 $t_{n-3}$,$t_{n-2}$,$t_{n-1}$,$t_n$ 时刻相应的 4 个函数值 $f_{n-3}$,$f_{n-2}$,$f_{n-1}$,$f_n$,其三阶多项式为

$$\boldsymbol{p}(t) = \boldsymbol{a}_0 + \boldsymbol{a}_1 \sigma + \boldsymbol{a}_2 \sigma^2 + \boldsymbol{a}_3 \sigma^3 \tag{6-39}$$

式中:$\sigma(t) = (t - t_n)/h$。

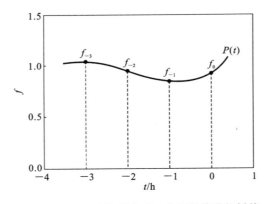

**图 6-4　采用三阶多项式对 4 个函数值进行插值**

将式(6-39)代入式(6-38)有

$$\boldsymbol{\Phi} = \int_0^1 (\boldsymbol{a}_0 + \boldsymbol{a}_1 \sigma + \boldsymbol{a}_2 \sigma^2 + \boldsymbol{a}_3 \sigma^3) \mathrm{d}\sigma = \boldsymbol{a}_0 + \boldsymbol{a}_1/2 + \boldsymbol{a}_2/3 + \boldsymbol{a}_3/4 \tag{6-40}$$

其中

$$\begin{cases} \boldsymbol{a}_0 = (6f_n)/6 \\ \boldsymbol{a}_1 = (-2f_{n-3} + 9f_{n-2} - 18f_{n-1} + 11f_n)/6 \\ \boldsymbol{a}_2 = (-3f_{n-3} + 12f_{n-2} - 15f_{n-1} + 6f_n)/6 \\ \boldsymbol{a}_3 = (-f_{n-3} + 3f_{n-2} - 3f_{n-1} + 1f_n)/6 \end{cases} \tag{6-41}$$

将式(6-41)代入式(6-40)并化简可得

$$\boldsymbol{\Phi}_{AB4} = \frac{1}{24}(-9\boldsymbol{f}_{n-3} + 37\boldsymbol{f}_{n-2} - 59\boldsymbol{f}_{n-1} + 55\boldsymbol{f}_n) \tag{6-42}$$

上式也称为 4 阶 Adams-Bashforth 公式。将式(6-42)代入式(6-37)可以计算微分方程在 $t_{n+1} = t_n + h$ 时刻的近似解

$$\boldsymbol{\eta}_{n+1} = \boldsymbol{\eta}_n + h\boldsymbol{\Phi}_{AB4} \tag{6-43}$$

上述结论可以扩展到一般任意阶的情况。为此,利用 $m-1$ 阶多项式 $\boldsymbol{p}_m^n$ 对从 $t_n$ 开始的等距离 $m$ 个节点 $(t_{n-m+1}, \boldsymbol{f}_{n-m+1}), \cdots, (t_n, \boldsymbol{f}_n)$ 进行插值,其多项式为

$$\boldsymbol{p}_m^n(t) = \boldsymbol{p}_m^n(t_n + \sigma h) = \sum_{i=0}^{m-1}(-1)^i \binom{-\sigma}{i} \nabla^i \boldsymbol{f}_n \tag{6-44}$$

式中:二项式系数为

$$\binom{\sigma}{i} = \frac{(-\sigma)(-\sigma-1)\cdots(-\sigma-i+1)}{i!}, \quad i > 0 \tag{6-45}$$

若 $i = 0$,上式为 1。$\boldsymbol{f}_i$ 的后向差分依次为

$$\begin{cases} \nabla^0 \boldsymbol{f}_n = \boldsymbol{f}_n \\ \nabla \boldsymbol{f}_n = \boldsymbol{f}_n - \boldsymbol{f}_{n-1} \\ \vdots \\ \nabla^i \boldsymbol{f}_n = \nabla^{i-1} \boldsymbol{f}_n - \nabla^{i-1} \boldsymbol{f}_{n-1} \end{cases} \tag{6-46}$$

使用 $\nabla^i$ 这个符号,$m$ 阶 Adams-Bashforth 多步法增量函数可写为

$$\boldsymbol{\Phi}_{ABm} = \frac{1}{h}\int_{t_n}^{t_n+h} \boldsymbol{p}_m^n(t)\mathrm{d}t = \sum_{i=0}^{m-1}\gamma_i \nabla^i \boldsymbol{f}_n \tag{6-47}$$

其中步长系数 $\gamma_i$ 为

$$\gamma_i = (-1)^i \int_0^1 \binom{-\sigma}{i} \mathrm{d}\sigma \tag{6-48}$$

表 6-4 列出了 $\gamma_0 \sim \gamma_8$ 的值,随后的值可以通过以下公式递推计算

$$\gamma_i = 1 - \sum_{j=0}^{i-1} \frac{1}{i+1-j}\gamma_j \tag{6-49}$$

表 6-4　Adams-Bashforth 方法后向差分系数

| $i$ | 0 | 1 | 2 | 3 | 4 | 5 | 6 | 7 | 8 |
|---|---|---|---|---|---|---|---|---|---|
| $\gamma_i$ | 1 | $\frac{1}{2}$ | $\frac{5}{12}$ | $\frac{3}{8}$ | $\frac{251}{720}$ | $\frac{95}{288}$ | $\frac{19087}{60480}$ | $\frac{5257}{17280}$ | $\frac{1070017}{3628800}$ |

将后向差分公式代入式(6-47)得

$$\boldsymbol{\Phi}_{ABm} = \beta_{m1}\boldsymbol{f}_{n-m+1} + \cdots + \beta_{mn}\boldsymbol{f}_n = \sum_{i=1}^{m}\beta_{mi}\boldsymbol{f}_{n-m+i} \tag{6-50}$$

系数 $\beta_{mi}$ 可以通过以下关系式得到

$$\beta_{mi} = (-1)^{m-i}\sum_{j=m-i}^{m-1}\gamma_j \binom{j}{m-i}, \quad i = 1, \cdots, m \tag{6-51}$$

其 1~8 阶系数的数值如表 6-5 所示。

表 6-5　Adams-Bashforth 方法 1～8 阶系数的数值

| $i$ | 1 | 2 | 3 | 4 | 5 | 6 | 7 | 8 |
|---|---|---|---|---|---|---|---|---|
| $\beta_{1i}$ | 1 | | | | | | | |
| $\beta_{2i}$ | $\dfrac{-1}{2}$ | $\dfrac{3}{2}$ | | | | | | |
| $\beta_{2i}$ | $\dfrac{5}{12}$ | $\dfrac{-16}{12}$ | $\dfrac{33}{12}$ | | | | | |
| $\beta_{2i}$ | $\dfrac{-9}{24}$ | $\dfrac{37}{24}$ | $\dfrac{-59}{24}$ | $\dfrac{55}{24}$ | | | | |
| $\beta_{2i}$ | $\dfrac{251}{720}$ | $\dfrac{-1274}{720}$ | $\dfrac{2616}{720}$ | $\dfrac{-2774}{720}$ | $\dfrac{1901}{720}$ | | | |
| $\beta_{2i}$ | $\dfrac{-475}{1440}$ | $\dfrac{2877}{1440}$ | $\dfrac{-7298}{1440}$ | $\dfrac{9982}{1440}$ | $\dfrac{-7923}{1440}$ | $\dfrac{4277}{1440}$ | | |
| $\beta_{2i}$ | $\dfrac{19087}{60480}$ | $\dfrac{-134472}{60480}$ | $\dfrac{407139}{60480}$ | $\dfrac{-688256}{60480}$ | $\dfrac{705549}{60480}$ | $\dfrac{-447288}{60480}$ | $\dfrac{198721}{60480}$ | |
| $\beta_{8i}$ | $\dfrac{-36779}{120960}$ | $\dfrac{295767}{120960}$ | $\dfrac{-1041723}{120960}$ | $\dfrac{2102243}{120960}$ | $\dfrac{-2664477}{120960}$ | $\dfrac{2183877}{120960}$ | $\dfrac{-1152169}{120960}$ | $\dfrac{434241}{120960}$ |

$m$ 阶 Adams-Bashforth 方法中,多项式 $p(t)$ 由 $t_n$ 时刻 $m$ 个函数值 $f_n$ 定义。然而,对随后的 $t_n$ 至 $t_{n+1}$ 时刻的积分过程,多项式的近似不可能非常准确。

Adams-Moulton 方法是另一种类型的多步方法,它使用多项式 $p_m^{n+1}(t)$ 对 $t_{n-m+2}$ 到 $t_{n+1}$ 时刻进行 $m$ 个函数值插值,即

$$\boldsymbol{p}_m^{n+1}(t) = \boldsymbol{p}_m^{n+1}(t_n + \sigma h) = \sum_{i=0}^{m-1} (-1)^i \binom{-\sigma+1}{i} \nabla^i f_{n+1} \tag{6-52}$$

积分可以产生 Adams-Moulton 公式

$$\boldsymbol{\Phi}_{\mathrm{AM}m} = \frac{1}{h} \int_{t_n}^{t_n+h} \boldsymbol{p}_m^{n+1}(t)\mathrm{d}t = \sum_{i=0}^{m-1} \gamma_i^* \nabla^i f_{n+1} \tag{6-53}$$

式中:

$$\gamma_i^* = (-1)^i \int_0^1 \binom{-\sigma+1}{i} \mathrm{d}\sigma \tag{6-54}$$

表 6-6 列出了 $\gamma_0^* \sim \gamma_8^*$ 的值,随后的值可以通过以下公式递推计算

$$\gamma_i^* = -\sum_{j=0}^{i-1} \frac{1}{i+1-j} \gamma_j^* \tag{6-55}$$

表 6-6　Adams-Moulton 方法后向差分系数

| $i$ | 0 | 1 | 2 | 3 | 4 | 5 | 6 | 7 | 8 |
|---|---|---|---|---|---|---|---|---|---|
| $\gamma_i^*$ | 1 | $\dfrac{-1}{2}$ | $\dfrac{-1}{12}$ | $\dfrac{-1}{24}$ | $\dfrac{-19}{720}$ | $\dfrac{-3}{160}$ | $\dfrac{-863}{60480}$ | $\dfrac{-275}{24192}$ | $\dfrac{-33953}{3628800}$ |

类似于 Adams-Bashforth 方法,可以代替后向差分得到仅依赖于 $f_n$ 的增量函数

$$\boldsymbol{\Phi}_{\mathrm{AM}m} = \beta_{m1}^* \boldsymbol{f}_{n-m+2} + \cdots + \beta_{mm}^* \boldsymbol{f}_{n+1} = \sum_{i=1}^{m} \beta_{mi}^* \boldsymbol{f}_{n+1-m+i} \tag{6-56}$$

$m$ 阶方法的系数 $\beta_{mi}^*$(1~8 阶系数见表 6-7)可由 $\gamma_i^*$ 采用下列关系式得到

$$\beta_{mi}^* = (-1)^{m-i} \sum_{j=m-i}^{m-1} \gamma_j^* \binom{j}{m-i}, \quad i = 1, \cdots, m \tag{6-57}$$

表 6-7　Adams-Moulton 方法 1~8 阶系数

| $i$ | 1 | 2 | 3 | 4 | 5 | 6 | 7 | 8 |
|---|---|---|---|---|---|---|---|---|
| $\beta_{2i}^*$ | $\frac{1}{2}$ | $\frac{1}{2}$ | | | | | | |
| $\beta_{3i}^*$ | $\frac{-1}{12}$ | $\frac{8}{12}$ | $\frac{5}{12}$ | | | | | |
| $\beta_{4i}^*$ | $\frac{1}{24}$ | $\frac{-5}{24}$ | $\frac{19}{24}$ | $\frac{9}{24}$ | | | | |
| $\beta_{5i}^*$ | $\frac{-19}{720}$ | $\frac{106}{720}$ | $\frac{-264}{720}$ | $\frac{646}{720}$ | $\frac{251}{720}$ | | | |
| $\beta_{6i}^*$ | $\frac{27}{1440}$ | $\frac{-173}{1440}$ | $\frac{482}{1440}$ | $\frac{-798}{1440}$ | $\frac{1427}{1440}$ | $\frac{475}{1440}$ | | |
| $\beta_{7i}^*$ | $\frac{-863}{60480}$ | $\frac{6312}{60480}$ | $\frac{-20211}{60480}$ | $\frac{37504}{60480}$ | $\frac{-46461}{60480}$ | $\frac{65112}{60480}$ | $\frac{19087}{60480}$ | |
| $\beta_{8i}^*$ | $\frac{1375}{120960}$ | $\frac{-11351}{120960}$ | $\frac{41499}{120960}$ | $\frac{-88547}{120960}$ | $\frac{123133}{120960}$ | $\frac{-121797}{120960}$ | $\frac{139849}{120960}$ | $\frac{36799}{120960}$ |

式(6-56)给出的增量函数计算依赖于 $f_{n+1} = f(t_{n+1}, \boldsymbol{\eta}_{n+1})$,无法通过下式计算 $t_{n+1}$ 处的显式解

$$\boldsymbol{\eta}_{n+1} = \boldsymbol{\eta}_n + h\boldsymbol{\Phi}_{\mathrm{AM}m} \tag{6-58}$$

因此 Adams-Moulton 公式也称为"隐式"方法,需要一些技巧来求解 $\boldsymbol{\eta}_{n+1}$。为避免这个困难,$m$ 阶 Adams-Bashforth 方法通常联合 $m$ 阶或 $m+1$ 阶 Adams-Moulton 方法实现预报——改正策略,具体包括以下四个步骤。

(1)第一步:通过 Adams-Bashforth 公式计算 $t_{n+1}$ 处的初始估计

$$\boldsymbol{\eta}_{n+1}^p = \boldsymbol{\eta}_n + h\boldsymbol{\Phi}_{\mathrm{AB}m} \tag{6-59}$$

(2)第二步:估计。使用估计结果得到相应函数值

$$f_{n+1}^p = f(t_{n+1}, \boldsymbol{\eta}_{n+1}^p) \tag{6-60}$$

(3)第三步:改正。使用 Adams-Moulton 公式得到改正值

$$\boldsymbol{\eta}_{n+1} = \boldsymbol{\eta}_n + h\boldsymbol{\Phi}_{\mathrm{AM}m}(f_{n+1}^p) \tag{6-61}$$

(4)第四步:估计。通过最终的估计步骤,得到改进的函数值,用作下一步积分的起始值

$$f_{n+1} = f(t_{n+1}, \boldsymbol{\eta}_{n+1}) \tag{6-62}$$

使用更为复杂的预报——改正算法的理由在于多步方法在大步长情况下的稳定性。

由于截断至固定阶及有限的计算精度,每步数值积分总会受到小的局部误差的影响。由一步到下一步的误差传播分析表明,对于大步长,这些误差可能呈指数增长。为避免这种情况并确保数值稳定性,步长不能超过某一门限,这取决于数值积分方法和要求的微分方程。

在轨道计算中,$f$ 包含加速度的计算,加速度可用下式表示

$$a(t,r,\dot{r}) = -\frac{GM_E}{r^3}r + \delta(t,r,\dot{r}) \tag{6-63}$$

式中:等式右边第一项是地球中心引力;$\delta$ 是各项摄动的总和。

数值计算中,摄动加速度的计算是非常耗时的,为加速计算,通常在算法第二步的估计中考虑完整加速度,而在第四步的估计中可只考虑地球中心引力和主要的非球形摄动(如 $J_2$ 项),理由是摄动力比地球中心引力小得多,如果在改正后不重复计算它们,产生的误差也非常小。

## 6.1.6　SGP4/SDP4 模型

20 世纪计算能力受到限制,难以满足对所有空间目标进行数值轨道预报与分析的需要,因此空间目标编目采用的是平均轨道根数,对应的是解析模型。美国空间监视网(SSN)是目前世界上最完善的空间目标监视系统,它采用两行轨道根数(TLE)发布空间目标轨道数据,对应的 SGP4/SDP4 轨道预报模型是解析模型。本节仅对这类模型的发展历史做简要介绍,其理论细节可参考文献[35]。

**1. 美国空间监视解析模型发展历程**

Hoots 在 2004 年总结了美国空间监视系统的解析轨道模型[35],主要包括早期方法(1957—1963 年)、理论基础(1959—1969 年)、操作应用(1964—1979 年)以及深空模型(1965—1997 年)。

1959 年,布劳威尔(Brouwer)利用 Von-Zeipel 正则变换为空间监视计划开发了近地卫星运动在带谐项 $J_2$、$J_3$、$J_4$ 和 $J_5$ 影响下的解析解[36];同时古在由秀提出平均根数法,发表了该问题的另一种解[37]。之后,在许多人的努力下,两个人的工作得到了完善,今天美国空间监视系统的绝大多数解析预报模型都以二者中的一个作为基础。

1961 年,布劳威尔和堀源一郎对 1959 年布劳威尔的解进行修正[38],考虑了大气阻尼影响,大气密度采用静态指数形式,在标称高度处进行级数展开。该大气密度模型的完整形式过于复杂,级数收敛缓慢,在当时的计算机上难以运行。20 世纪 60 年代,美国国家空间监视控制中心(NSSCC)的汉斯克姆(Hanscom)小组开创性地发展了大气密度模型,从流体静力学平衡出发,得到大气密度含整数指数的幂函数表达式,完全避免级数展开,让布劳威尔模型可以完整、简洁地包含大气阻尼项。这一模型的建立与改进由莱恩(Lane)和克兰福德(Cranford)等人完成[39]。

1963 年,莱丹尼为解析理论做出了重要贡献,他证明了基于德劳内(Delaunay)变量的布劳威尔解可以通过庞加莱变量重构,在维持理论一阶特性的同时,避免了偏心率和轨道倾角正弦值引起的小除数[40]。这一成果与布劳威尔的完整解在海军空间监视系统

(NAVSPASUR)中得到应用,形成了 PPT(Position and Partials as Functions of Time)预报模型。1964 年,史密斯(Smith)指导开发了 IBM7090 计算机上运行的 PPT 原始版本,引入金海勒(King-Hele)的大气阻尼模型。这是半经验大气模型,假设大气阻尼对平均运动角速度的影响是时间的二次函数,系数是轨道确定中的待解参数。PPT 保留了所有的长周期项,包括临界倾角的零除数,并采用一种特殊方式对这些临界项进行处理。其平均角速度与布劳威尔的定义有所不同:出于计算考虑,PPT 将平均角速度定义为扰动平近点角的线性项的时间系数,包含了平近点角的带谐长期项摄动率;而布劳威尔涉及平均半长轴的平均角速度的定义本质上来自开普勒公式。因此,PPT 的平均角速度表达式包含了其他平均根数的摄动参数和函数,在数值上更接近古在由秀的结果。

为了避免偏心率或轨道倾角正弦值的小除数,空间探测和跟踪系统(SPADATS)中心开发了简化普适摄动(Simplified General Perturbations,SGP)模型。该模型将解转换为非奇异参数的级数,只包含布劳威尔理论中长周期项和短周期项,偏心率不再作为因子,采用古在由秀关于平均角速度到半长轴的非开普勒转换,大气阻尼与史密斯的方式类似,而偏心率变化率的获取假设近地点高度保持常值,且半长轴衰减。1964 年,SGP 成为 SPADATS 系统的基本轨道预报模型。1970 年,依据莱恩和克兰福德的研究成果形成了 SGP4 模型,该版本只考虑了大气阻尼的长期影响。目前美国空间监视系统主要使用 SGP4 和 PPT3 两套模型。

**2. SGP4/SDP4 轨道模型**

1980 年 12 月,美国空间监视网给出了美国航天司令部(USSPACECOM)开发的利用两行轨道根数(TLE)进行预报的 5 套轨道模型:SGP、SGP4、SDP4、SGP8 和 SDP8,以及相应的 FORTRAN 源代码,但并未给出模型的具体推导过程以及模型的改进情况。美国航天司令部只是对授权用户发布 SGP4/SDP4 轨道预报模块(单独的动态链接库 DLL),并没有公开 SGP4/SDP4 的官方版本。

许多人指出美国发布的模型存在着问题,但只能对 FORTRAN 源程序做一些改进。STK 软件的研究人员基于公开信息开发了 SGP4/SDP4 轨道预报器,据美国航天司令部的授权用户反映,STK 软件的 SGP4/SDP4 轨道预报器的计算结果与美国航天司令部的计算结果存在着细微差别。美国空间监视网定期更新空间目标的两行轨道根数(针对 SGP4/SDP4 模型),但未公布两行轨道根数的确定算法。普通的 TLE 使用者必须依赖美国空间监视网对空间目标进行两行轨道根数更新。

SGP4/SDP4 轨道预报器把所有的空间目标分为近地(Near Earth,周期小于 225 min)和深空(Deep Space,周期大于等于 225 min)两大类。轨道预报模型也相应地分为近地和深空两类,共有 5 个预报空间目标位置和速度的数学模型。

(1)SGP 于 1966 年开发,用于近地目标轨道计算。它简化了古在由秀 1959 年提出的引力场模型,并且认为大气阻力对平均运动角速度的影响随时间呈线性变化,平近点角的摄动项是时间的二次函数,且近地点高度为常值。

(2)SGP4 于 1970 年开发,用于近地目标轨道计算。模型是莱恩和克兰福德 1969 年解析理论的简化,它采用布劳威尔于 1959 年提出的引力场模型;大气模型采用密度幂函数。SGP 和 SGP4 的区别在于平均角速度和阻力的表述形式不同。

（3）SDP4 是 SGP4 的扩展,用于深空目标轨道计算。由于日月引力对周期半天或一天的轨道影响很大,因此该模型考虑了日月引力及地球扁率扇谐和田谐项的影响。

（4）SGP8 用于近地目标轨道计算,由 Hoots 的解析理论简化得到,引力场模型和大气模型同莱恩和克兰福德解析理论,只是对微分方程求积采用了不同的方法。

（5）SDP8 是 SGP8 的扩展,用于深空目标轨道计算,深空影响模型方程与 SDP4 中的相同。

目前 SGP4/SDP4 是应用主流,美国空间监视网公布的 TLE 针对的就是 SGP4/SDP4 模型。

# 6.2　初 轨 计 算

## 6.2.1　二矢量定轨法

用两个位置矢量 $r_1$,$r_2$ 和飞行时间 $t$ 确定轨道的问题称为高斯问题。对于椭圆轨道,在利用两个时刻的位置矢量和飞行时间确定轨道,即求解高斯问题时,需要明确运动方向。所谓"运动方向"是指航天器从 $r_1$ 达到 $r_2$ 是以"短程"（即 $\Delta f < \pi$）还是以"长程"（即 $\Delta f > \pi$）实现的,如图 6-5 所示。这两条中只有一条是符合要求的运动方向。

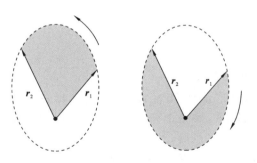

**图 6-5　具有相同飞行时间的短程和长程轨道**

从图 6-5 中可看出:两个位置矢量 $r_1$ 和 $r_2$ 唯一地确定了轨道面。若 $r_1$ 和 $r_2$ 共线,且方向相反（即 $\Delta f = \pi$）,则轨道面不确定,不能唯一求解两个速度矢量 $v_1$ 和 $v_2$。若两个位置矢量共线,且方向相同（$\Delta f = 0$ 或 $2\pi$）,则轨道为一条退化的圆锥曲线,而 $v_1$ 和 $v_2$ 可以有唯一解。对于后一种情况,解法必须修正,因为在所用的方程中,此时可能存在数学奇点,特别是当表达式的分母中出现了半通径参数 $p$ 时。

通过 $F$ 和 $G$ 的表达式,可以建立 $r_1$、$r_2$、$v_1$ 和 $v_2$ 四个矢量之间的关系（$F,G,\dot{F},\dot{G}$ 都是随时间变化的参数）:

$$\begin{cases} r_2 = Fr_1 + Gv_1 \\ v_2 = \dot{F}r_1 + \dot{G}v_1 \end{cases} \tag{6-64}$$

式中(见 3.4.1 节)

$$
\begin{cases}
F = 1 - \dfrac{r_2}{p}(1-\cos\Delta f) = 1 - \dfrac{a}{r_1}(1-\cos\Delta E) \\[2mm]
G = \dfrac{r_1 r_2 \sin\Delta f}{\sqrt{\mu p}} = t - \sqrt{\dfrac{a^3}{\mu}}(\Delta E - \sin\Delta E) \\[2mm]
\dot{F} = \sqrt{\dfrac{\mu}{p}}\tan\dfrac{\Delta f}{2}\left(\dfrac{1-\cos\Delta f}{p} - \dfrac{1}{r_1} - \dfrac{1}{r_2}\right) = -\dfrac{\sqrt{\mu a}\sin\Delta E}{r_1 r_2} \\[2mm]
\dot{G} = 1 - \dfrac{r_1}{p}(1-\cos\Delta f) = 1 - \dfrac{a}{r_2}(1-\cos\Delta E)
\end{cases}
\tag{6-65}
$$

根据式(6-64)可得

$$
\begin{cases}
\boldsymbol{v}_1 = \dfrac{\boldsymbol{r}_2 - F\boldsymbol{r}_1}{G} \\[2mm]
\boldsymbol{v}_2 = \dfrac{\dot{G}\boldsymbol{r}_2 - \boldsymbol{r}_1}{G}
\end{cases}
\tag{6-66}
$$

因为式(6-66)是用 $F$、$G$、$\dot{F}$ 和 $\dot{G}$ 以及两个已知位置矢量 $\boldsymbol{r}_1$ 和 $\boldsymbol{r}_2$ 表示两个速度矢量 $\boldsymbol{v}_1$ 和 $\boldsymbol{v}_2$ 的,所以高斯问题的解可简化为标量 $F$、$G$、$\dot{F}$ 和 $\dot{G}$ 的计算。

式(6-65)前 3 个式子中共有 7 个变量:$r_1$、$r_2$、$\Delta f$、$t$、$p$、$a$ 和 $\Delta E$。前 4 个变量是已知的,所以实际上在 3 个方程中有 3 个未知数。唯一的困难是这些方程属于超越方程,必须迭代计算。

高斯问题的解法包括普适变量法、$p$ 迭代方法和原始的高斯法等,普适变量法能避免许多难以处理的特殊情况,该方法的细节本书不再累述,读者可参考文献[1]。

## 6.2.2 三矢量定轨法

### 1. 吉布斯三位置矢量定轨法

近焦点坐标系是轨道的"自然"坐标系,以轨道的焦点为坐标原点,$xy$ 平面为轨道平面,且 $x$ 从焦点指向近地点,如图 6-6 所示。$x$ 轴(拱线)的单位矢量记为 $\boldsymbol{p}$,$y$ 轴的单位矢量记为 $\boldsymbol{q}$,$z$ 轴垂直于轨道平面,与比角动量矢量 $\boldsymbol{h}$ 的方向一致,其单位矢量记为 $\boldsymbol{w}$,显然有 $w=h/h$。注意到该坐标系实际上就是 3.2.1 节介绍的轨道坐标系 $O\text{-}x''y''z''$。

在三个连续的时刻 $t_1$、$t_2$ 和 $t_3$($t_1<t_2<t_3$)观测一空间物体,得到三个时刻的地心位置矢量 $\boldsymbol{r}_1$、$\boldsymbol{r}_2$ 和 $\boldsymbol{r}_3$。假定此物体位于二体问题轨道内,我们所要做的就是要确定 $t_1$、$t_2$ 和 $t_3$ 时刻的速度 $\boldsymbol{v}_1$、$\boldsymbol{v}_2$ 和 $\boldsymbol{v}_3$。

角动量守恒要求轨道物体的位置矢量必须位于同一平面内,也就是说,与 $\boldsymbol{r}_2$ 和 $\boldsymbol{r}_3$ 平面垂直的单位矢量也必定与 $\boldsymbol{r}_1$ 方向的单位矢量垂直。因此,$\boldsymbol{u}_{r_1}=\boldsymbol{r}_1/r_1$ 和 $\boldsymbol{C}_{23}=\boldsymbol{r}_2\times\boldsymbol{r}_3/|\boldsymbol{r}_2\times\boldsymbol{r}_3|$ 这两个矢量的点乘为零,即

$$
\boldsymbol{u}_{r_1} \cdot \boldsymbol{C}_{23} = 0
\tag{6-67}
$$

由 $\boldsymbol{r}_1$、$\boldsymbol{r}_2$ 和 $\boldsymbol{r}_3$ 计算三个时刻中任一时刻的速度表达式为[41]

$$
\boldsymbol{v} = \sqrt{\dfrac{\mu}{ND}}\left(\dfrac{\boldsymbol{D}\times\boldsymbol{r}}{r} + \boldsymbol{S}\right)
\tag{6-68}
$$

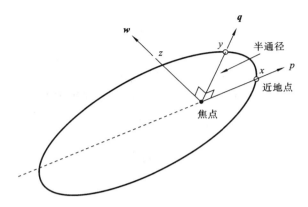

图 6-6　近焦点坐标系

式中

$$\begin{cases} \boldsymbol{D} = \boldsymbol{r}_1 \times \boldsymbol{r}_2 + \boldsymbol{r}_2 \times \boldsymbol{r}_3 + \boldsymbol{r}_3 \times \boldsymbol{r}_1 \\ \boldsymbol{N} = \boldsymbol{r}_1 (\boldsymbol{r}_2 \times \boldsymbol{r}_3) + \boldsymbol{r}_2 (\boldsymbol{r}_3 \times \boldsymbol{r}_1) + \boldsymbol{r}_3 (\boldsymbol{r}_1 \times \boldsymbol{r}_2) \\ \boldsymbol{S} = \boldsymbol{r}_1 (\boldsymbol{r}_2 - \boldsymbol{r}_3) + \boldsymbol{r}_2 (\boldsymbol{r}_3 - \boldsymbol{r}_1) + \boldsymbol{r}_3 (\boldsymbol{r}_1 - \boldsymbol{r}_2) \\ N = \parallel \boldsymbol{N} \parallel , \ D = \parallel \boldsymbol{D} \parallel \end{cases} \tag{6-69}$$

已知 $\boldsymbol{r}_1$、$\boldsymbol{r}_2$、$\boldsymbol{r}_3$，计算轨道根数的步骤可以归纳如下。

（1）计算 $\boldsymbol{r}_1$、$\boldsymbol{r}_2$、$\boldsymbol{r}_3$。

（2）计算 $\boldsymbol{u}_{r_1} = \boldsymbol{r}_1 / r_1$ 和 $\boldsymbol{C}_{23} = \boldsymbol{r}_2 \times \boldsymbol{r}_3 / | \boldsymbol{r}_2 \times \boldsymbol{r}_3 |$。

（3）验证 $\boldsymbol{u}_{r_1} \cdot \boldsymbol{C}_{23} = 0$。

（4）由式（6-69）分别计算 $N$、$D$、$\boldsymbol{S}$。

（5）由式（6-68）计算 $\boldsymbol{v}_2$。

（6）由 $\boldsymbol{r}_2$ 和 $\boldsymbol{v}_2$ 计算轨道根数。

**2. 赫里克-吉布斯算法**

将卫星的位置矢量 $\boldsymbol{r}$ 视为时间的函数，利用泰勒级数在 $t_2$ 时刻展开，将 $\boldsymbol{r}_1$ 和 $\boldsymbol{r}_3$ 分别代入，并利用二体运动方程，经推导可得 $\boldsymbol{v}_2$ 的表达式为[42]

$$\boldsymbol{v}_2 = -d_1 \boldsymbol{r}_1 + d_2 \boldsymbol{r}_2 + d_3 \boldsymbol{r}_3 \tag{6-70}$$

式中

$$\begin{cases} d_i = G_i + H_i / r_i^3 , \quad i \in \{1,2,3\} \\ G_1 = \dfrac{t_{23}^2}{t_{12} t_{23} t_{13}} , \quad G_3 = \dfrac{t_{12}^2}{t_{12} t_{23} t_{13}} , \quad G_2 = G_1 - G_3 \\ H_1 = \mu t_{23} / 12 , \quad H_3 = \mu t_{12} / 12 , \quad H_2 = H_1 - H_3 \\ t_{12} = t_2 - t_1 , \quad t_{13} = t_3 - t_1 , \quad t_{23} = t_3 - t_2 \end{cases} \tag{6-71}$$

## 6.2.3　$F$、$G$ 级数法

由雷达观测数据可得一系列的 $t_i$, $\boldsymbol{r}_i (i=1,2,\cdots,N)$。由式（3-58）可得

$$
\begin{cases}
\boldsymbol{r}_1 = F_1 \boldsymbol{r}_0 + G_1 \boldsymbol{v}_0 \\
\boldsymbol{r}_2 = F_2 \boldsymbol{r}_0 + G_2 \boldsymbol{v}_0 \\
\quad \vdots \\
\boldsymbol{r}_N = F_N \boldsymbol{r}_0 + G_N \boldsymbol{v}_0
\end{cases}
\tag{6-72}
$$

根据线性最小二乘估计原理，$t_0$ 时刻的位置和速度表达式为[43]

$$
\begin{cases}
\boldsymbol{r}_0 = \dfrac{1}{D}(C\boldsymbol{L} - B\boldsymbol{M}) \\
\boldsymbol{v}_0 = \dfrac{1}{D}(A\boldsymbol{M} - B\boldsymbol{L})
\end{cases}
\tag{6-73}
$$

式中

$$
\begin{cases}
A = \sum_{i=1}^{N} F_i^2, \qquad B = \sum_{i=1}^{N} F_i G_i \\
C = \sum_{i=1}^{N} G_i^2, \qquad D = AC - B^2 \\
\boldsymbol{L} = \sum_{i=1}^{N} F_i \boldsymbol{r}_i, \qquad \boldsymbol{M} = \sum_{i=1}^{N} G_i \boldsymbol{r}_i
\end{cases}
\tag{6-74}
$$

基于 $F$、$G$ 级数的初轨确定方法步骤如下。

（1）设置首次迭代 $t_i$ 时刻的 $F_i = 1$，$G_i = t_i - t_0 = \tau_i$，并用式（6-73）求出 $\boldsymbol{r}_0$、$\boldsymbol{v}_0$ 的初始值。

（2）根据 3.3.1 节的公式，由 $\boldsymbol{r}_0$、$\boldsymbol{v}_0$ 计算出开普勒轨道根数 $a$、$e$、$i$、$\Omega$、$\omega$、$M$。

（3）利用式（3-38），用牛顿迭代法计算出 $t_i$ 时刻的 $\Delta E_i$。

（4）利用式（3-67）求出 $t_i$ 时刻的 $F_i$、$G_i$。

（5）利用式（6-73）求 $\boldsymbol{r}_0$、$\boldsymbol{v}_0$。

（6）返回步骤（3）进行循环迭代，直到 $\boldsymbol{r}_0$、$\boldsymbol{v}_0$ 与前一次计算出的 $\boldsymbol{r}_0$、$\boldsymbol{v}_0$ 的差达到精度要求为止。

（7）由 $\boldsymbol{r}_0$、$\boldsymbol{v}_0$ 转换得到最终的轨道根数 $a$、$e$、$i$、$\Omega$、$\omega$、$M$。

# 6.3　轨　道　改　进

轨道改进又称精轨计算，是在初轨计算的基础上，从一系列较长时间间隔的观测资料及 $t_0$ 时刻的初轨根数（或位置和速度）出发，利用摄动理论，计算出 $t_0$ 时刻初轨根数的改正量，从而得到 $t_0$ 时刻的精轨根数。由于观测资料弧段长、数量多，计算中降低观测数据随机误差的影响，严格按摄动理论处理，故轨道改进结果的精度总高于初轨计算的结果。本节首先介绍轨道改进的基本原理，然后详细讲解模型中的偏导数计算，最后给出轨道确定的一般步骤并简要分析定轨误差。

## 6.3.1　基本原理

最小二乘原理的批处理方法是卫星轨道确定的一种重要方法,其基本原理是找到一条轨道和模型参数,使得理论观测值和实际观测值之间的残差平方和最小。换句话说,就是计算轨道要在残差的最小二乘意义下尽可能符合观测数据。为推导其数学表达式,令

$$x(t) = \begin{bmatrix} r(t) \\ v(t) \\ p \\ q \end{bmatrix} \tag{6-75}$$

上式代表一个随时间变化的 $m(=6+n_p+n_q)$ 维状态参量,具体包括卫星的三维位置矢量 $r$、三维速度矢量 $v$、与力模型相关的 $n_p$ 维参数 $p$、与测量模型相关的 $n_q$ 维参数 $q$。$x$ 随时间变化可以表示为

$$\begin{cases} \dot{x} = f(x,t) \\ x_0 = x(t_0) \end{cases} \tag{6-76}$$

式中:$t_0$ 为初始历元时间。令 $t_1,\cdots,t_n$ 时刻的 $n$ 维观测矢量为

$$z = \begin{bmatrix} z_1 & z_2 & \cdots & z_n \end{bmatrix}^T \tag{6-77}$$

其中单次观测量为

$$z_i(t_i) = g_i(t_i, x(t_i)) + \varepsilon_i = h_i(t_i, x_0) + \varepsilon_i \tag{6-78}$$

式中:$g_i$ 为第 $i$ 个观测量的理论值,是时间 $t_i$ 和卫星瞬时状态 $x(t_i)$ 的函数;$h_i$ 含义相同,只是表示为初始值 $x_0$ 和初始历元 $t_0$ 的函数;$\varepsilon_i$ 为测量误差引起的理论观测值和实际观测值之间的差异,通常情况下认为是无偏白噪声分布。

根据最小二乘原理,轨道确定问题可以定义为:对一组观测量 $z$,求解合适的解 $x_0^{lsq}$,使得损耗函数(即残差的平方和)最小。

$$J(x_0) = \rho^T \rho = (z - h(x_0))^T (z - h(x_0)) \tag{6-79}$$

为了得到 $x_0$ 的唯一解,这里要求观测数 $n$ 大于等于未知量个数 $m$。

因为 $h$ 是一个位置矢量 $x_0$ 的非线性函数,利用最小二乘法求解轨道确定问题非常复杂,如果没有冗余信息,很难或者说不可能确定损耗函数的最小值。

状态参量的近似值通常已知,则残差矢量可近似为

$$\rho = z - h(x_0) \approx z - h(x_0^{ref}) - \frac{\partial h}{\partial x_0}(x_0 - x_0^{ref}) = \Delta z - H \Delta x_0 \tag{6-80}$$

式中:$\Delta x_0$ 为 $x_0$ 的实际值和参考值之差,有

$$\Delta x_0 = x_0 - x_0^{ref} \tag{6-81}$$

$\Delta z$ 为实际观测值和由参考轨道计算的理论观测值之差,有

$$\Delta z = z - h(x_0^{ref}) \tag{6-82}$$

$H$ 为模型观测量对 $t_0$ 时刻轨道参量的偏导数雅克比矩阵,有

$$H = \frac{\partial h}{\partial x_0} \bigg|_{x_0 = x_0^{ref}} \tag{6-83}$$

由上述各式,根据参考状态的改正值 $\Delta \boldsymbol{x}_0$ 及重新计算的模型观测量 $\boldsymbol{h}$,利用式(6-80)可计算预报的观测残差。

轨道确定问题从而简化为寻找 $\Delta \boldsymbol{x}_0^{\mathrm{lsq}}$ 的线性最小二乘问题,使得应用改正量 $\Delta \boldsymbol{x}_0$ 后预报的损耗函数

$$J(\Delta \boldsymbol{x}_0) = (\Delta \boldsymbol{z} - \boldsymbol{H} \Delta \boldsymbol{x}_0)^{\mathrm{T}}(\Delta \boldsymbol{z} - \boldsymbol{H} \Delta \boldsymbol{x}_0) \tag{6-84}$$

最小。

式(6-84)的线性最小二乘问题的一般解为

$$\Delta \boldsymbol{x}_0^{\mathrm{lsq}} = (\boldsymbol{H}^{\mathrm{T}} \boldsymbol{H})^{-1}(\boldsymbol{H}^{\mathrm{T}} \Delta \boldsymbol{z}) \tag{6-85}$$

由于 $\boldsymbol{h}$ 的非线性,简化的损耗方程与严格的方程略有不同,目前确定的值 $\boldsymbol{x}_0^{\mathrm{lsq}} = \boldsymbol{x}_0^{\mathrm{ref}} + \Delta \boldsymbol{x}_0^{\mathrm{lsq}}$ 还不是轨道确定问题的确切解。但是,可以用它代替参考值 $\boldsymbol{x}_0^{\mathrm{ref}}$ 重新迭代上述过程,以进一步改进。基于这一思想,非线性问题可以按下式迭代求解:

$$\boldsymbol{x}_0^{(j+1)} = \boldsymbol{x}_0^{(j)} + (\boldsymbol{H}^{(j)\mathrm{T}} \boldsymbol{H}^{(j)})^{-1} \boldsymbol{H}^{(j)\mathrm{T}}(\boldsymbol{z} - \boldsymbol{h}(\boldsymbol{x}_0^{(j)})) \tag{6-86}$$

迭代初值 $\boldsymbol{x}_0^0 = \boldsymbol{x}^{\mathrm{apr}}$ 可通过初轨确定,迭代过程直到连续两次损耗函数的相对改变量小于某个给定的门限为止。雅克比矩阵 $\boldsymbol{H}^{(j)}$ 应随每次迭代更新,以保证收敛效果,但也可以用常值 $\boldsymbol{H}^{(0)}$ 代替。尽管后者会导致迭代次数增加,但由于省去了大量状态转移矩阵的积分计算,整体计算量会减小。

实际上,不同类型观测数据的精度不同,其权重可以简单地用误差 $\sigma_i$ 的倒数来加权,用归一化的残差 $\hat{\rho}_i$ 代替残差 $\rho_i$,即

$$\hat{\rho}_i = \frac{1}{\sigma_i} \rho_i = \frac{1}{\sigma_i}(z_i - h_i(\boldsymbol{x}_0)) \tag{6-87}$$

式中:$\sigma_i$ 为随机噪声和系统误差(如大气折射)之和。

由此,最小二乘方程形式变成

$$\Delta \boldsymbol{x}_0^{\mathrm{lsq}} = (\boldsymbol{H}^{\mathrm{T}} \boldsymbol{W} \boldsymbol{H})^{-1}(\boldsymbol{H}^{\mathrm{T}} \boldsymbol{W} \Delta \boldsymbol{z}) \tag{6-88}$$

式中:$\boldsymbol{W}$ 是权矩阵。当误差不相关时,$\boldsymbol{W}$ 是一个对角矩阵

$$\boldsymbol{W} = \mathrm{diag}(\sigma_1^{-2}, \cdots, \sigma_n^{-2}) = \begin{bmatrix} \sigma_1^{-2} & & 0 \\ & \ddots & \\ 0 & & \sigma_n^{-2} \end{bmatrix} \tag{6-89}$$

## 6.3.2　模型中的偏导数矩阵

最小二乘的求解关键在于模型观测量对 $t_0$ 时刻状态参量的偏导数雅克比矩阵的求解,但直接求解该矩阵十分困难,需要利用求导链式法则转换为其他几类矩阵的求解,为此先介绍 4 类矩阵。

### 1. 状态转移矩阵

指定历元 $t_0$ 时刻的卫星状态矢量 $\boldsymbol{y}(t_0) = (\boldsymbol{r}^{\mathrm{T}}(t_0), \boldsymbol{v}^{\mathrm{T}}(t_0))^{\mathrm{T}}$,确定轨道的形状及空间定向。初始值的任何变化都会导致其后历元 $t$ 时刻位置和速度的变化,可用状态转移矩阵表示为

$$\left(\frac{\partial \boldsymbol{y}(t)}{\partial \boldsymbol{y}(t_0)}\right) = \boldsymbol{\varPhi}(t, t_0) \qquad (6\text{-}90)$$

**2. 敏感矩阵**

卫星轨道不仅与初始状态有关,也是作用在卫星上的各种力模型参数 $p_i(i=1,\cdots,n_p)$ 的函数。状态量与力模型参数的这种依赖关系可以用敏感矩阵描述,也就是关于力模型参数的偏导数矩阵

$$\left(\frac{\partial \boldsymbol{y}(t)}{\partial \boldsymbol{p}}\right)_{6 \times n_p} = \boldsymbol{S}(t) \qquad (6\text{-}91)$$

参数集 $\boldsymbol{p}$ 包括大气阻尼系数、光压系数 $(C_D, C_R)$、重力场模型系数等。

**3. 测量值关于状态量的偏导数矩阵**

测量值 $z(t)$ 与观测时刻的状态量 $\boldsymbol{y}(t) = (\boldsymbol{r}^{\mathrm{T}}(t), \boldsymbol{v}^{\mathrm{T}}(t))^{\mathrm{T}}$ 之间的关系用偏导数表示为

$$\left(\frac{\partial z}{\partial \boldsymbol{y}(t)}\right)_{1 \times 6} \qquad (6\text{-}92)$$

如果忽略光行时和光行差修正,仅考虑几何值,所有距离和角度的观测量($z = \rho$,$A$,$E$)对瞬时速度的偏导数 $\partial z / \partial \boldsymbol{v}(t)$ 都为零。

**4. 测量值关于测量模型参数的偏导数矩阵**

观测量预报还取决于某些测量模型参数 $q_i(i=1,\cdots,n_q)$,如角度读取中零点标校不足或观测站坐标的偏差等,这些量都可以在轨道确定的过程中进行估计。相应的偏导数由 $n_q$ 维矢量表示为

$$\left(\frac{\partial z}{\partial \boldsymbol{q}}\right)_{1 \times n_q} \qquad (6\text{-}93)$$

将上述偏导数结合在一起,就反映了单个测量值 $z$ 与初始状态量 $\boldsymbol{y}(t_0)$、力模型参数矢量 $\boldsymbol{p}$、测量模型参数 $\boldsymbol{q}$ 之间的关系,即

$$\frac{\partial z}{\partial \boldsymbol{x}(t_0)} = \left(\frac{\partial z}{\partial \boldsymbol{y}(t_0)}, \frac{\partial z}{\partial \boldsymbol{p}}, \frac{\partial z}{\partial \boldsymbol{q}}\right)_{1 \times n_p \times n_q} = \left(\frac{\partial z}{\partial \boldsymbol{y}(t)} \boldsymbol{\varPhi}(t, t_0), \frac{\partial z}{\partial \boldsymbol{y}(t)} \boldsymbol{S}(t), \frac{\partial z}{\partial \boldsymbol{q}}\right) \qquad (6\text{-}94)$$

注意到具体计算时,$\partial z_i / \partial(\cdot)$ 与 $\partial h_i / \partial(\cdot)$ 是等同的,则求解 $\partial \boldsymbol{h} / \partial \boldsymbol{x}_0$ 等同于求解 $\partial z / \partial \boldsymbol{x}_0$。结合式(6-94),将 $\partial \boldsymbol{h} / \partial \boldsymbol{x}_0$ 的求解转换为 $\partial \boldsymbol{h} / \partial \boldsymbol{y}$、$\boldsymbol{\varPhi}(t, t_0)$、$\boldsymbol{S}(t)$、$\partial \boldsymbol{h} / \partial \boldsymbol{q}$ 的计算。其中计算 $\boldsymbol{\varPhi}(t, t_0)$ 和 $\boldsymbol{S}(t)$ 的微分方程如下。

(1)状态转移矩阵的微分方程。

描述状态转移矩阵随时间变化的微分方程源自卫星的运动方程,具体形式为[2]

$$\frac{\mathrm{d}}{\mathrm{d}t} \boldsymbol{\varPhi}(t, t_0) = \begin{bmatrix} \boldsymbol{0}_{3 \times 3} & \boldsymbol{1}_{3 \times 3} \\ \dfrac{\partial \boldsymbol{a}(t, \boldsymbol{r}, \boldsymbol{v})}{\partial \boldsymbol{r}(t)} & \dfrac{\partial \boldsymbol{a}(t, \boldsymbol{r}, \boldsymbol{v})}{\partial \boldsymbol{v}(t)} \end{bmatrix} \cdot \boldsymbol{\varPhi}(t, t_0) \qquad (6\text{-}95)$$

初始条件为 $\boldsymbol{\varPhi}(t, t_0) = \boldsymbol{1}_{6 \times 6}$。

(2)敏感矩阵的微分方程。

敏感矩阵的微分方程给出了状态矢量对力模型参数的偏导数关系,具体形式为[2]

$$\frac{\mathrm{d}}{\mathrm{d}t} \boldsymbol{S}(t)_{6 \times n_p} = \begin{bmatrix} \boldsymbol{0}_{3 \times 3} & \boldsymbol{1}_{3 \times 3} \\ \dfrac{\partial \boldsymbol{a}(t, \boldsymbol{r}, \boldsymbol{v}, \boldsymbol{p})}{\partial \boldsymbol{r}(t)} & \dfrac{\partial \boldsymbol{a}(t, \boldsymbol{r}, \boldsymbol{v}, \boldsymbol{p})}{\partial \boldsymbol{v}(t)} \end{bmatrix}_{6 \times 6} \cdot \boldsymbol{S}(t) + \begin{bmatrix} \boldsymbol{0}_{3 \times n_p} \\ \dfrac{\partial \boldsymbol{a}(t, \boldsymbol{r}, \boldsymbol{v}, \boldsymbol{p})}{\partial \boldsymbol{p}} \end{bmatrix}_{6 \times n_p} \qquad (6\text{-}96)$$

（3）变分方程的形式和求解。

在具体计算时，可将状态转移矩阵和敏感矩阵的微分方程组合在一起得到如下形式的变分方程，即

$$\frac{\mathrm{d}}{\mathrm{d}t}(\boldsymbol{\Phi},\boldsymbol{S}) = \begin{bmatrix} \mathbf{0}_{3\times3} & \mathbf{1}_{3\times3} \\ \dfrac{\partial \boldsymbol{a}}{\partial \boldsymbol{r}} & \dfrac{\partial \boldsymbol{a}}{\partial \boldsymbol{v}} \end{bmatrix}_{6\times6} \cdot (\boldsymbol{\Phi},\boldsymbol{S}) + \begin{bmatrix} \mathbf{0}_{3\times6} & \mathbf{0}_{3\times n_p} \\ \mathbf{0}_{3\times6} & \dfrac{\partial \boldsymbol{a}}{\partial \boldsymbol{p}} \end{bmatrix}_{6\times(6+n_p)} \tag{6-97}$$

上式为一阶初值问题，可用数值积分的方法进行求解。由于变分方程是相互独立的，因此，变分方程与状态矢量必须同步积分，因为在变分方程右侧加速度偏导数的计算中需要知道卫星的位置和速度。对状态矢量 $\boldsymbol{y}$、转换转移矩阵 $\boldsymbol{\Phi}$ 和敏感矩阵 $\boldsymbol{S}$ 的联合积分需要对 $(7+n_p)$ 个六维一阶微分方程积分。需要强调的是，上述积分所耗费的时间要比仅对轨道微分方程积分 $(7+n_p)$ 次所耗费的时间少得多。这是因为数值积分过程中大量的时间都用于变分方程的计算，而不是积分程序本身。因此总的计算时间与加速度偏导数的计算量成正比。在计算加速度偏导数和加速度自身的过程中利用公共表达式，可大大减少计算时间。

偏导数计算的精度需求通常比轨道计算本身要宽松得多，因而在变分方程求解中一般采用简化的力模型，为了兼顾收敛速度，通常仅考虑地球中心引力和低阶带谐项重力场摄动（$C_{2,0}$）。

关于微分方程的数值积分算法以及各种摄动加速度的表达式在 6.1 节已经介绍过，下面分析摄动加速度的各种偏导数计算。

## 6.3.3　加速度的偏导数

### 1. 重力势

对变分方程中状态转移矩阵影响最大的是地球引力场的中心项

$$\ddot{\boldsymbol{r}} = -\frac{\mu}{r^3}\boldsymbol{r} \tag{6-98}$$

运用如下一般关系

$$\frac{\partial r^n}{\partial \boldsymbol{r}} = \frac{\partial (x^2+y^2+z^2)^{n/2}}{\partial \boldsymbol{r}} = nr^{n-2}\boldsymbol{r}^{\mathrm{T}} \tag{6-99}$$

得

$$\frac{\partial \ddot{\boldsymbol{r}}}{\partial \boldsymbol{r}} = -\mu\frac{\partial}{\partial \boldsymbol{r}}\left(\boldsymbol{r}\frac{1}{r^3}\right) = -\mu\left(\frac{1}{r^3}\mathbf{1}_{3\times3} - 3\boldsymbol{r}\frac{\boldsymbol{r}^{\mathrm{T}}}{r^5}\right) \tag{6-100}$$

进一步展开为

$$\frac{\partial \ddot{\boldsymbol{r}}}{\partial \boldsymbol{r}} = -\frac{\mu}{r^5}\begin{pmatrix} 3x^2-r^2 & 3xy & 3xz \\ 3yx & 3x^2-r^2 & 3yz \\ 3zx & 3zy & 3x^2-r^2 \end{pmatrix} \tag{6-101}$$

考虑地球引力摄动时，其对位置的偏导数矩阵 $\partial\ddot{\boldsymbol{r}}/\partial\boldsymbol{r}$ 也具有对称性，并且对角线元素之和为零，从而使得需计算的矩阵独立元素由 9 个减为 5 个。在地固坐标系中，这些元

素可由下式计算[2]：

$$\frac{\partial \ddot{\boldsymbol{r}}}{\partial \boldsymbol{r}} = \sum_{n,m} \frac{\partial \ddot{\boldsymbol{r}}_{nm}}{\partial \boldsymbol{r}} \tag{6-102}$$

Cunningham 推导了 $n$ 次 $m$ 阶项的具体表达式[44]。

最终要将上述地固坐标系下的偏导数转换到惯性坐标系下。在忽略科里奥利力和离心力情况下，有如下关系式：

$$\left(\frac{\partial \ddot{\boldsymbol{r}}}{\partial \boldsymbol{r}}\right)_{\text{GCRS}} = \left[\boldsymbol{C}_{\text{ITRS}}^{\text{GCRS}}\right]\left(\frac{\partial \ddot{\boldsymbol{r}}}{\partial \boldsymbol{r}}\right)_{\text{ITRS}}\left[\boldsymbol{C}_{\text{ITRS}}^{\text{GCRS}}\right]^{-1} \tag{6-103}$$

在状态转移矩阵中，由于地球引力加速度与卫星速度无关，考虑引力势的影响只需计算引力加速度对位置的偏导数。在敏感矩阵中，忽略地球自转参数对加速度的影响，值得关注的模型参数主要是地球引力常数 $GM_{\text{e}}$，以及引力模型系数 $C_{nm}$ 和 $S_{nm}$。

地球引力加速度对 $GM_{\text{e}}$ 的偏导数为

$$\frac{\partial \ddot{\boldsymbol{r}}}{\partial (GM_{\text{e}})} = \frac{1}{GM_{\text{e}}}\ddot{\boldsymbol{r}} \tag{6-104}$$

式中：$M_{\text{e}}$ 是地球质量。

地球引力加速度对引力系数的偏导数为

$$\left(\frac{\partial \ddot{z}}{\partial C_{nm}}, \quad \frac{\partial \ddot{z}}{\partial S_{nm}}\right) = (n-m+1)\frac{GM_{\text{e}}}{R_{\text{e}}^2}\left(-V_{n+1,m}, \quad -W_{n+1,m}\right) \tag{6-105}$$

式中：$R_{\text{e}}$ 是地球半径；$C_{nm}$ 和 $S_{nm}$ 是重力场系数，可查表获取；$V_{nm}$ 和 $W_{nm}$ 是一组可递推表示的系数，具体见文献[2]。上式给出了 $z$ 分量的表达式，其 $x$ 和 $y$ 分量的表达式读者可参考文献[2]进行推导。

**2. 第三体摄动**

根据式(6-8)，在以地球为中心的参考系下，日月和行星的摄动可表示为

$$\ddot{\boldsymbol{r}} = GM\left(\frac{\boldsymbol{s}-\boldsymbol{r}}{|\boldsymbol{s}-\boldsymbol{r}|^3} - \frac{\boldsymbol{s}}{|\boldsymbol{s}|^3}\right) \tag{6-106}$$

只有直接与引力相关的项与卫星的坐标有关，类似式(6-100)的推导，加速度对 $\boldsymbol{r}$ 的偏导数为

$$\frac{\partial \ddot{\boldsymbol{r}}}{\partial \boldsymbol{r}} = -GM\left(\frac{1}{|\boldsymbol{s}-\boldsymbol{r}|^3}\boldsymbol{1}_{3\times 3} - 3(\boldsymbol{s}-\boldsymbol{r})\frac{(\boldsymbol{s}-\boldsymbol{r})^{\text{T}}}{|\boldsymbol{s}-\boldsymbol{r}|^5}\right) \tag{6-107}$$

对质量和引力常数乘积的偏导数为

$$\frac{\partial \ddot{\boldsymbol{r}}}{\partial (GM)} = \frac{1}{GM}\ddot{\boldsymbol{r}} \tag{6-108}$$

**3. 大气阻力**

大气阻力引起的加速度的基本表达式为

$$\ddot{\boldsymbol{r}} = -\frac{1}{2}C_{\text{D}}\frac{A}{m}\rho v_{\text{r}}\boldsymbol{v}_{\text{r}} \tag{6-109}$$

式中：$v_{\text{r}} = |\boldsymbol{v}_{\text{r}}|$。

加速度对卫星速度的偏导数表示为

$$\frac{\partial \ddot{\boldsymbol{r}}}{\partial \boldsymbol{v}} = -\frac{1}{2} C_{\mathrm{D}} \frac{A}{m} \rho \left( \frac{\boldsymbol{v}_{\mathrm{r}} \boldsymbol{v}_{\mathrm{r}}^{\mathrm{T}}}{v_{\mathrm{r}}} + v_{\mathrm{r}} \boldsymbol{1}_{3 \times 3} \right) \tag{6-110}$$

对卫星位置的偏导数为

$$\frac{\partial \ddot{\boldsymbol{r}}}{\partial \boldsymbol{r}} = -\frac{1}{2} C_{\mathrm{D}} \frac{A}{m} v_{\mathrm{r}} \boldsymbol{v}_{\mathrm{r}} \frac{\partial \rho}{\partial \boldsymbol{r}} - \frac{\partial \ddot{\boldsymbol{r}}}{\partial \boldsymbol{v}} \boldsymbol{X}(\boldsymbol{\omega}_{\mathrm{e}}) \tag{6-111}$$

式中

$$\boldsymbol{X}(\boldsymbol{\omega}_{\mathrm{e}}) = \begin{bmatrix} 0 & -\omega_z & +\omega_y \\ +\omega_z & 0 & -\omega_x \\ -\omega_y & +\omega_x & 0 \end{bmatrix} \tag{6-112}$$

$\partial \rho / \partial \boldsymbol{r}$ 随不同的大气模型而不同,它只在某些较简单的模型下存在解析表达式,如 Jacchia71 大气模型下的解析表达式见参考文献[1],由于表达式过于复杂,这里不再累述。经典大气密度模型的复杂性使得解析计算密度梯度极端烦琐,数值微分提供了另一种有意义的选择,读者可参考文献[41]。

## 6.3.4 观测量对状态矢量的偏导数

在描述测量值关于卫星的瞬时位置、速度的相互关系的偏导数计算中,在一阶近似的基础上,可以忽略所有的光时效应,而仅考虑几何测量方程。角度和距离的测量表示成卫星在测站坐标系下坐标 $\boldsymbol{s}$ 的函数,而 $\boldsymbol{s}$ 与惯性坐标系中卫星位置矢量 $\boldsymbol{r}$ 和地固系中测站坐标 $\boldsymbol{R}$ 的关系为

$$\boldsymbol{s}(t) = \boldsymbol{E}(\boldsymbol{U}(t)\boldsymbol{r}(t) - \boldsymbol{R}) \tag{6-113}$$

式中:$\boldsymbol{U}$ 是从惯性坐标系到地固系的变换矩阵(等同于第 2 章中介绍的 $\boldsymbol{C}_{\mathrm{GCRS}}^{\mathrm{ITRS}}$),$\boldsymbol{E}$ 的表达式为

$$\boldsymbol{E} = \begin{bmatrix} \boldsymbol{e}_{\mathrm{N}}^{\mathrm{T}} \\ \boldsymbol{e}_{\mathrm{E}}^{\mathrm{T}} \\ \boldsymbol{e}_{\mathrm{Z}}^{\mathrm{T}} \end{bmatrix} = \begin{bmatrix} -\cos\lambda\sin\varphi & -\sin\lambda\sin\varphi & \cos\varphi \\ -\sin\lambda & \cos\lambda & 0 \\ \cos\lambda\cos\varphi & \sin\lambda\cos\varphi & \sin\varphi \end{bmatrix} \tag{6-114}$$

$\boldsymbol{E}$ 为北、东和天顶方向单位矢量构成的正交矩阵,是地固坐标系到测站坐标系的变换矩阵。一个距离或角度测量 $z$ 的偏导数可表示为

$$\frac{\partial z}{\partial \boldsymbol{r}} = \frac{\partial z}{\partial \boldsymbol{s}} \boldsymbol{E} \boldsymbol{U} \tag{6-115}$$

忽略光时修正和传播效应,测距对瞬时位置矢量的偏导数为

$$\frac{\partial \rho}{\partial \boldsymbol{r}} = \frac{\boldsymbol{s}^{\mathrm{T}}}{s} \boldsymbol{E} \boldsymbol{U} \tag{6-116}$$

式中:$s = |\boldsymbol{s}|$。测距对速度的偏导数全为零。类似地,可推导瞬时几何距离变化率的偏导数关系

$$\begin{cases} \dfrac{\partial \dot{\rho}}{\partial \boldsymbol{r}} = \dfrac{\boldsymbol{s}\dot{\boldsymbol{s}}^{\mathrm{T}} - \dot{s}\boldsymbol{s}^{\mathrm{T}}}{s^2} \boldsymbol{E} \boldsymbol{U} \\ \dfrac{\partial \dot{\rho}}{\partial \boldsymbol{v}} = \dfrac{\boldsymbol{s}^{\mathrm{T}}}{s} \boldsymbol{E} \boldsymbol{U} \end{cases} \tag{6-117}$$

瞬时几何距离变化率的表达式为

$$\dot{\rho} = \dot{s} = \frac{\boldsymbol{s}^{\mathrm{T}}\dot{\boldsymbol{s}}}{s} \tag{6-118}$$

使用方位角和俯仰角的基本表达式如下

$$\begin{cases} \dfrac{\partial A}{\partial \boldsymbol{r}} = \left( \dfrac{s_{\mathrm{N}}}{s_{\mathrm{E}}^2 + s_{\mathrm{N}}^2} \quad \dfrac{-s_{\mathrm{E}}}{s_{\mathrm{E}}^2 + s_{\mathrm{N}}^2} \quad 0 \right) \boldsymbol{EU} \\[3mm] \dfrac{\partial E}{\partial \boldsymbol{r}} = \left[ \dfrac{-s_{\mathrm{E}} s_{\mathrm{Z}}}{s^2 \sqrt{s_{\mathrm{E}}^2 + s_{\mathrm{N}}^2}} \quad \dfrac{-s_{\mathrm{N}} s_{\mathrm{Z}}}{s^2 \sqrt{s_{\mathrm{E}}^2 + s_{\mathrm{N}}^2}} \quad \dfrac{\sqrt{s_{\mathrm{E}}^2 + s_{\mathrm{N}}^2}}{s^2} \right] \boldsymbol{EU} \end{cases} \tag{6-119}$$

与测距相同,测角与速度无关,相应的偏导数为零。

## 6.3.5　观测量对测量模型参数的偏导数

对卫星位置的观测涉及各种测量模型参数,如观测站坐标、应答机延时、天线位移等。为评估这些参数微小误差的影响,或在轨道确定中估计它们的值,需要知道相应的观测量对测量模型参数的偏导数。由于许多参数只有在特定的应用中才会被关注,下面的讨论只限定于观测站坐标和简单的偏差值,它们是常被考虑的测量模型参数。

在大地测量中涉及的对观测站坐标的偏导数可以从式(6-113)和式(6-115)获得。它们都与观测量关于卫星状态矢量的偏导数密切相关,可以很容易地从前面章节的表达式推导得到。因为

$$\frac{\partial z}{\partial \boldsymbol{R}} = -\frac{\partial z}{\partial \boldsymbol{s}}\boldsymbol{E} = -\frac{\partial z}{\partial \boldsymbol{r}}\boldsymbol{U}^{\mathrm{T}} \tag{6-120}$$

测量偏差 $q = z - z^*$ 定义为实际测量值 $z$(受偏差的影响)与改正值 $z^*$(无偏差)之差,相应的偏导数为

$$\left( \frac{\partial z}{\partial q_i} \right) = \begin{cases} 1, & q_i \text{ 与 } z \text{ 相关} \\ 0, & q_i \text{ 与 } z \text{ 无关} \end{cases} \tag{6-121}$$

本节给出的偏导数的形式都非常复杂,相应的公式即使用计算机实现也非常烦琐且容易出错。在许多应用中,求导达到一定的精度就可以了,因此可用简单的差商近似来代替严格的导数计算,此法主要应用于状态转移矩阵和敏感矩阵的计算,具体可参考文献[41]。

## 6.3.6　轨道确定的一般步骤

轨道确定的基本流程图如图 6-7 所示。

轨道确定的一般步骤如下。

(1)航迹数据预处理。

主要工作是剔除观测资料中的异常测量值,修正各项系统误差,如大气折射、电波时延等,整理和压缩观测数据。

(2)初轨计算。

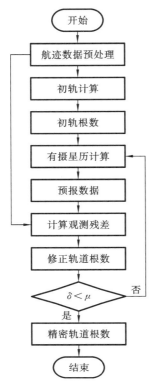

**图 6-7 轨道确定的基本流程图**

利用少量观测数据,选择合适的初轨确定算法计算轨道根数,这样得到的轨道根数称为初轨根数,初轨根数精度一般不高,但是计算速度快,对数据量要求小,可在发现目标后短时间内获取,在轨道确定流程中,它作为轨道改进的迭代初值参与运算。

(3)有摄星历计算。

以初轨根数为初值,选用适合的摄动力计算模型,计算出与一系列实际观测时刻 $t_i$ 对应的预报数据(一般为位置数据)。计算方法主要有两类:数值法和解析法。数值法精度较高,但计算速度较慢,解析法精度偏低,但计算速度很快。

(4)计算观测残差。

观测残差可通过下式计算:

$$\Delta z^{(j)} = z - z^{(j)} \tag{6-122}$$

式中:$\Delta z^{(j)}$ 为第 $j$ 轮迭代对应的观测误差;$z$ 为实际观测数据(一般为航迹数据);$z^{(j)}$ 为第 $j$ 轮迭代中由有摄星历计算得到的理论观测数据。

(5)修正轨道根数。

要对轨道根数进行修正必须先求得轨道根数修正值,该修正值可用下式计算:

$$\Delta x_0^{\text{lsq}} = (H^\mathrm{T} W H)^{-1} (H^\mathrm{T} W \Delta z^{(j)}) \tag{6-123}$$

式中:$H$ 为观测量对状态矢量的偏导数矩阵;$W$ 是权矩阵,在前面的章节中已详细介绍。用下式迭代更新轨道根数

$$x_0^{(j+1)} = x_0^{(j)} + \Delta x_0^{\text{lsq}} \tag{6-124}$$

同时计算观测残差的均方根

$$\text{RMS}^{(j)} = \sqrt{\frac{1}{n}(\Delta z^{(j)})^\mathrm{T} W \Delta z^{(j)}} \tag{6-125}$$

式中:$n$ 为观测数据的点数。

(6)迭代计算。

首先利用最近两次观测残差的均方根计算迭代参数

$$\delta = \left| \frac{\text{RMS}^{(j)} - \text{RMS}^{(j-1)}}{\text{RMS}^{(j)}} \right| \tag{6-126}$$

比较两次残差的均方根,如果 $\delta < \mu$,则迭代终止。其中 $\mu$ 为小量,一般可取为 0.01。如果 $\delta > \mu$,则回到步骤(3),将该轮修正的轨道根数作为输入再次代入有摄星历计算,继续迭代,直到最终满足 $\delta < \mu$ 为止。

## 6.3.7 主要误差源对定轨精度的影响

定轨精度主要与观测随机误差、观测系统误差、时间系统误差、摄动模型误差有关,

还与卫星轨道高度、地面跟踪站布局、数据加权参数的选取和观测站坐标误差等因素有关。

观测随机误差、观测系统误差和时间系统误差都是由跟踪系统引起的。观测系统误差和时间系统误差常常与设备标校工作有关,如果是常值系统误差,则可以很方便地在定轨过程中增加待估参数即可消除。对于观测随机误差,可以通过增加观测数据的个数降低该误差对定轨精度的影响。站址误差,特别是单站观测,即使大量增加观测数据也不能减少该误差的影响(如果测量数据精度很高,则可以求解观测站坐标,否则另当别论),这时观测站坐标的精度成为定轨精度的极限。

摄动模型误差直接影响卫星运动方程的精确性。理论上讲,摄动模型越精确,则定轨精度越高,实际工作中由于计算效率的关系,没有必要对所有摄动力都考虑。以返回式遥感卫星的轨道确定为例,YG-A3 的轨道参数为 $a = 6638.6$ km$, e = 0.0085$。假定考虑所有摄动因素时确定的卫星位置为标准位置,所有摄动因素包括 $36 \times 36$ 阶地球引力场模型、海潮、大气阻力、地球反照、相对论效应、UT1 短周期项、固体潮、极移、太阳光压、太阳引力、月球引力和姿控推力。表 6-8 给出了摄动模型误差(简化或未考虑某一摄动项)引起的卫星位置计算误差。

表 6-8  摄动模型误差引起的卫星位置计算误差

| 摄动模型误差 | 仅简化地球引力场 | | | 未考虑某一摄动项 | | | |
| --- | --- | --- | --- | --- | --- | --- | --- |
| | $4 \times 4$ | $8 \times 8$ | $16 \times 16$ | 海潮 | 大气阻力 | 地球反照 | 相对论 |
| 误差/m | 311.0 | 217.0 | 153.0 | 0.55 | 25000.0 | 0.01 | 0.02 |

| 摄动模型误差 | 未考虑某一摄动项 | | | | | | |
| --- | --- | --- | --- | --- | --- | --- | --- |
| | UT1 短周期 | 固体潮 | 极移 | 太阳光压 | 太阳引力 | 月球引力 | 姿态动力 |
| 误差/m | 0.35 | 3.83 | 9.99 | 1.72 | 5.23 | 13.36 | 4731.0 |

从表 6-8 可看出,对 YG-A3 这种近地卫星,地球引力场模型、大气阻力和姿控推力的模型误差是最主要的定轨误差源。

# 6.4  仿 真 应 用

## 6.4.1  仿真用例

对于空间目标监视雷达而言,利用观测数据,采用最小二乘轨道改进方法计算目标的轨道参数是它的一项重要任务。

为验证定轨的有效性,需要事先设定一个目标的轨道参数,由此推算出雷达对该目标在某个时间段的理论观测数据,加上雷达的观测误差后可以模拟雷达的实际观测数据。根据模拟的观测数据计算出目标的轨道参数,并与仿真设定的轨道参数进行比对来验证雷达定轨的有效性。根据以上仿真思路,设计如下仿真用例。

仿真目标为 HPOP 模型,考虑地球非球形引力、大气阻力和日月引力摄动,在历元时刻 2021-09-07 04:00:00 的轨道参数如表 6-9 所示。雷达站址的经纬高为 $(120°, 30°, 0)$,距离、方位和俯仰观测误差分别为 100 m、$0.1°$ 和 $0.1°$。根据 2021-09-07 19:15:01 至 19:15:10 每间隔 1 s 的 10 点观测数据计算目标的轨道根数。

表 6-9 卫星轨道参数

| 历元时刻 | 半长轴 | 偏心率 | 轨道倾角 | 近地点幅角 | 升交点赤经 | 真近点角 |
|---|---|---|---|---|---|---|
| 2021-09-07 04:00:00 | 6678.14 km | 0 | 28.5° | 0° | 0° | 0° |

## 6.4.2　仿真操作

根据上节的仿真思路,仿真操作分为两个部分:雷达观测数据的仿真模拟;编写最小二乘轨道改进程序计算轨道根数。

仿真数据可由 STK 软件生成,由于不是本教材的重点,故不赘述,具体方法读者可参考文献[14],这里主要介绍最小二乘轨道改进方法的程序设计思路。

图 6-8 是最小二乘轨道改进算法的程序设计流程图[45]。图中每点雷达观测数据 $y_i^o$ 包括距离、方位和俯仰 $(\rho, A, E)$ 三个分量;利用数值法求解参考轨道时,摄动因素要结合问题求解的精度尽可能考虑全面,而求解状态转移矩阵可以只考虑地球中心引力和低阶非球形摄动。

程序分为三层循环,第一层循环是数值微分方程求解的内部循环,输出结果是第 $i$ 时刻的参考轨道和状态转移矩阵;第二层循环是遍历每个观测值,根据最小二乘原理求解单次轨道改进量;第三层循环是执行多次最小二乘轨道改进,使最终结果趋近于实际轨道状态。

图 6-8 中的流程框图中还涉及地球非球形引力摄动、大气阻力摄动和日月引力摄动等因素引起的加速度扰动,下面分别介绍它们的计算方法。

图 6-9 给出了地球引力加速度计算的程序设计流程图。程序的输入为目标在 GCRS 下的位置矢量 $r_1$、GCRS 到 ITRS 的坐标转换矩阵 $C_{ITRS}^{GCRS}$ 和地球非球形引力阶数 $(m, n)$。具体计算过程为:利用式(2-43)计算目标在 ITRS 下的坐标 $r_b$,然后进一步转换为大地坐标 $(r_b, \varphi, \lambda)$,利用大地坐标以及输入的非球形引力阶数并根据式(4-19)可以计算缔合勒让德多项式的数值,再利用重力势系数文件 GGM03C.grv 由式(6-4)解算出各偏导数,最后利用式(6-3)输出 GCRS 下的加速度 $a_1$。

图 6-10 是大气阻力加速度计算的程序流程图[46],主要计算过程为:由输入的 UTC 时间,计算得到格林尼治平太阳时、当天 0 点至求解时刻的秒数、当年 1 月 1 日至当天的天数;由输入的大气数据文件获取和计算相应的 Ap 值,并合成需要的 Ap 数组;由输入的卫星位置矢量计算目标所在的经度、纬度、高度;根据上述信息,采用 NRLMSISE-00 模型计算大气密度;由卫星的位置和速度矢量,再根据地球自转角速度,计算卫星相对大

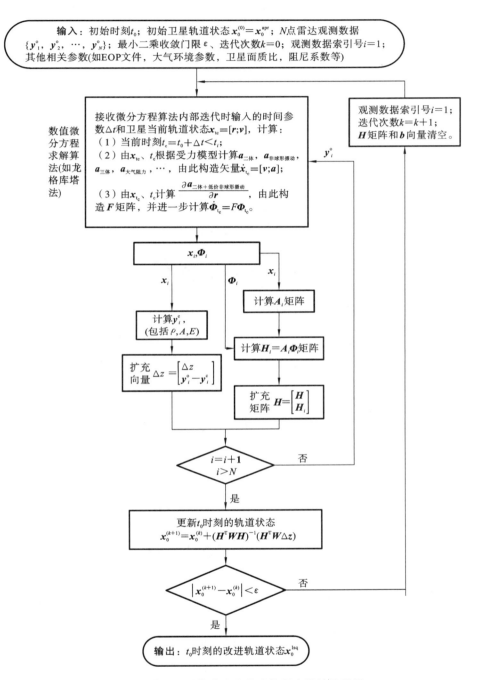

图 6-8　最小二乘轨道改进算法的程序设计流程图

气的速度；最后，由相对速度、大气密度以及输入的面质比和阻力系数，计算可得大气阻力加速度。

图 6-11 是日月引力加速度计算的程序流程图。由于 JPL 星历采用 TDB 时间格式，

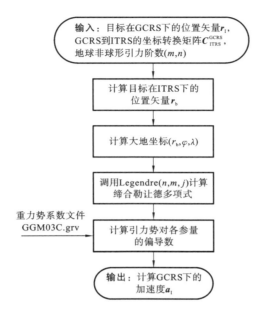

**图 6-9　地球引力加速度计算的程序设计流程图**

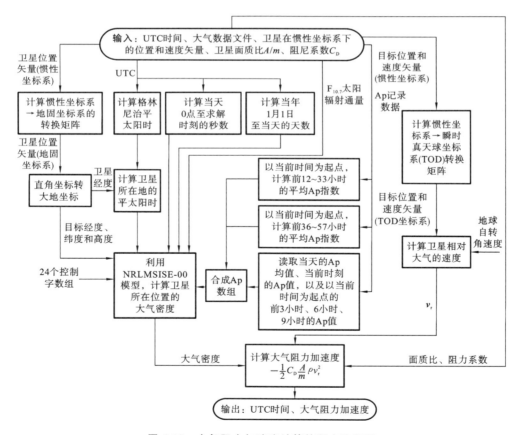

**图 6-10　大气阻力加速度计算的程序流程图**

首先将 UTC 时间转换为 TDB 时间,然后调用 jpl_eph 库[47]计算太阳、月球的地心矢量,最后利用式(6-8)计算加速度。

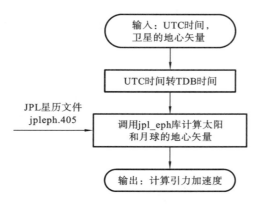

图 6-11 日月引力加速度计算的程序流程图

## 6.4.3 仿真分析

根据图 6-8 所示的定轨原理框图,利用 STK 仿真数据,计算得到目标在历元时刻 2021-09-07 19:15:00 的轨道参数(用 $r$、$v$ 表示)如表 6-10 所示。

表 6-10 雷达定轨结果

| 历元时刻 | $x$/km | $y$/km | $z$/km | $v_x$/(km/s) | $v_y$/(km/s) | $v_z$/(km/s) |
|---|---|---|---|---|---|---|
| 2021-09-07 19:15:00 | 5190.66 | 3692.61 | 2004.97 | −4.86 | 5.28 | 2.87 |

利用 3.3.1 节介绍的位置、速度与轨道根数的关系,计算目标的轨道根数,同时利用 STK 软件推算仿真目标在该时刻的轨道根数,结果如表 6-11 所示,比对分析可知定轨结果是有效的。

表 6-11 定轨结果比较(历元时刻 2021-09-07 19:15:00)

| 轨道根数 | 半长轴/km | 偏心率 | 轨道倾角/(°) | 近地点幅角/(°) | 升交点赤经/(°) | 真近点角/(°) |
|---|---|---|---|---|---|---|
| STK 预报 | 6671.867 | 0 | 28.5 | 0 | 0 | 38.99 |
| 图 6-8 方法 | 6683.566 | $9.35\times10^{-4}$ | 28.5164 | $2.45\times10^{-4}$ | $4.69\times10^{-4}$ | 38.9662 |

# 思 考 题

1. 简述轨道预报中解析法和数值法的区别。

2. 简述 SGP4/SDP4 轨道预报模型的特点与适用范围。

3. 简述轨道改进的概念和目的。

4. 请描述最小二乘轨道改进的原理。

5. 影响轨道确定精度的误差源有哪些？实际应用时如何考虑？

第7章

# 空间目标编目

空间目标编目是指通过各种观测数据和外部情报,确定空间目标的物理参数(包括轨道参数、运动学参数、形状参数、载荷功能、所属国家等),形成完整的空间目标数据库。空间目标编目是空间目标监视的主要任务之一,利用空间目标编目得到的数据库在平时可以预报可能发生的空间目标碰撞和陨落,为各类空间任务的实施提供信息保障,在战时也可以为战场态势分析、作战筹划以及星弹分选提供必要的信息支持。本章在讲解空间目标编目基本概念的基础上,介绍空间目标编目的常用数据库,并简要介绍空间目标编目和轨道匹配的基本流程。

## 7.1 空间目标编目的基本概念

为了应对不同任务需求,空间目标监视雷达需要具备多种数据库类型,如点迹库、航迹库、自编目库、TLE 编目库、非关联目标(Uncorrelated Target, UCT)编目库、目标分类库、轨道样本库、过境信息库等。当雷达发现新目标时,虽然有观测数据,但还不知道是什么目标,需要利用观测数据进一步对目标进行匹配、识别、归类,把目标数据放到对应的数据库中。

依照编目对象的类别,空间目标编目大致可分为以下三种不同的情况。

(1)对新目标的编目。

若目标为首次观测到的目标,那么在数据库中还没有相应的条目,此时需要建立新目标的条目,并将相关数据统一存储,同时在接下来的观测中不断更新。

(2)对已知目标的编目。

若观测数据对应的是编目库中某个已知目标,则首先需要与编目数据库中的目标进行匹配识别,然后对识别成功的目标轨道参数和历史观测数据进行更新。由于摄动和机动等原因,空间目标的轨道根数会不断变化,需要持续更新,否则当这些误差积累过大后,就无法和新的观测数据准确匹配,导致目标无法正确识别。有的目标由于前期积累数据有限,存在识别错误的问题,如将多个轨道运动特性接近的目标编目为同一目标,或者目标的类型识别错误等,也需要依据后续的观测进行检验和修正。这类对已知目标进行更新和修正的过程称为编目维持。

(3) 对陨落目标的编目。

编目数据库中的目标并不是只增不减的,对于观测并确认的陨落目标,在数据库中也需要做相应的处理。对于确定陨落的目标,需要将编目库数据中的相关数据(如轨道根数、历史观测数据等)转移到陨落目标库中,并从编目数据库中删除相应条目。

一般来说,空间目标编目需要具备以下前提条件。

(1) 具有强大的空间目标监视网。

空间目标的数量数以万计,且 90% 以上都是无源的非合作目标,因此,编目观测必须有强大的空间目标监视网支持。

(2) 设备端和中心均能进行空间目标关联工作。

空间目标编目的首要任务是弄清观测的是什么目标,并与编目数据库中的数据对应起来。一般而言,90% 的编目工作都可以在设备端直接进行,但也可以由空间目标监视中心统计多个观测站的观测数据来完成编目。

(3) 能及时更新和维护编目数据库。

轨道预报的精度随预报时间的增加而快速降低,这就要求对编目数据库中的目标进行持续跟踪,及时更新轨道数据,否则数据库很快就会失去作用。

# 7.2　空间目标编目的数据库

空间目标编目的过程和方法与采用的数据库相关,不同的数据库对应的编目方法和流程不同。空间目标数据库有很多种,以远程相控阵雷达为例,与编目相关的数据库主要包括以下数据库。

(1) 自编目数据库。

自编目数据库是指通过长期积累的观测数据构建的编目数据库,其数据主要来源于雷达长期观测。一般来说,每一部承担空间目标监视任务的远程相控阵雷达都具备自己的编目数据库,同时也是最重要的一个数据库。

(2) TLE 编目数据库。

TLE 编目数据库是基于美国 NASA 的空间目标编目数据信息构建的数据库,其数据主要来源于美国空间目标监视网观测积累的空间目标数据,目标的轨道根数以 TLE 格式存储。截至目前,NASA 的空间目标数据库依然是世界上最全面、最准确的空间目标数据库,对于自编目数据库可以起到很好的验证和引导编目作用。

（3）UCT 编目数据库。

UCT 编目数据库主要存放还未与已知目标匹配的目标数据。在进行空间目标观测时，实际观测得到的数据有时会无法与现有的编目数据库成功匹配，但又不足以确定为新目标。此时会将相关数据进行编目并存储到 UCT 编目数据库中，以期与其他时段或者其他雷达观测数据进行关联印证。一般情况下高轨道目标的 UCT 数据会保留 60 天，低轨道目标的 UCT 数据会保留 30 天。

TLE 编目数据库和 UCT 编目数据库的主要作用是对自编目库进行维持和扩充，TLE 编目库为自编目库提供参考和引导，可以帮助自编目库更有效率地进行编目。UCT 编目库是一种保护措施，也是自编目库中新目标形成的中继站。观测数据首先与自编目库进行匹配，匹配失败后再依次与 TLE 编目库和 UCT 编目库进行匹配。与三个数据库都匹配失败的目标称为暂控目标，将生成一条新的编目信息存入 UCT 库中。

空间目标编目数据库中存储的数据种类很多，在编目中主要用到的是两种数据：轨道根数数据和航迹数据。不同装备数据库格式并不统一，表 7-1 是轨道根数数据格式示例，表 7-2 是航迹数据格式示例。

表 7-1　自编目数据库中的轨道根数数据格式

| 名　　称 | 数 据 类 型 | 数 据 示 例 | 注　　释 |
|---|---|---|---|
| CATALOG_ID | NUMBER(8) | 164654 | 目标编号 |
| CATALOG_NO | NUMBER(15) | 10203134 | 编目号 |
| INSERTTIME | TIMESTAMP(3) | 19-6-16 13.00.00.000 | 最近一次定轨时间 |
| ORBITTIME | TIMESTAMP(3) | 19-6-16 12.37.00.000 | 最近一次观测时间 |
| TARGET_INTERNAL_NO | NUMBER(6) | 39453 | 国际编号 |
| TEMPORAY_MANAGE_NO | NUMBER(15) | 10203134 | 暂管编号 |
| ORBIT_PARA0 | BINARY_DOUBLE | 1.069034813 | 半长轴 |
| ORBIT_PARA1 | BINARY_DOUBLE | 0.002833318 | 偏心率 |
| ORBIT_PARA2 | BINARY_DOUBLE | 1.524221663 | 轨道倾角 |
| ORBIT_PARA3 | BINARY_DOUBLE | 5.242210416 | 升交点赤经 |
| ORBIT_PARA4 | BINARY_DOUBLE | 0.748981555 | 近地点幅角 |
| ORBIT_PARA5 | BINARY_DOUBLE | 1.995516325 | 过近地点时刻 |
| ORBIT_PARA6 | BINARY_DOUBLE | 0 | 基准时间 |
| ORBIT_PARA7 | BINARY_DOUBLE | 6023.5 | 开始时间 |
| ORBIT_PARA8 | BINARY_DOUBLE | 0.193591157 | 偏近点角 |
| DNDT | BINARY_DOUBLE | 0 | 平运动加速度 |
| RCS | BINARY_DOUBLE | 0.315703 | 散射截面积 |

表 7-2　自编目数据库中的航迹数据格式

| 名　　称 | 数 据 类 型 | 数 据 示 例 | 注　　释 |
|---|---|---|---|
| TRACK_ID | NUMBER(18) | 214671 | 航迹编号 |
| LSH | NUMBER(10) | 21 | 航迹流水号 |
| PH | NUMBER(8) | 1052 | 目标批号 |
| TEMPORAY_MANAGE_NO | NUMBER(15) | 10203151 | 暂管编号 |
| TARGET_INTERNAL_NO | NUMBER(6) | 22392 | 国际编号 |
| STARTTIME | TIMESTAMP(3) | 30-6-16 22.27.00.000 | 航迹起始时间 |
| ENDTIME | TIMESTAMP(3) | 30-6-16 22.49.00.000 | 航迹结束时间 |
| INSERTTIME | TIMESTAMP(3) | 30-6-16 22.56.00.000 | 最近一次定轨时间 |
| ORBITTIME | TIMESTAMP(3) | 30-6-16 22.27.00.000 | 最近一次观测时间 |
| ISSIM | NUMBER(1) | 1 | 目标类型 |
| PTNUM | NUMBER(5) | 112 | 航迹点数 |
| TRACK_DATA | BLOB | … | 航迹数据块 |
| MEAN_RCS | BINARY_DOUBLE | 0.417032 | 平均 RCS |

# 7.3　空间目标编目的基本流程

空间目标编目的基本流程如图 7-1 所示，在空间目标被相控阵雷达发现并获取观测数据的基础上，经过初始轨道确定后，就可以开始进行匹配和编目操作。具体步骤如下。

（1）自编目库匹配。

将观测数据以及目标的初始轨道根数与自编目库中的目标数据进行轨道匹配，若匹配成功（匹配目标数目为 1），则进行编目维持，即在自编目数据库中更新对应目标的数据，主要操作包括更新轨道根数，添加历史航迹数据等；若匹配失败，则说明在自编目库中找不到对应目标，此时有三种可能：一是数据库有该目标，但因为各种误差的存在无法匹配成功；二是自编目库中并没有该目标；三是匹配到的目标多于 1 个。这几种情况都算自编目库匹配失败，此时进入下一个 TLE 编目库匹配环节处理。

（2）TLE 编目库匹配。

当自编目库匹配失败，进入 TLE 编目库匹配时，会将观测数据以及目标的轨道根数与 TLE 编目库中的目标数据进行轨道匹配。若匹配成功，则说明该目标在 TLE 编目库中有记录，此时可以进行 TLE 引导编目，即利用 TLE 编目库中的数据对自编目库进行数据更新，若自编目库中无此目标，则根据 TLE 编目库的数据添加相应目标条目和数据到自编目库中；若编目库中存在对应目标数据，则更新相关数据，这一过程称为 TLE 引

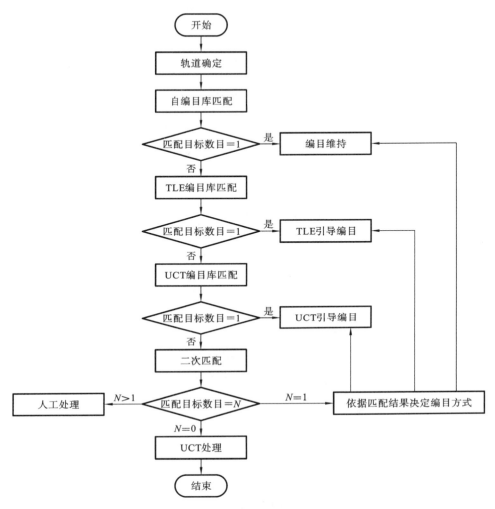

图 7-1  空间目标编目的基本流程

导编目。若匹配失败,则说明该目标在 TLE 编目库中不存在对应目标或者存在多个对应目标,此时将进行 UCT 编目库匹配。TLE 编目库匹配并非必需流程,属于可选操作,如不选择进行 TLE 编目库匹配,则可直接进入 UCT 编目库匹配。

(3) UCT 编目库匹配。

当自编目库和 TLE 编目库都匹配失败时,会将观测数据以及目标的轨道根数与 UCT 编目库中的目标数据进行匹配。UCT 编目数据库主要存放暂时无法与自编目库和 TLE 编目库匹配成功,并且无法确认是否为新目标的观测数据。若观测数据与 UCT 编目数据库匹配成功,则说明该目标至少已经被观测过一次且记录在了 UCT 编目库中,此时结合新的观测数据相互印证,就可以确定是否观测到了新目标。当确认为新目标后,将进行 UCT 引导编目,即依据 UCT 中记录的数据在自编目库中添加新的条目,并将 UCT 中对应的数据转移到自编目库中,然后从 UCT 编目库中删除该目标数据。若匹配失败,则说明 UCT 编目库中不存在对应目标。UCT 编目库也并非必需流程,属于可选项目,如不选择进行 UCT 编目库匹配,则直接进入二次匹配。

（4）二次匹配。

若该目标数据对自编目库、TLE 编目库和 UCT 编目库全部匹配失败,则会通过增加观测数据量以及调整门限的方式尝试进行二次匹配,这种"保险"措施是考虑到之前的匹配过程中,可能存在门限设置过于严格,而观测误差较大使得观测数据被排除在合格目标之外的情况。二次匹配的过程和前面的匹配过程相同,但相应的门限参数设置会略微放宽一些。若匹配成功,则更新数据库,若匹配失败,则转入 UCT 处理。

（5）UCT 处理。

若经过二次匹配后还是无法匹配成功,那么该目标可能是一个新目标,也可能仅仅是因为某些临时的观测异常导致的假目标,为了进一步确认,需要将该数据进行 UCT 处理,即将目标相关数据进行临时编目,存入 UCT 编目库中保存,当再次观测到该目标并与 UCT 编目库匹配成功后,则判定为新目标,若在设定时间范围内没有再次观测到目标并匹配成功,则认为这次观测的结果是观测异常导致的假目标,此时会删除 UCT 编目库中的相应条目和数据。

（6）人工处理。

若经过一系列匹配过程,最终匹配目标数目大于 1,则说明存在多个非常相似的目标轨道,通过一般匹配流程难以区分开来,这种情况称为匹配模糊,需要通过人工匹配单独处理。一般绝大部分的轨道根数的更新都是自动完成的,但仍有少数目标会因各种原因导致匹配失败,这部分需要依靠分析人员结合自身经验和知识进行处理,例如选择可信度较高的部分观测资料,或者根据筛选结果调整门限大小和类型、变更模型、调整迭代次数等方法进行轨道确定优化,并再次进行轨道匹配,从而确定目标的属性。

# 7.4 轨道匹配的基本流程

轨道匹配是指将观测数据和数据库中的轨道数据进行对比分析,判断其是否为同一目标的过程。轨道匹配是数据关联中的一种重要形式,也是空间目标编目得以实现的关键步骤。依照匹配采用的编目库不同,轨道匹配的流程可以分成三种:自编目库匹配、TLE 编目库匹配和 UCT 编目库匹配。

## 7.4.1 自编目库匹配具体流程

自编目库匹配流程如图 7-2 所示,其中的关键是匹配过程中的一系列门限设置。门限是一个数值,但是这个数值不是固定的,它与对应的参数相关,这些门限的设定是依据以往匹配效果的反馈经验不断调整的,一般无法事先通过理论公式直接计算最佳值,因此这一类的门限往往是通过不断的技术实践积累确定的。

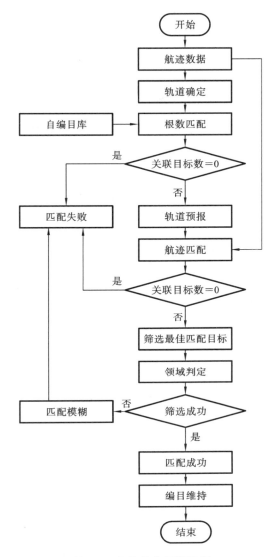

图 7-2　自编目库匹配流程

　　首先,我们利用航迹数据,通过轨道确定方法求得初始轨道根数,然后根据轨道根数匹配识别门限,与自编目库中存储的目标轨道根数进行根数匹配,完成初步筛选,考虑到轨道根数本身在观测误差影响下的稳定性,一般选择半长轴、轨道倾角、升交点赤经这三个参数进行筛选;若经过初步筛选后关联目标数为 0,则本次匹配失败;若关联目标数大于 0,则进入下一个筛选环节。

　　经过初步筛选得到的关联目标数一般不超过 10 个,可以依次使用关联目标的轨道根数进行轨道预报,形成对应观测时间的轨道预报,然后再用预报航迹和实际观测数据进行对比,计算预报偏差,并根据偏差进行航迹匹配。经过这一轮筛选后,若关联目标数为 0,则认为匹配失败;若关联目标数大于 0,则从满足条件的目标中挑选最佳匹配目标,这个目标一般选择位置误差最小的一个,再以该目标为中心,设置门限进行邻域判定,若邻域范围内还有其他目标,则说明存在匹配模糊,判为匹配失败;若邻域范围内无其他目标,则匹配成功,进入编目维持流程。

## 7.4.2 TLE 编目库匹配具体流程

TLE 编目库匹配流程如图 7-3 所示,首先利用当前观测数据进行轨道确定,求得初始轨道根数,然后根据轨道根数匹配门限,遍历 TLE 编目库中所有目标进行初步筛选,若关联目标数为 0,则本次匹配失败;若关联目标数大于 0,则进入下一步操作。

利用第一轮筛选出来的目标轨道根数进行轨道预报,将预报航迹和实测航迹数据进行对比,根据航迹匹配门限进一步筛选目标,若关联目标数为 0 或者大于 1,则认为均匹配失败,仅当关联目标数为 1 时认为匹配成功。接下来查看该目标在 TLE 编目库中的历史航迹数据,若历史航迹数目小于一定数量(一般为 3 次),就将本次航迹数据添加到 TLE 编目库中,并判断本次匹配失败;若历史航迹数目满足要求且与本次观测时间相差不大,则将全部历史航迹数据和本次航迹数据组成航迹链表,再次进行轨道确定(一般情况下,数据越多,定轨精度越高),用新的轨道根数进行轨道预报,并计算预报偏差。若最终偏差不满足要求,则匹配失败;若达到要求,则匹配成功。

TLE 编目库匹配成功说明该观测数据对应的目标在自编目库中尚未记录,但是在 TLE 库中是有记录的,同时也通过最新观测数据验证了目标真实存在,此时进行 TLE 引导编目,将最终确定的轨道根数和 TLE 库中的历史航迹数据新增到自编目库中。

## 7.4.3 UCT 编目库匹配具体流程

UCT 编目库匹配流程如图 7-4 所示。首先利用航迹数据通过轨道确定求得初始轨道根数,然后根据轨道根数匹配门限,与 UCT 编目库中的目标轨道根数进行根数匹配,完成初步筛选。若关联目标数为 0,则本次匹配失败;若关联目标数大于 0,则依次使用关联目标的轨道根数进行轨道预报,形成对应观测时间的预报航迹,再用预报航迹和实际观测数据进行对比,计算预报偏差,并根据偏差进行航迹匹配。经过筛选后,若关联目标数为 0,则认为匹配失败;若关联目标数大于 0,再从满足条件的目标中挑选最佳匹配目标。以该目标为中心,设置门限进行邻域判定,若邻域范围内还有其他目标,则说明存在匹配模糊,匹配失败;若邻域范围内无其他目标,则匹配成功,开始进行 UCT 引导编目。

UCT 编目库匹配成功说明该观测数据对应的目标在自编目库中尚未记录,但是在 UCT 库中是有记录的,UCT 编目库中的记录是之前观测到的但是匹配失败的暂存目标,此时匹配成功,说明该观测数据对应的目标已经被成功观测到两次,也意味着具备了新目标编目的基本条件,因此可在自编目库中新增对应条目,并将该目标数据添加到自编目库中,同时从 UCT 编目库中删除该目标相关数据,从而完成 UCT 编目库数据引导自编目库的数据更新,即 UCT 引导编目。

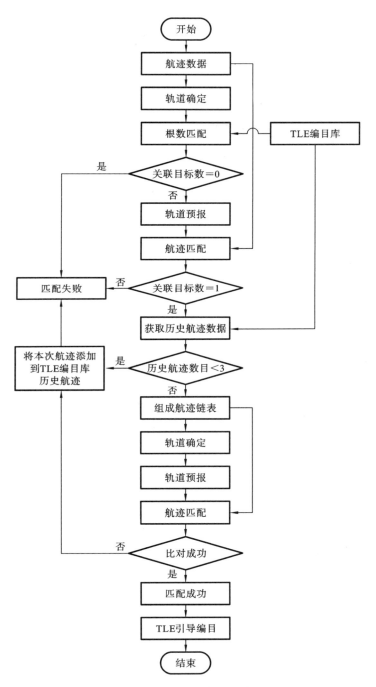

**图 7-3 TLE 编目库匹配流程**

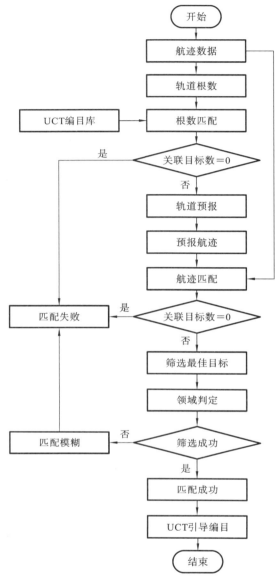

图 7-4　UCT 编目库匹配流程

# 7.5　仿真应用

## 7.5.1　仿真用例

近年来,随着雷达装备技术的快速进步,越来越多的雷达具备了空间目标探测的能力,针对空间目标识别技术的需求也逐渐增大,而空间目标的轨道特性因其可量化,对雷达波束特性依赖小,受大气层和电离层影响小等特点,非常适合进行空间目标识别。

从仿真研究角度,可以从空间目标数据库中选定一定数量的空间目标,根据它们的历史轨道根数仿真某个时段的雷达观测数据,并执行相应的轨道确定任务,将每个目标计算的轨道根数与数据库中的目标按照一定准则进行匹配,最后统计匹配成功率,从而验证基于轨道根数的空间目标识别方法的可行性。根据以上仿真思路,设计如下仿真用例。

从 NASA 空间目标数据库[48]中选取 100 颗卫星作为仿真识别对象,雷达站址的经纬高为(120°,30°,0),距离、方位和俯仰观测误差分别为100 m、0.1°和0.1°。雷达观测仿真时间段为 2019-11-24 12:00:00 至 2019-11-25 12:00:00,根据观测数据计算目标的轨道根数,并与数据库中的目标进行匹配识别。

## 7.5.2　仿真操作

要进行空间目标轨道识别,需要设计识别处理流程,尤其是匹配环节的操作。下面首先分析识别工作的理论基础,再设计识别算法的程序流程图。

基于轨道根数的空间目标识别处理流程如图 7-5 所示,包括坐标转换、初轨确定、轨道改进和轨道匹配四个步骤[49]。关于坐标转换、初轨确定和轨道改进的理论在前面章节已讲述,这里对轨道匹配的原理进行介绍。

图 7-5　基于轨道根数的空间目标识别处理流程

空间目标是沿着固有轨道运动的,它的六个轨道根数是决定其运行规律的主要参数,也是进行空间目标识别的基础。因此,空间目标的识别可以通过将观测数据与已知目标的轨道根数样本进行匹配实现。首先给出匹配识别的公式如下

$$\sum_{i=1}^{6} w_i \delta_i \leqslant T \tag{7-1}$$

式中:$\delta_i$ 为待识别目标相对样本目标的轨道根数误差,$i=1,\cdots,6$ 分别表示半长轴 $a$、偏心率 $e$、轨道倾角 $i$、升交点赤经 $\Omega$、近地点幅角 $\omega$ 和升交角距 $L$(可与真近点角进行互算);$w_i$ 为六个加权系数,满足 $w_1+w_2+w_3+w_4+w_5+w_6=1$;$T$ 为比较门限。如果上式满足,则目标匹配成功。

定轨相对误差 $\delta_i$ 由下式计算

$$\delta_i = \frac{\left| x_i^{\text{cal}} - x_i^{\text{exp}} \right|}{x_i^{\text{exp}}}, \quad i=1,\cdots,6 \tag{7-2}$$

式中:$x_i^{\text{cal}}$ 为利用雷达观测数据定轨得到的目标轨道根数;$x_i^{\text{exp}}$ 为样本库中的目标轨道根数。

权重系数 $w_i$ 和门限 $T$ 的设置是轨道匹配的关键,文献[49]的方法是:利用 2019 年 8 月 NASA 公布的空间目标数据库,根据某型雷达的威力范围,从中选出 15119 个(以下记为 $N$)近地点高度小于 2000 km 的目标作为样本库。设置雷达的站址和跟踪空域范围,

依据雷达的测量精度,对这 $N$ 个目标按 $3\sigma$ 准则仿真得到带观测误差的距离、方位和俯仰数据(以下记为 RAE 数据)。由 RAE 数据定轨获得这 $N$ 个目标的轨道根数,然后按式 (7-2)计算相对误差,这样对每个轨道根数都得到一个相对误差序列 $\delta_i^j$($i=1,\cdots,6$;$j=1,\cdots,N$),接着计算相对误差序列的标准差 $\sigma_i$,即

$$\sigma_i = \sqrt{\dfrac{\sum\limits_{j=1}^{N}\left(\delta_i^j - \dfrac{1}{N}\sum\limits_{k=1}^{N}\delta_i^k\right)^2}{N-1}}, \quad i=1,\cdots,6 \tag{7-3}$$

则各轨道根数的权重系数 $w_i$ 可由下式计算获得

$$w_i = \dfrac{1/\sigma_i}{\sum\limits_{k=1}^{6}1/\sigma_k}, \quad i=1,\cdots,6 \tag{7-4}$$

有了 $w_i$ 后,可以对这 $N$ 个目标分别计算参数 $T^j$($j=1,\cdots,N$)

$$T^j = \sum\limits_{i=1}^{6}w_i\delta_i^j \tag{7-5}$$

然后计算它的均值 $m_T$ 和标准差 $\sigma_T$,则门限 $T$ 可由下式计算获得

$$T = m_T + (3 \sim 5)\sigma_T \tag{7-6}$$

从式(7-6)也可以看出,轨道改进精度越高(即 $\delta_i$ 越小),则轨道匹配的门限 $T$ 就越小。

依据式(7-6)理论基础,图 7-6 给出了基于轨道根数的空间目标实时识别程序设计流程图,并编制了空间目标实时识别软件[50]。为叙述方便,以图 7-6 中给出的典型参数设置为例,其基本思路是在雷达任务规划席位通过内网 UDP 方式接收来自雷达显控席的目标点迹数据,通过坐标转换模块,将雷达测站的 RAE 数据转换为惯性坐标系下的

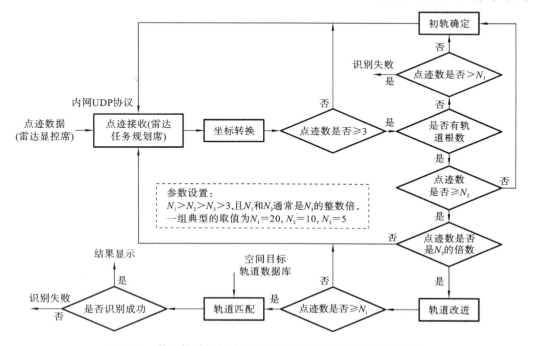

图 7-6　基于轨道根数的空间目标实时识别程序设计流程图

$XYZ$ 数据，如果积累的点迹数据达到 3 个，则判断是否有轨道根数，如果没有且点迹数大于 20，则识别失败，程序结束；如果有轨道根数，但点迹数小于 10，则执行初轨确定，每次初轨计算都取当前航迹的首、中、末三点，如果这三点计算失败，也可利用最新的三点数据计算；如果有轨道根数，但点迹数不是 5 的倍数，则继续获取新的点迹；如果有轨道根数，且点迹数是 5 的倍数，则执行轨道改进，改进后判断点迹数是否小于 20，小于则获取新的点迹，否则进行轨道匹配操作，从本地空间目标数据库中识别出相应目标。

按照上文介绍的方法计算权重系数可得：$w_1 = 0.402, w_2 = 0, w_3 = 0.293, w_4 = 0.277, w_5 = 0, w_6 = 0.078$；比较门限 $T = 0.004$。

## 7.5.3　仿真分析

将 100 颗卫星的仿真数据输入到空间目标实时识别程序中，经实时定轨和识别后全部正确。限于篇幅，表 7-3 列出了 3 颗卫星具体计算结果，时间为 UTCG 格式，即格林尼治协调世界时。在仿真计算中，我们发现对于近圆轨道，由于近地点不明确，导致近地点幅角和真近点角的计算误差较大，此时采用升交角距参数更为适合。

表 7-3　仿真数据目标识别结果

| 目标编号 | 期望根数 | 定轨根数 | $\sum\limits_{i=1}^{6} w_i \delta_i$ | 匹配结果 | 识别结果 |
|---|---|---|---|---|---|
| 44451 | $T = 2019\text{-}11\text{-}24\ 12{:}01{:}08$<br>$a = 6981.343\ \text{km}$<br>$e = 0.001233$<br>$i = 34.959°$<br>$\Omega = 333.258°$<br>$\omega = 56.301°$<br>$L = 34.431°$ | $T = 2019\text{-}11\text{-}24\ 12{:}01{:}08$<br>$a = 6980.258\ \text{km}$<br>$e = 0.001274$<br>$i = 34.777°$<br>$\Omega = 332.995°$<br>$\omega = 11.506°$<br>$L = 34.591°$ | 0.00209 | 编号 = 44451<br>名称 = YAOGAN-30 Q<br>国家 = 中国 | 成功 |
| 44450 | $T = 2019\text{-}11\text{-}24\ 12{:}35{:}14$<br>$a = 6980.516\ \text{km}$<br>$e = 0.000397$<br>$i = 34.949°$<br>$\Omega = 333.419°$<br>$\omega = 22.955°$<br>$L = 42.161°$ | $T = 2019\text{-}11\text{-}24\ 12{:}35{:}14$<br>$a = 6983.171\ \text{km}$<br>$e = 0.000623$<br>$i = 35.167°$<br>$\Omega = 333.788°$<br>$\omega = 92.345°$<br>$L = 41.908°$ | 0.00271 | 编号 = 44450<br>名称 = YAOGAN-30 P<br>国家 = 中国 | 成功 |
| 44449 | $T = 2019\text{-}11\text{-}24\ 13{:}09{:}54$<br>$a = 6979.699\ \text{km}$<br>$e = 0.001546$<br>$i = 34.959°$<br>$\Omega = 333.604°$<br>$\omega = 82.877°$<br>$L = 49.850°$ | $T = 2019\text{-}11\text{-}24\ 13{:}09{:}54$<br>$a = 6978.784\ \text{km}$<br>$e = 0.001321$<br>$i = 34.911°$<br>$\Omega = 333.527°$<br>$\omega = 72.157°$<br>$L = 49.906°$ | 0.00048 | 编号 = 44450<br>名称 = YAOGAN-30 N<br>国家 = 中国 | 成功 |

# 思 考 题

1. 依照编目对象的类别,空间目标编目大致可以分为 3 种不同的情况,请简述这三种情况的处理方法。

2. 要完成空间目标编目,空间目标监视系统需要具备的前提条件有哪些?

3. 空间目标编目主要涉及三个数据库,请写出三个数据库名称,并简述其特点。

4. 请简述空间目标编目的基本流程。

5. 在进行空间目标观测时,实际观测得到的数据有时会无法与现有的编目数据库中的目标成功匹配,但又不足以确定为新目标,此时应该如何处理?

# 第8章

# 轨道分类与特殊轨道

卫星轨道可依据轨道偏心率、轨道半长轴（轨道高度）、轨道倾角等因素进行分类。卫星依据不同的任务会选择不同的轨道,有些轨道因具备特殊的运行规律被称为特殊轨道,如地球同步轨道等。在掌握了前述章节关于轨道运动的基本原理和分析方法的基础上,本章介绍轨道的基本分类,以及地球同步轨道、冻结轨道、太阳同步轨道和回归轨道等几类典型轨道的特点和构型原理。

## 8.1  轨道的基本分类

开普勒轨道根数是描述卫星轨道运动特性的重要工具,根据轨道根数可初步判断轨道的类型和特性,基本的轨道分类可以根据轨道高度（半长轴）、轨道偏心率和轨道倾角来划分。

### 1. 根据轨道偏心率划分

轨道偏心率决定了轨道的形状。对于绕地球运行的卫星,其轨道偏心率的取值范围为$[0,1)$。根据轨道偏心率可将轨道划分为圆轨道、近圆轨道和椭圆轨道。

（1）轨道偏心率 $e=0$ 的轨道称为圆轨道。

（2）轨道偏心率满足 $0<e\leqslant0.1$ 的轨道称为近圆轨道。

（3）轨道偏心率满足 $0.1<e<1$ 的轨道称为椭圆轨道。

由于摄动的影响,在实际情况中 $e=0$ 的标准圆轨道是不存在的,严格来说目前绝大多数空间目标轨道都是近圆轨道。

### 2. 根据轨道高度划分

对于圆形轨道和近圆形轨道,一般可以按照轨道高度划分为低轨道、中轨道、高轨道三种类型。

（1）低轨道（Low Earth Orbit，LEO）：指轨道高度在 1000 km 以内的目标轨道。这类轨道上的卫星飞行高度低、周期短，因此具有地面观测分辨率高、天线发射功率要求低、通信延迟小等优点，但也存在覆盖范围小、单个卫星对固定区域覆盖时间短的缺点。低轨道卫星受大气阻力影响大，进行轨道维持消耗较大，同时由于地球大气的准确模型难以建立，对低轨卫星进行较长时间轨道预报的精度也较差。运动在低轨道的空间目标约占空间目标总量的 74.5%，其中绝大多数是近圆轨道。

（2）中轨道（Medium Earth Orbit，MEO）：指轨道高度在 1000～25000 km 的轨道，这个范围部署的主要有通信卫星、气象卫星和转移轨道卫星（向地球同步轨道或星际轨道转移的卫星）。中轨道上的卫星覆盖范围和对固定区域的覆盖时间都较长，可选择的高度空间也较大，同时由于大气阻力摄动和地球非球形引力摄动的影响相较于低轨道卫星明显要小，其轨道稳定性较高，轨道预报的精度也较高。

（3）高轨道（High Earth Orbit）：是指轨道高度在 25000 km 以上的轨道，这个范围内的空间目标主要运行在地球同步轨道（GEO、IGSO）和同步卫星垃圾轨道。我们一般不将高轨道简称为 HEO，因为这样会和高椭圆轨道（High Elliptical Orbit，HEO）的简称发生混淆。

**3. 根据轨道倾角划分**

轨道倾角的取值范围为 $0° \leqslant i \leqslant 180°$。根据轨道倾角的不同，可以将轨道划分为赤道轨道、极轨道、顺行轨道和逆行轨道四类，如图 8-1 所示。

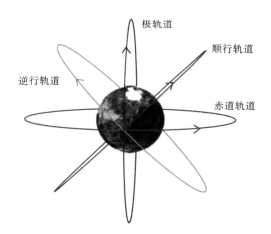

**图 8-1 按轨道倾角划分的轨道类型示意图**

（1）当 $0° < i = 0°$ 或 $i = 180°$ 时，为赤道轨道，轨道平面与赤道平面近似重合。

（2）当 $i = 90°$ 时，为极轨道，轨道平面与赤道平面近似垂直。

（3）当 $0° < i < 90°$ 时，为顺行轨道，卫星运动方向与地球的自转方向一致。

（4）当 $90° < i < 180°$ 时，为逆行轨道，卫星运动方向与地球的自转方向相反。

考虑到摄动的影响，轨道倾角会存在微小的变化，不存在轨道倾角严格等于 $0°$、$90°$ 或 $180°$ 的轨道，因此在划分轨道类型时，采用的都是近似标准。

以上是几种常见的轨道分类，绝大部分空间目标轨道都可以分类到这些轨道中，但也有一些特殊轨道类型,这些特殊轨道因为有着特殊的轨道特性而被广泛应用。接下来我们介绍几种典型特殊轨道类型。

## 8.2 特殊轨道原理与特点

### 8.2.1 地球同步轨道

地球同步轨道(Geosynchronous Earth Orbit)是指轨道半长轴约为 42160 km(轨道高度约 35780 km)、轨道偏心率约为 0 的轨道,这类轨道最重要的特性就是与地球自转同步(周期 $T$ 为 24 小时)。地球同步轨道可以进一步划分为地球静止轨道和倾斜地球同步轨道两类,如图 8-2 所示,轨道倾角分别为 0° 和 55°。

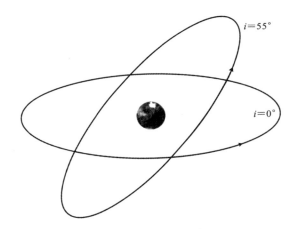

图 8-2 地球同步轨道示意图

地球静止轨道(Geostationary Earth Orbit,GEO)是地球同步轨道的特例,在地球静止轨道上运行的卫星相对地面上任何一个观测点都静止不动,所以其星下点也是静止不动的,如图 8-3(a)所示。这种卫星在对地观测和对地通信方面具有许多优势。

地球同步轨道的倾角 $i>0$° 时称为倾斜地球同步轨道(Inclined Geosynchronous Orbit,IGSO)。该轨道的星下点轨迹成"8"字形,如图 8-3(b)所示。相对于地球静止轨道,倾斜地球同步轨道具有更大的纬度覆盖范围,但其星下点不再是静止的。

由于轨道高度高,传感器对地覆盖范围广,理论上三颗地球静止轨道卫星即可覆盖全球大部分地区。工程上通常利用静止轨道的这些特性来布设电视转播卫星、通信卫星、气象卫星、预警卫星等,具有重要的经济和军事价值。由于地球静止轨道资源的特殊性,目前轨道上已是"星满为患",根据国际规定,两颗相邻的地球静止轨道卫星的定点经度间隔不能小于 2°,轨位资源是极其有限的。

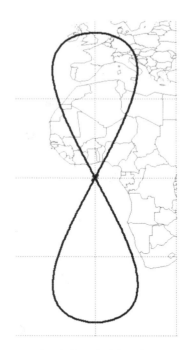

（a）地球静止轨道　　　　　　　　　　　　（b）倾斜地球同步轨道

图 8-3　地球同步轨道星下点轨迹示意图

## 8.2.2　冻结轨道

冻结轨道是指近地点不发生进动，即近地点幅角保持不变的特殊轨道，其轨道倾角为 63.4°或 116.6°。冻结轨道通常用于对地观测卫星，其优势在于可对指定纬度区域保持较为稳定的可见关系。

地球非球形引力摄动的影响导致航天器轨道在轨道平面内发生旋转，表现为近地点幅角的缓慢进动。在近似条件下，航天器轨道近地点幅角随时间的变化可以表示为

$$\frac{\mathrm{d}\omega}{\mathrm{d}t}\approx1.03237\times10^{14}a^{-\frac{7}{2}}(4-5\sin^2 i)(1-e^2)^{-2} \tag{8-1}$$

由上式可知，近地点幅角随时间的变化速度与轨道倾角相关，具体为以下几点。

（1）当轨道倾角满足 $i<63.4°$ 或 $i>116.6°$ 时，轨道旋转方向与卫星运动方向相同。

（2）当轨道倾角满足 $i=63.4°$ 或 $i=116.6°$ 时，轨道不旋转。

（3）当轨道倾角满足 $63.4°<i<116.6°$ 时，轨道旋转方向与卫星运动方向相反。

冻结轨道就是轨道倾角满足 $i=63.4°$ 或 $i=116.6°$ 的轨道，该轨道近地点幅角随时间变化率为 0，此时近地点幅角保持不变，就如同被"冻结"了一样。

在冻结轨道中，有一种常用轨道称为闪电轨道，也称莫尼亚轨道（Molniya Orbit）。该轨道源于俄罗斯科学家构建的一种特殊轨道，因为 1960 年第一颗采用该轨道的卫星称为闪电型通信卫星，所以该轨道称为闪电轨道。

该轨道有两个明显的特点。

（1）轨道半长轴约为 26553 km，偏心率高达 0.74，使得远地点比地球静止轨道还要远，当卫星运行到远地点附近时，运动角速度很小，因此可以获得很长的驻留观测时间。

（2）轨道倾角为 63.4°或 116.6°，保证轨道的远地点不会在轨道面内发生进动，因此可长期稳定地对北极地区进行监视。

目前美、俄两国都经常采用闪电轨道布设导弹预警卫星。在这种导弹预警卫星星座中，闪电轨道主要用于覆盖北极地区，对北极地区进行长期持续预警和监视。通常两颗闪电轨道卫星相配合，即可实现对北极地区 24 小时连续覆盖，再结合其他地球静止轨道的导弹预警卫星，即可实现对全球大部分地区的预警和监视功能。

闪电轨道虽然在性能上有极大的优势，但也不是一条稳定的轨道，其不稳定性主要体现在半长轴的衰减和升交点的进动上。因此，闪电轨道卫星在实际工作过程中，需要频繁地进行轨道控制，以保持轨道的长期稳定。

## 8.2.3　太阳同步轨道

太阳同步轨道是指轨道根数满足一定的特殊条件，使轨道面与日地连线的夹角保持不变，卫星每次过境时星下点对应的本地时间几乎不变的轨道。地球非球形引力摄动的主要影响之一是引起航天器的轨道平面发生旋转，即表现为升交点的缓慢进动。航天器轨道升交点赤经随时间的变化可以近似表示为

$$\frac{\mathrm{d}\Omega}{\mathrm{d}t} \approx -2.06474 \times 10^{14} a^{-\frac{7}{2}} (1-e^2)^{-2} \cos i \tag{8-2}$$

由上式可知，轨道平面的进动速度与轨道倾角相关，具体为以下几点。

（1）当轨道倾角满足 $i < 90°$ 时，轨道平面向西旋转。

（2）当轨道倾角满足 $i = 90°$ 时，轨道平面不旋转。

（3）当轨道倾角满足 $i > 90°$ 时，轨道平面向东旋转。

对于轨道倾角不等于 90°的卫星，其升交点都会沿赤道面向西或向东发生进动，升交点进动的方向和角速率都与轨道倾角相关。于是就会出现一种特殊情况，即升交点沿赤道面向东进动，且进动的角速率刚好与地球公转的平均角速率相等。此时，卫星的轨道呈现出一种极为特殊的状态，如图 8-4 所示，轨道面与日地连线的夹角将保持不变。因此，卫星每次经过地球的向阳面时，其星下点地方时（本地时间）都保持不变。

太阳同步轨道通常用于对地成像侦察卫星，这种轨道上的卫星在对星下点区域进行成像时，对应的本地时间都处于光照较好且云层和雾气相对较少的时段，因此可以获得最好的成像效果。太阳同步轨道的特性可以利用轨道摄动的效果实现，这要求太阳同步轨道的升交点进动刚好抵消地球公转导致的太阳相对地球的方位变化，即

$$\frac{\mathrm{d}\Omega}{\mathrm{d}t} \approx \frac{360°}{365.2422 \text{ day}} = 0.9856 \text{ °/day} \tag{8-3}$$

将上式代入式（8-2），可得半长轴 $a$、偏心率 $e$ 和轨道倾角 $i$ 满足

$$\cos i = -K(1-e^2)^2 a^{\frac{7}{2}} \tag{8-4}$$

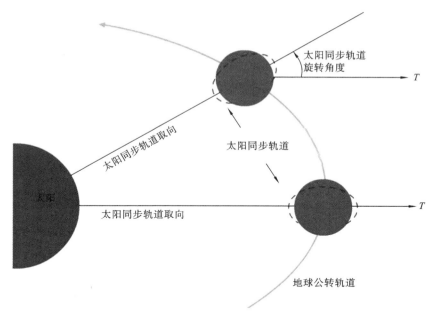

图 8-4 太阳同步轨道

式中:$a$ 的单位为千米,$K$ 为常数,取值约为 $4.8298 \times 10^{-15}$。

**例 8.1** 已知某卫星为太阳同步轨道卫星,其轨道倾角 $i = 103.3°$,若该卫星轨道为圆轨道,试求其轨道半长轴和周期(取 $\mu = 4 \times 10^5$ km$^3 \cdot$ s$^{-2}$,$\cos 103.3° \approx -K \cdot 90^7$)。

**解** 依据式(8-4),可得

$$a = \left( \frac{-\cos i}{K(1-e^2)^2} \right)^{\frac{2}{7}}$$

代入 $e=0$,$i=103.27°$,解得

$$a = 8100 \text{ km}$$

根据开普勒第三定律,可得

$$T = 2\pi \sqrt{\frac{a^3}{\mu}} = 729\sqrt{10}\pi \text{ s} \approx 7238.6 \text{ s} \approx 2.01 \text{ h}$$

由式(8-4)可知,$\cos i$ 恒为负值,因此太阳同步轨道的轨道倾角必须大于90°,即为逆行轨道。从地球上发射逆行轨道的卫星,由于需要对抗地球自转加速度,会耗费更多的能量,是一条并不"经济"的轨道,所以除太阳同步轨道外,一般卫星很少采用逆行轨道。

由于对地成像侦察卫星通常轨道高度较低,且为圆轨道,式(8-4)可简化为

$$\cos i = -0.09969 \left( \frac{R_e + h}{R_e} \right)^{\frac{7}{2}} \tag{8-5}$$

式中:$R_e = 6378.137$ km,为地球半径;$h$ 为卫星轨道距离地面的高度。

## 8.2.4　回归轨道

回归轨道是指星下点轨迹定期重复的轨道,回归轨道星下点轨迹如图 8-5 所示。星

下点轨迹两次经过同一位置所需的最小周期称为回归周期。回归轨道通常用于对地侦察卫星、导航卫星、试验卫星以及空间站。对于侦察卫星,其优势在于可以定期重复侦察指定的重点区域;对于导航卫星及空间站等,其优势在于地面测控站可以定期对该卫星进行测控和通信,提升系统稳定程度。

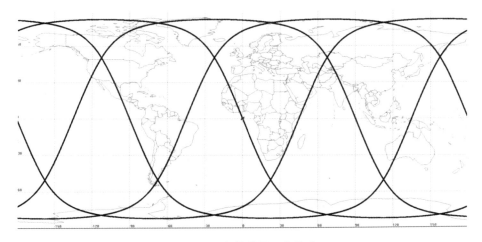

**图 8-5　回归轨道星下点轨迹**

记卫星轨道周期为 $T_\Omega$,假设卫星每经过 $D$ 天(地球自转 $D$ 圈),刚好绕地球转 $N$ 圈,其星下点轨迹开始重复,即满足

$$N \cdot T_\Omega = D \cdot T_e \tag{8-6}$$

式中:$T_e = 1440$ min,为地球自转周期。所以上式也可记作

$$N/D = 1440/T_\Omega \tag{8-7}$$

式中:$D$ 称为回归周期,单位为天。回归轨道的回归特性可以用 $N/D$ 的形式描述,这样的轨道称为 $N/D$ 回归轨道,需要注意的是 $N$、$D$ 必须都是整数,且 $N/D$ 不可约。

回归轨道当中,当 $N$ 和 $D$ 中有一个取值为 1 时,称为回归轨道;当 $N$ 和 $D$ 都不为 1 时,称为准回归轨道。通常在轨道设计中,会尽量避免用回归轨道,而采用准回归轨道,原因在于回归轨道的轨道周期会与地球的自转发生共振效应,导致轨道的稳定性降低。回归轨道会受到各种摄动因素影响,轨道半长轴、轨道倾角、升交点赤经等参数都会随时间发生变化,星下点轨迹会逐渐偏离预期路线,导致重访性能逐渐下降,因此也需要根据实际情况在适当的时机进行轨道机动,以确保卫星的重访性能满足任务要求。

**例 8.2**　某卫星轨道周期满足 90 min＜$T$＜100 min,其轨道为准回归轨道,且最小重复周期为 6 天,若以回归特性划分,请问满足以上条件的轨道回归特性有几种?请以 $N/D$ 格式描述其回归特性。

**解**　根据题目要求,有

$$90 < T < 100$$

代入式(8-7),可得

$$14.4 < N/D < 16$$

已知最小重复周期 $D=6$ 天,可得

$$86.4 < N < 96$$

由于 $N$ 必须为整数,于是有

$$N=87,88,89,90,91,92,93,94,95$$

考虑 $N/D$ 不能进一步约分,则有

$$N=89,91,95$$

因此,满足以上条件的轨道回归特性有 3 种,其回归特性为

$$89/6,91/6,95/6$$

# 8.3 仿真应用

## 8.3.1 仿真用例

本章讲解了多种不同类型的特殊轨道,这些特殊轨道在构建时要求轨道根数满足一定的特殊条件,同时往往还需要满足一些额外的附加条件,例如地球同步轨道在构建时需要考虑星下点经度,而太阳同步轨道需要考虑过境位置和升(降)交点地方时,这需要大量的前期计算,如果采用前面章节所介绍的仿真方法,会消耗大量时间用于计算满足需求的目标轨道根数。在已知目标轨道类型的前提下,如果能够根据实际需要快速构建对应目标,可以节约大量时间。

针对这一问题,本节将介绍利用 STK 软件构造不同特殊轨道卫星的方法。STK 针对这些特殊轨道,设计了专门的"Orbit Wizard"模块,该模块为各种特殊轨道提供了快速设置方式,利用该向导,可以方便地设计出所需要的特殊轨道。下面逐一介绍利用"Orbit Wizard"模块分别构建地球同步轨道、冻结轨道、太阳同步轨道和回归轨道的操作方法。

## 8.3.2 仿真操作

### 1. 地球同步轨道仿真

(1)运行 STK 软件,在弹出对话框中点击"Continue Startup"按钮。

(2)点击"Create a Scenario"按钮,建立一个新的场景。

(3)在场景设置窗口中输入相关参数,设置完成后点击"OK"按钮,在弹出的对话框中再次点击"Close"按钮。

(4)选择工具栏上"Insert Default Object"按钮,建立一个卫星对象。

(5)鼠标右键点击"Object Browser"栏中的卫星,选择"Rename"菜单,将其命名为"S0"。

(6)右键单击对象"S0",在弹出菜单依次选择"Satellite""Orbit Wizard",打开轨道

参数设置向导界面,如图 8-6 所示。

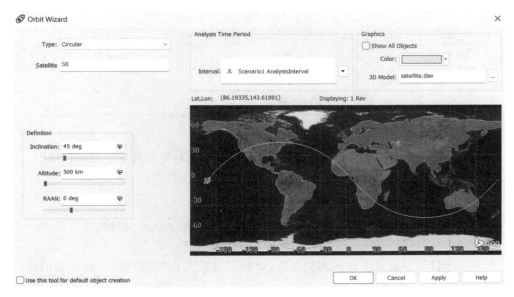

图 8-6 Orbit Wizard 地球同步轨道参数设置界面

(7)点击左边第一项 Type 设置的下拉菜单,卫星轨道类型设置如表 8-1 所示。

表 8-1 卫星轨道类型设置

| 名 称 | 轨 道 类 型 |
|---|---|
| Circular | 圆形轨道 |
| Critically Inclined | 冻结轨道 |
| Critically Inclined,Sun Sync | 冻结轨道＋太阳同步轨道 |
| Geosynchronous | 地球同步轨道 |
| Molniya | 大椭圆轨道 |
| Orbit Designer | 一般轨道 |
| Repeating Ground Trace | 回归轨道 |
| Repeating Sun Sync | 回归轨道＋太阳同步轨道 |
| Sun Synchronous | 太阳同步轨道 |

(8)按表 8-2 所示设置界面中的各项参数。

表 8-2 地球同步轨道卫星参数设置

| 名 称 | 意 义 | 设 置 |
|---|---|---|
| Type | 轨道类型 | Geosynchronous |
| Satellite | 卫星对象 | 默认设置 |
| Interval | 仿真时间 | 默认设置 |

续表

| 名　称 | 意　义 | 设　置 |
|---|---|---|
| Color | 轨道颜色 | 自选 |
| 3D Model | 3D 模型 | 默认设置 |
| Subsatellite Point | 星下点经度 | 115° |
| Inclination | 轨道倾角 | 55° |

（9）点击下方"Apply"按钮，再点击"OK"按钮。

（10）点击" ▶ "运行仿真，切换 2D 和 3D 视图，查看卫星及其星下点运行情况。

（11）点击" 💾 "保存场景。

**2. 冻结轨道仿真**

（1）运行 STK 软件，在弹出对话框中点击"Continue Startup"按钮。

（2）点击"Create a Scenario"按钮，建立一个新的场景。

（3）在场景设置窗口中输入相关参数，设置完成后点击"OK"按钮，在弹出的对话框中再次点击"Close"按钮。

（4）选择工具栏上"Insert Default Object"按钮，建立一个卫星对象。

（5）鼠标右键点击"Object Browser"栏中的卫星，选择"Rename"菜单，将其命名为"S1"。

（6）右键单击对象"S1"，在弹出菜单依次选择"Satellite""Orbit Wizard"，打开轨道设置向导界面，然后利用"Orbit Wizard"构建一颗冻结轨道卫星，其参数设置如表 8-3 所示。

表 8-3　冻结轨道卫星参数设置

| 名　称 | 意　义 | 设　置 |
|---|---|---|
| Type | 轨道类型 | Critically Inclined |
| Name | 卫星名称 | 默认设置 |
| Interval | 仿真时间 | 默认设置 |
| Color | 轨道颜色 | 自选 |
| 3D Model | 3D 模型 | 默认设置 |
| Posigrade | 顺行轨道 | 选择 |
| Retrograde | 逆行轨道 | 不选择 |
| Apogee Altitude | 远地点高度 | 7200 km |
| Perigee Altitude | 近地点高度 | 400 km |
| Longitude of Ascending Node | 升交点经度 | 120° |

（7）点击" ▶ "运行仿真，切换 2D 和 3D 视图，查看卫星及其星下点运行情况。

（8）点击" 💾 "保存场景。

**3. 太阳同步轨道仿真**

（1）运行 STK 软件，在弹出对话框中点击"Continue Startup"按钮。

（2）点击"Create a Scenario"按钮，建立一个新的场景。

（3）在场景设置窗口中输入相关参数，设置完成后点击"OK"按钮，在弹出的对话框中再次点击"Close"按钮。

（4）选择工具栏上"Insert Default Object"按钮，建立一个卫星对象。

（5）鼠标右键点击"Object Browser"栏中的卫星，选择"Rename"菜单，将其命名为"S2"。

（6）右键单击对象"S2"，在弹出菜单依次选择"Satellite""Orbit Wizard"，打开轨道设置向导界面，然后利用"Orbit Wizard"构建一颗太阳同步轨道卫星，其参数设置如表8-4 所示。

表 8-4　太阳同步轨道卫星参数设置

| 名　　称 | 意　　义 | 设　　置 |
|---|---|---|
| Type | 轨道类型 | Sun Synchronous |
| Name | 卫星名称 | 默认设置 |
| Interval | 仿真时间 | 默认设置 |
| Color | 轨道颜色 | 自选 |
| 3D Model | 3D 模型 | 默认设置 |
| Inclination | 轨道倾角 | 默认 |
| Altitude | 轨道高度 | 400 公里 |
| Local Time of Ascending Node | 升交点地方时 | 默认 |
| Local Time of Descending Node | 降交点地方时 | 12:00:00.000 |

（7）点击" ▶ "运行仿真，切换 2D 和 3D 视图，查看卫星及其星下点运行情况。

（8）点击" 💾 "保存场景。

**4. 回归轨道仿真**

（1）运行 STK 软件，在弹出对话框中点击"Continue Startup"按钮。

（2）点击"Create a Scenario"按钮，建立一个新的场景。

（3）在场景设置窗口中输入相关参数，设置完成后点击"OK"按钮，在弹出的对话框中再次点击"Close"按钮。

（4）选择工具栏上"Insert Default Object"按钮，建立一个卫星对象。

（5）鼠标右键点击"Object Browser"栏中的卫星，选择"Rename"菜单，将其命名为"S3"。

（6）右键单击对象"S3"，在弹出菜单依次选择"Satellite""Orbit Wizard"，打开轨道设置向导界面，然后利用"Orbit Wizard"构建一颗回归轨道卫星，其参数设置如表 8-5 所示。

表 8-5　回归轨道卫星参数设置

| 名　　称 | 意　　义 | 设　　置 |
|---|---|---|
| Type | 轨道类型 | Repeating Ground Trace |
| Name | 卫星名称 | 默认设置 |
| Start Time | 开始时间 | 默认设置 |
| Stop Time | 结束时间 | 默认设置 |
| Color | 轨道颜色 | 自选 |
| 3D Model | 3D 模型 | 默认设置 |
| Approximate Altitude | 轨道高度（大致） | 默认 |
| Approximate Revs Per Day | 每天绕地球运转圈数（大致） | 3 |
| Inclination | 轨道倾角 | 80° |
| Number of Revs to Repeat | 回归圈数（即运行 N 圈后回归） | 3 |
| Longitude of First Ascending Node | 升交点经度 | 125° |

（7）点击" ▶ "运行仿真，切换 2D 和 3D 视图，查看卫星及其星下点运行情况。

（8）点击" 💾 "保存场景。

## 8.3.3　仿真分析

本章采用"Orbit Wizard"模块快速构建四类特殊轨道，结合仿真结果演示和数据查看，展示四种特殊轨道的特性。

（1）地球同步轨道因为与地球自转同步，具备非常优秀的信号中继和对地侦查特性，缺点是轨道高度较高，这在一定程度上影响了它对地探测的精度。其中地球静止轨道卫星的星下点几乎不动，具有非常稳定的观测范围，而倾斜地球同步轨道的星下点会在南、北纬度循环漂移，具有更好的纬度覆盖范围，但稳定性略差。

（2）冻结轨道的远地点不因地球非球形引力摄动的影响而发生进动，使得轨道的稳定性增加，非常适用于大椭圆轨道，通过合理设置轨道根数，可以对高纬度地区实现长时间稳定覆盖，适合用于红外预警卫星的轨道。

（3）太阳同步轨道是最优质的对地光学侦查卫星轨道，其轨道平面随着地球公转而转动，使得这一类轨道每次过境均能够保持有利的光照条件，这一类轨道通常是轨道倾角略大于90°、轨道高度较低的圆形轨道。

（4）回归轨道最大的特点在于其回归特性，这类轨道的星下点定期重合，星下点轨迹相对于其他轨道规律性更强，其对特定区域的重访特性使其具备优秀的侦查能力，也非常适合用于各类侦查卫星轨道，通过合理设置参数，可以同时满足回归轨道和太阳同步轨道特性，或者同时满足回归轨道和冻结轨道特性，构建出更加实用的卫星轨道。

# 思　考　题

1. 请简述四种特殊轨道类型的轨道特性及主要应用。

2. GEO 和 IGSO 分别表示什么轨道类型,它们的区别是什么? 各有什么优点?

3. 已知太阳同步轨道条件公式: $\cos i = -K(1-e^2)^2 a^{\frac{7}{2}}$, $K = 4.8297952 \times 10^{-15}$。

(1) 太阳同步轨道是否一定是逆行轨道? 请说明原因。

(2) 太阳同步轨道卫星发射站一般是选择低纬度还是高纬度? 请说明原因。

4. 某卫星轨道周期满足 $90 \text{ min} < T < 100 \text{ min}$,其轨道为回归轨道,且最小重复周期为 10 天,若以回归特性划分,请问满足以上条件的回归轨道有几种? 请以 $N/D$ 格式描述其回归特性。

5. 已知某卫星轨道为太阳同步轨道,其轨道倾角 $i = 98°$,偏心率 $e = 0$,求该卫星轨道半长轴大小。

6. 已知某卫星轨道为回归轨道,其回归特性为 18/1,若其同时也是太阳同步轨道,且偏心率 $e = 0$,试求其轨道倾角。

第9章

# 卫星星座分类与构型

卫星星座是指由多颗卫星组成,具备稳定的空间几何构型,用于完成特定航天任务的卫星系统。卫星星座可运用于卫星导航定位系统,能够实时提供运载体的速度、姿态及时间信息,在全球通信、环境监测、军事侦察等其他众多领域也发挥着重要作用。前述章节以单一卫星为研究对象,本章关注多颗卫星组合在一起所具备的功能,首先讲述星座的基本概念和主要分类,然后介绍卫星的构型设计,主要包括几种典型的星座类型及其特点,以及星座备份的主要知识。

## 9.1 星座的分类

在大多数情况下,单靠一颗卫星难以对全球或特定区域执行连续不间断通信、侦察或探测任务,这需要多颗卫星协同工作,共同完成任务,这些卫星的运动在时间和空间上遵循一定的规律,使得对目标区域的覆盖能够实现互补和衔接。目前,绝大多数的航天器都以星座的形式开展工作。

星座构型是对星座中卫星的空间分布、轨道类型以及卫星间相互关系的描述。按照不同的标准,卫星星座有如下分类。

(1)全球分布星座和局部分布星座。

按照星座中卫星的空间分布划分,星座可分为全球分布星座和局部分布星座。全球分布星座中的卫星散布在以地心为中心的天球表面,相对地心有一定的对称性;而局部分布星座中的卫星形成一个卫星簇围绕地球运动,各卫星相互合作完成任务。

(2)同构星座和异构星座。

按照星座中卫星的轨道类型划分,星座可分为同构星座和异构星座。同构星座中所有卫星的轨道具有相同半长轴、偏心率和轨道倾角，而具有不同半长轴、偏心率和轨道倾角的卫星组成的星座称为异构星座，也称为混合星座。例如，美国 SBIRS 卫星系统就属于异构星座，GPS 卫星系统属于同构星座。

（3）单一功能星座和混合功能星座。

按照星座的应用及其功能划分，星座可分为单一功能星座和混合功能星座。面向某种具体应用、装载相同类型载荷的卫星构成的星座称为单一功能星座，如通信星座、导航星座等。星座中卫星装载不同的应用载荷面向同一航天任务，各卫星具备不同的职能，称为混合功能星座，如由 SAR 卫星、电子侦察卫星、可见光成像卫星组成的侦察卫星星座就是典型的混合功能星座。

（4）全球覆盖星座、纬度带覆盖星座和区域覆盖星座。

按照星座覆盖区域划分，星座可分为全球覆盖星座、纬度带覆盖星座和区域覆盖星座。严格意义上的全球覆盖星座是指覆盖范围为经度 $-180°\sim180°$、纬度 $-90°\sim90°$ 的星座，而通常情况下我们将覆盖范围为经度 $-180°\sim180°$、纬度 $-\lambda\sim\lambda(\lambda>60°$，即地球人口主要分布区）的星座也称为全球覆盖星座。纬度带覆盖星座是指覆盖范围为经度 $-180°\sim180°$、纬度 $\lambda_1\sim\lambda_2,\cdots,\lambda_{n-1}\sim\lambda_n$ 的星座。区域覆盖星座是指对地球表面上指定区域实现覆盖的星座，这里的指定区域一般是指经度范围小于 $360°$ 的区域。

（5）连续覆盖星座和间歇覆盖星座。

按照星座覆盖时间分辨率划分，星座可分为连续覆盖星座和间歇覆盖星座。连续覆盖星座是对目标区域内的任意地点实现不间断覆盖的星座；间歇覆盖星座是以一定的时间间隔对目标区域实现覆盖的星座。

（6）单重覆盖星座和多重覆盖星座。

按照星座覆盖重数划分，星座可分为单重覆盖星座和多重覆盖星座。单重覆盖星座是指覆盖区域内任意一点在任意时刻都至少被星座中的一颗卫星覆盖的卫星星座；多重覆盖星座是指覆盖区域内任意一点在任意时刻都至少被星座中的 $N$ 颗（$N>1$）卫星覆盖的卫星星座，也称为 $N$ 重覆盖星座，如 GPS 导航星座就是多重覆盖星座。

# 9.2　典型星座构型

## 9.2.1　Walker 星座

Walker 星座是一种典型的同构星座，其主要特点是卫星轨道和轨道内卫星均匀对称分布。Walker 星座是全球覆盖和纬度带覆盖最有效的星座，大多数全球覆盖星座和纬度带覆盖星座都采用该星座构型。

典型的 walker 星座有如下特点。

（1）所有轨道具有相同的倾角、半长轴和偏心率。

（2）各轨道面升交点赤经差值相等。

（3）各轨道面卫星数目相等。

（4）各轨道面上卫星等间隔均匀分布。

（5）相邻轨道平面的对应卫星沿迹角之差相等。

Walker 星座包括星形星座、$\delta$ 星座等不同分类，下面分别描述星形星座和 $\delta$ 星座的星座特性。

### 1. 星形星座

Walker 星座中所有卫星轨道均为极轨道的星座称为星形星座。星形星座的各条轨道在参考平面上有一对公共节点，并且相邻的同向轨道之间有相等（或近似相等）的相对倾角，如图 9-1 所示。Iridium（铱星）星座就是典型的星形星座。

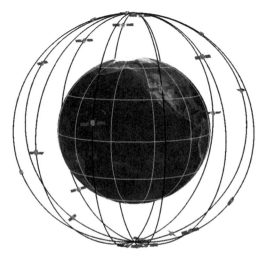

图 9-1  星形星座

星形星座的构建相对简单，整个星座构型稳定且对称性好，但是它相对 $\delta$ 星座（下文介绍）也有如下缺点。

（1）所有轨道都在两个节点相交，在两个节点附近卫星过于密集，而在两个节点之间的区域，卫星比较稀疏，因而覆盖很不均匀。

（2）同向相邻轨道之间的卫星在整个轨道周期内，相对位置基本不变，覆盖特性较好，但是反向相邻轨道之间，卫星的相对位置经常发生变化，由相反方向接近并分离，所以覆盖特性变化较大。

### 2. $\delta$ 星座

Walker 星座中，所有卫星轨道的轨道倾角不为 $90°$ 的星座称为 $\delta$ 星座。$\delta$ 星座的各条轨道对参考平面有相同的倾角，并且节点按等间隔均匀分布，如图 9-2 所示。

设 $\delta$ 星座有 $P$ 个轨道面，它们对参考平面（通常是赤道平面）的倾角都等于 $i$、每条轨道的升交点以等间隔 $2\pi/P$ 均匀分布，每条轨道上有 $S$ 颗卫星，按等间隔 $2\pi/S$ 均匀分布。相邻轨道面对应序号的卫星之间的沿迹角之差为

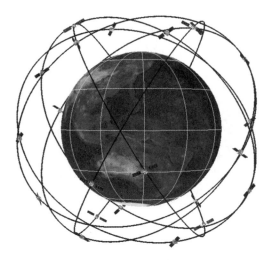

图 9-2　$\delta$ 星座

$$\Delta u = \frac{360}{N} \cdot F \qquad (9\text{-}1)$$

式中：$F=0,1,\cdots,P-1$，$F$ 是表征在不同轨道面内卫星相对位置的参数，它的量纲为 1，称为相位因子，取值为 $0 \sim P-1$ 的任何整数；$N$ 是星座的卫星总数，即 $N=PS$。

沿迹角是备用轨道根数之一，对于圆形轨道和近圆轨道，我们用沿迹角 $u$ 代替真近点角确定卫星的位置。沿轨道运行方向从升交点到卫星当前位置相对地心的张角，称为沿迹角 $u$。相邻轨道沿迹角之差为 $\Delta u$，说明任一条轨道上的一颗卫星经过它的升交点时，相邻的东侧轨道上的对应卫星已经越过它自己的升交点，并运行了 $\Delta u$ 地心角。

$\delta$ 星座可以用三个参数 $N$、$P$ 和 $F$ 描述。通常用 $N/P/F$ 表示 $\delta$ 星座的特征码，它与 $h$、$i$ 一起称为构型参数，一般常用 $N/P/F:i,h$ 的方式描述一个 $\delta$ 星座的构型。例如某 $\delta$ 卫星星座构型参数为 $24/3/1:55°,23000\ \mathrm{km}$，从这样一组构型参数中可以解读出如下信息。

（1）该星座由 24 颗卫星组成。

（2）该星座共有 3 个轨道面，平均每个轨道面上有 8 颗卫星均匀分布。

（3）相邻轨道升交点赤经之差为 $120°$。

（4）相邻轨道面上对应卫星相位因子为 1，即沿迹角之差为 $15°$。

（5）所有轨道面轨道倾角为 $55°$。

（6）所有卫星轨道高度均为 $23000\ \mathrm{km}$。

由 $N$ 颗卫星组成 $\delta$ 星座，选取不同的 $P$ 和 $F$，可以组成许多种不同形状的 $\delta$ 星座。它的总数等于包括 1 和 $N$ 在内的所有因子的总和。

**例 9.1**　$\delta$ 星座可以用三个参数 $N$、$P$ 和 $F$ 描述，已知 $N=16$。

（1）一共可以构造出多少种 $\delta$ 星座构型？请用 $N/P/F$ 的格式描述出来。

（2）若要求每个轨道面内相邻卫星对地心夹角小于 $120°$，相邻两个轨道面内对应卫星沿迹角之差大于 $60°$，则该星座构型应当如何选择？

**解** （1）一共 31 种，特征码如下：

$$16/1/0$$
$$16/2/0,16/2/1$$
$$16/4/0,16/4/1,16/4/2,16/4/3$$
$$16/8/0,16/8/1,16/8/2,16/8/3,16/8/4,16/8/5,16/8/6,16/8/7$$
$$16/16/0,16/16/1,16/16/2,16/16/3,16/16/4,16/16/5,16/16/6,16/16/7,$$
$$16/16/8,16/16/9,16/16/10,16/16/11,16/16/12,16/16/13,16/16/14,16/16/15$$

（2）依据题中要求，参数 $P,F$ 应满足

$$\frac{360°}{N}\cdot P<120°,\quad \frac{360°}{N}\cdot F>60°$$

取 $N=16$，解得

$$P<\frac{16}{3},\quad F>\frac{8}{3}$$

结合（1），符合条件的仅有 $F=3,P=4$，所以星座构型为：16/4/3。

## 9.2.2 复合 Walker 星座

复合 Walker 星座指的是由多个 Walker 星座构成的星座，对应的各 Walker 星座称为该复合 Walker 星座的子星座，这样的星座在某些特定应用中有着不可替代的优势。由于星座中的所有卫星轨道高度和轨道倾角都相同，所以复合星座的构型非常稳定，维持星座构型消耗的燃料较少，运行寿命相对其他星座构型更长。

在复合 Walker 星座中，多个子星座之间的相对关系是影响整个星座性能的关键因素，因此对于这样的星座必须进行整体设计，尽可能减小子星座间的相对运动。图 9-3(a)所示的两个子星座的基准轨道升交点赤经之差 $\Delta\Omega_c$ 为 0，所以复合后的星座"星对"在同一轨道平面上，这样的星座构型非常适合于多基地雷达卫星，可以为天基雷达星座中的卫星进行多基地工作提供条件；图 9-3(b)所示的两个子星座的 $\Delta\Omega$ 和 $\Delta u$ 均不为 0，该构型常用于宽带多媒体通信卫星，由于星座中对应轨位关系的卫星之间的距离较小，构成所谓的"星对"，相当于整个星座是由多个"星对"构成的。这种特殊的构成方式可以有效处理通信卫星频率共享约束的问题。

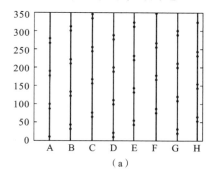

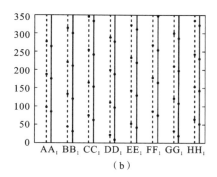

**图 9-3 双星座复合 Walker 星座**

### 9.2.3　椭圆轨道＋赤道轨道星座

椭圆轨道＋赤道轨道星座是指由椭圆轨道卫星和赤道轨道卫星组成的异构星座。椭圆轨道卫星对北半球中高纬度区域覆盖性能较好,在高纬度区域具有覆盖优势,可以提供更大的仰角和更长的驻留时间,但是在低纬度区域存在覆盖空隙。赤道轨道星座是一种对低纬度区域具有覆盖优势的星座,其所有卫星均运行在轨道倾角为 0°的平面上,对于赤道附近的低纬度区域具有很好的覆盖性能。

椭圆轨道＋赤道轨道星座在覆盖性能上刚好实现互补,如果利用合理,则是一种效率很高的星座构型。如图 9-4 所示,椭圆轨道＋赤道轨道星座实际上是一种覆盖带拼接的构成方式,两个子星座各自覆盖一定范围的纬度带,因此运动状态和摄动影响不一致导致的卫星相对位置的变化不会影响到整个系统的性能。这种星座构型可以作为通信、预警等星座的基本构型,因为这类卫星有效载荷的工作条件受作用距离变化的影响不大。这类星座属于全球覆盖星座,椭圆轨道平面内卫星分布的原则是等时间间隔分布。为保持轨道远地点位置的稳定,椭圆轨道多为冻结轨道,即轨道倾角为 63.4°或 116.6°。

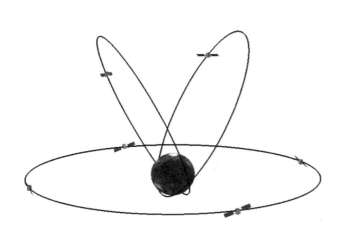

图 9-4　椭圆轨道＋赤道轨道星座

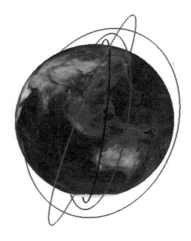

图 9-5　太阳同步轨道异构星座

### 9.2.4　太阳同步轨道星座

由多个太阳同步轨道构成的星座称为太阳同步轨道星座,由于不同太阳同步轨道的轨道高度、轨道倾角均不相同,该星座属于异构星座,如图 9-5 所示。经过合理设计,该星座能够满足光学成像卫星对光照条件的需求和指定区域覆盖的需求。

在实际应用中,由于太阳同步轨道星座属于异构星座,不同轨道因摄动引起的轨道变化差异较大,这样的星座构型通常难以长期维持。这类星座需要对每颗卫星的轨道参数进行设计,并经常进行轨道调整以确保其星座结构的稳定性。

### 9.2.5　非均匀星座

非均匀星座的非均匀是相对 Walker 星座而言的,非均匀星座依然是同构星座,它有如下特点。

(1) 所有轨道具有相同的倾角、半长轴和偏心率,但星座的各轨道面升交点在赤道上不要求均匀分布。

(2) 同一轨道面的各卫星也不要求均匀分布,数量也不必相等。

如果将一个 Walker-$\delta$ 星座抽取一个轨道面出来,剩下的卫星构成的星座就是一个非均匀星座,这种特殊的星座也称 $\Omega$ 星座。

非均匀星座构型模型如图 9-6 所示。这类星座构型相对 Walker 星座更加灵活多变,可以根据实际需要进行调整,适用于构建区域覆盖星座。通过采用非均匀的组网方式可以减少所需卫星数目,从而降低成本。

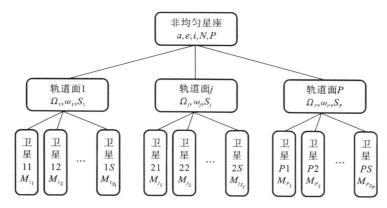

图 9-6　非均匀星座构型模型

# 9.3　星　座　备　份

为了避免卫星短暂故障、暂停服务、失效等问题导致星座性能下降,一般会对卫星星座的部分卫星进行备份。星座备份包括三种模式:在轨备份、停泊轨道备份和按需发射备份。

在轨备份是指将备份卫星部署在星座的工作轨道高度,通常情况下每个轨道面部署一颗备份卫星,需要的卫星数目较多。当星座中的卫星出现故障或损毁时,备份卫星只需要通过简单的轨道机动就能够实现对失效卫星的替换,从而完成星座性能的快速恢复。如果将备份卫星融入到星座中,作为轨道面内故障概率最高的一颗工作卫星的伴随星,则当工作卫星出现故障时,备份卫星可以马上替换工作卫星,而星座性能并不会因为卫星故障受到影响。

停泊轨道备份是指备份卫星部署在目标轨道的停泊轨道上，在需要替换时再通过轨道机动将备份卫星部署到指定轨位的备份模式。一般情况下，对于载荷相同的单一功能星座，一颗备份卫星就可以实现对多个轨道面工作卫星的备份。为了实现对星座中故障卫星的替换，备份卫星必须完成轨道面调整、相位调整和轨道高度提升三个步骤。由于轨道面直接调整的代价很大，通常用轨道漂移的方式实现，这样进行故障卫星的替换需要较长时间。与在轨备份的部署模式相比，停泊轨道备份模式需要更长的时间来恢复星座性能。

按需发射备份是指将备份卫星存储在地面，一旦出现故障卫星，则立刻组织发射，从而实现星座的补网。这种备份方式需要备份的卫星数目较少，通常 1～2 颗即可。但是由于发射的准备时间很长，因此完成替换的时间会很长，对于较大的卫星，通常需要至少几个月的时间。按需发射的备份模式通常用于对星座性能恢复时效性要求不高的星座。

在三种空间备份模式中，从反应时间的角度来看，较好的是在轨备份模式，不仅能够快速替换故障卫星，而且如果备份卫星工作的话，能够提供高于任务需求的星座性能；停泊轨道备份的优点在于备份卫星数目相对在轨备份较少，且相对按需发射备份反应更为迅速。如果一个星座要求非常高的性能，则备份卫星部署在工作轨道上是首选；而对于性能要求不高的星座，则备份卫星部署在停泊轨道上是首选。导航卫星星座一般采用在轨备份模式，这样备份卫星能够实现对星座性能的增强，同时也能在出现卫星故障时快速实施补网，确保星座性能；而通信星座更多的是采用停泊轨道备份策略。GPS 星座就是将备份卫星部署在故障概率最高的卫星附近，组成卫星组一起工作，当卫星发生故障时，备份卫星可以在较短时间内，通过一到两次轨道控制来实现对故障卫星的快速替换；Iridium 星座采用每个轨道面都部署一颗备份卫星的策略，备份卫星的轨道高度为 648 km，低于其工作轨道（785 km）；又如 Global-Star 星座也是采用每个轨道面都部署一颗备份卫星的策略，轨道高度为 900 km，低于其工作卫星的轨道（1414 km）。

备份卫星在替换故障卫星后，备份卫星转换为正常的工作卫星，此时需要及时发射新的卫星作为备份卫星，这个过程大约需要几个月到一年的时间。如果备份卫星的补充速度不能满足星座的补网需求，则应修改卫星的备份策略，部署更多的备份卫星。

# 9.4　仿真应用

## 9.4.1　仿真用例

前面的章节介绍了单个航天器的仿真模型的构建方法，这种方法也可以用于构建星座,但是效率较低。星座的卫星数目往往很多,如 GPS 卫星星座有 24 颗卫星,北斗系统有 35 颗卫星,有些更加复杂的卫星星座可能由数百颗卫星构成。因此在进行星座仿真分析和研究时,我们需要充分利用星座本身的构型特点,采用更加快捷的方式来建立卫星星座。

本节介绍利用 STK 软件构造 Walker 星座和进行星座覆盖性能分析的方法。在 STK 中内置一个专门用于构建 Walker 星座的模块"Walker Tool",利用这个模块,我们可以利用构型参数快速构建卫星数目很多的 Walker 星座。下面介绍使用"Walker Tool"模块构建 Walker 星座的方法,以及如何利用"Coverage Definition"模块分析星座对地覆盖的能力。

## 9.4.2 仿真操作

**1. 典型 Walker 星座构建仿真**

(1)运行 STK 软件,在弹出对话框中点击"Continue Startup"按钮。

(2)点击"Create a Scenario"按钮,建立一个新的场景。

(3)在场景设置窗口中输入相关参数,设置完成后点击"OK"按钮,在弹出的对话框中再次点击"Close"按钮。

(4)选择工具栏上"Insert Default Object"按钮,建立一个卫星对象。

(5)鼠标右键点击"Object Browser"栏中的卫星,选择"Rename"菜单,将其命名为"WALKER"。

(6)双击"WALKER"对象,弹出如图 9-7 所示设置窗口,选择右方"Basic""Orbit",对照表 9-1 输入基准卫星的相关参数,点击"Apply"按钮。

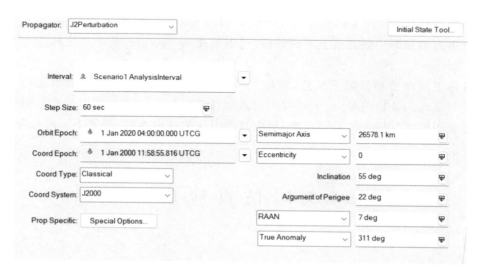

**图 9-7　卫星参数设置窗口**

表 9-1 卫星参数设置

| 名　称 | 意　义 | 设 置 参 数 |
| --- | --- | --- |
| Propagator | 轨道预报模型 | J2Perturbation |
| Step Size | 演算步长 | 60 s |
| Orbit Epoch | 仿真历元时间 | 1 Jan 2020 04:00:00.000 UTCG |
| Coord Type | 参数格式 | Classical(经典开普勒轨道根数) |
| Coord System | 坐标系 | J2000 |
| Semimajor Axis | 半长轴 | 26578.1 km |
| Eccentricity | 偏心率 | 0 |
| Inclination | 轨道倾角 | 55° |
| Argument of Perigee | 近地点幅角 | 22° |
| RAAN | 升交点赤经 | 7° |
| True Anomaly | 真近点角 | 311° |

（7）选中"WALKER"对象，点击工具栏按钮"Insert Default Object"旁的下拉菜单，选择"Sensor"，再点击"Insert"按钮，建立一个传感器对象，将其命名为"Sensor"。

（8）左键双击对象"Sensor"，选择"Basic""Definition"，打开参数设置界面，如图 9-8 所示，并按表 9-2 设置传感器参数，点击"Apply"按钮。

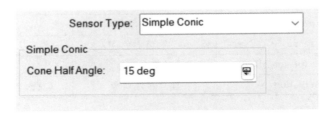

图 9-8 传感器参数设置界面

表 9-2 传感器参数

| 名　称 | 意　义 | 设 置 参 数 |
| --- | --- | --- |
| Sensor Type | 传感器类型 | Simple Conic |
| Cone Half Angle | 视场角 | 15° |

（9）右键单击 "WALKER"对象，在弹出菜单依次选择"Satellite""Walker"，打开 Walker 星座设置向导界面，如图 9-9 所示，该界面可以帮助我们快速生成 Walker 星座，按表 9-3 设置各项参数。

图 9-9　Walker 星座设置向导界面

表 9-3　Walker 星座设置参数

| 名　　称 | 意　　义 | 设 置 参 数 |
| --- | --- | --- |
| Seed Satellite | 基准卫星 | WALKER |
| Type | 类型 | Delta |
| Number of Sats per Plane | 每个轨道面卫星数目 | 4 |
| Number of Planes | 轨道面数 | 6 |
| Inter Plane Spacing | 相位因子 | 1 |
| RAAN Spread | 升交点赤经范围 | 默认 |
| Color by Plane | 轨道上色 | 勾选 |
| Create unique names for sub-objects | 子对象自动命名 | 勾选 |
| Create Constellation | 建立星座对象 | 勾选,名称为"WALKER" |

（10）点击"Create Walker"生成星座。

（11）选中或取消勾选"Object Browser"栏中的卫星对象"WALKER",运行仿真,观察星座运行情况。

（12）点击" 💾 "保存场景。

**2. 星座覆盖性能分析**

（1）运行 STK 软件,打开上一个场景,本次操作依托上一个实验场景进行。

（2）选中"Object Browser"栏中的场景对象,点击工具栏按钮"Insert Default Object"旁的下拉菜单,选择"Coverage Definition",再点击"Insert"按钮,建立一个覆盖分析对象,将其重命名为"Coverage"。

（3）左键双击"Coverage"对象,弹出如图 9-10 所示的设置界面,选择右方"Basic""Grid",按照表 9-4 设置网格覆盖参数,点击"Apply"按钮。

**图 9-10**　Coverage Definition 设置界面

**表 9-4**　Coverage Definition 设置参数

| 名　　称 | 意　　义 | 设 置 参 数 |
|---|---|---|
| Type | 网格类型 | LatLon Region |
| Min Latitude | 纬度下限 | 0° |
| Min Longitude | 经度下限 | 60° |
| Max Latitude | 纬度上限 | 60° |
| Max Longitude | 经度上限 | 130° |
| Point Granularity | 网格尺度 | Lat/Lon　3° |
| Point Altitude | 目标高度 | Altitude above WGS84　0 km |

（4）在属性设置列表中选择"Basic""Assets"，按住 Ctrl 不放，将"Sensor1—Sensor16"全部选中（不要选 WALKER 下的 Sensor，它是生成星座的 seed），点击右边的"Assign"按钮载入覆盖计算，如图 9-11 所示，再点击下方的"Apply"按钮。

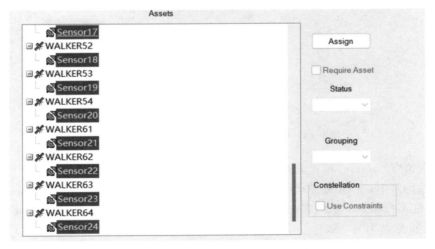

**图 9-11**　选择要分析的 Sensor

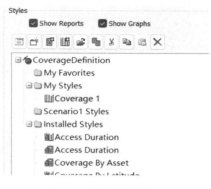

**图 9-12　数据输出界面**

（5）右键点击"Object Browser"栏中的"Coverage"对象，在弹出菜单中选择"CoverageDefinition""Compute Accesses"，进行覆盖计算（如已经计算过，需先点击"Clear Accesses"清除之前的计算结果），如计算太慢，建议适当调大网格尺度或调小经纬度范围。

（6）选中"Coverage"对象，点击工具栏中"Report & Graph Manager"按钮，打开数据输出界面，在右侧"Styles"设置栏选中与当前场景同名文件夹，点击上方"▦"按钮生成图表，取名为"Coverage 1"，如图 9-12 所示。

（7）软件自动弹出图表属性设置窗口，在 Y Axis 中导入"Percent Coverage-Percent Coverage"（覆盖百分比），在 Y2 Axis 中导入"Percent Coverage-Area Coverage"（覆盖面积），如图 9-13 所示，点击"Apply"按钮，再点击下方的"OK"按钮。

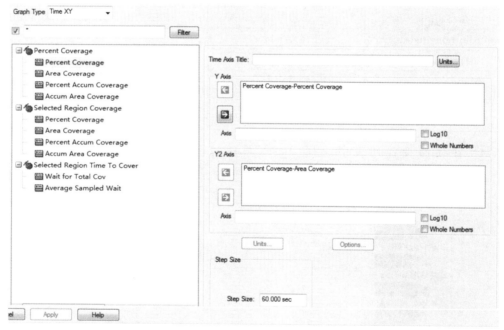

**图 9-13　CoverageDefinition 绘图参数设置界面**

（8）双击"Coverage 1"对象查看覆盖情况。

（9）选中"Object Browser"栏中的"Coverage"对象，点击工具栏按钮"Insert Default Object"旁的下拉菜单，选择"Figure of Merit"，再点击"Insert"按钮，建立一个 FOM 分析对象，将其重命名为"FOM"。

（10）双击"FOM"对象，选择"Basic""Definition*"，如图 9-14 所示，按表 9-5 进行参数设置，点击"Apply"按钮。

**图 9-14　FOM 设置界面**

**表 9-5　FOM 设置参数**

| 名　　称 | 意　　义 | 设 置 参 数 |
|---|---|---|
| Type | FOM 计算类型 | N Asset Coverage |
| Compute | 计算基准 | Maximum |

（11）在属性设置列表中选择"2D Graphics""Animation"，在下方"Display Metric"栏中勾选"Show Contours"，如图 9-15 所示。

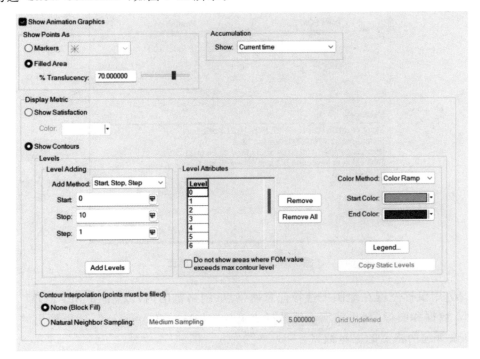

**图 9-15　FOM 2D 显示设置界面**

（12）按表 9-6 所示设置 Level Adding 参数，点击"Apply"按钮。

表 9-6　Level Adding 设置参数

| 名　　称 | 意　　义 | 设 置 参 数 |
|---|---|---|
| Add Method | 显示类型 | Start,Stop,Step |
| Start | 开始 | 0 s |
| Stop | 结束 | 10 s |
| Step | 间隔 | 1 s |

（13）从窗口底部切换到"2D Graphics"页面，点击" ▶ "运行程序，查看覆盖情况。

（14）右键点击 "FOM" 对象，在弹出菜单中选择"Figure of Merit""Grid Inspector"，打开网格输出界面，如图 9-16 所示。

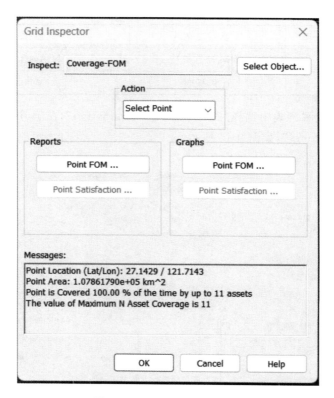

图 9-16　Grid Inspector 界面

（15）用鼠标左键在地图中选择任意网格点（网格范围内），点击"Point FOM"可以输出 FOM 数据和图像，如果前面步骤选择类型为"N Asset Coverage"，这里输出的是不同时间覆盖所选网格点的卫星数目。

（16）点击" 💾 "保存场景。

### 9.4.3　仿真分析

本次仿真利用 Walker Tool 模块构建 Walker 星座,通过 Walker 星座的仿真结果和覆盖性能分析,可以得到如下结论。

(1) 每一组固定的构型参数都可以构建出相同的 Walker 星座,初始轨道的设定不同会影响到最终 Walker 星座的绝对构型,但不会影响其相对构型。

(2) Walker 星座具备优秀的轨道对称特性,因此其全球覆盖性能非常好,同样卫星数目实现全球覆盖任务,Walker 星座一般都是最优解。

(3) 卫星数目越多,则 Walker 星座的对地覆盖性能越好。在限定卫星数目的前提下,并不是轨道面越多,覆盖性能就越好,合理设置构型参数才能获得最佳的星座覆盖性能。

# 思　考　题

1. 请简述在轨备份、停泊轨道备份和按需发射备份三种典型星座备份模式。

2. 请简述椭圆轨道＋赤道轨道星座构型的优点。

3. 请简述 Walker 星座的几种典型构型的特点。

4. 已知某 $\delta$ 星座的构型为 $27/3/2:55°$,$23000$ km,请回答:

(1) 该星座卫星总数目 $N$、轨道面数目 $P$、各轨道上卫星数目 $S$、轨道倾角 $i$ 和轨道高度 $h$ 是多少?

(2) 相邻轨道面升交点赤经之差 $\Delta W$ 和相邻轨道内对应卫星沿迹角之差 $\Delta u$ 应为多少?

5. $\delta$ 星座可以用三个参数 $N$、$P$ 和 $F$ 描述。

(1) 某卫星星座构型为 $24/3/1$,该星座有几个轨道面? 已知其基准轨道面升交点赤经为 $5°$,求其他轨道面升交点赤经。

(2) 若已知 $N=12$,一共可以构造多少种 $\delta$ 星座? 请用 N/P/F 的格式描述出来。

## A.1 岁 差 模 型

**1. IAU 1976 岁差模型**

IAU 1976 岁差模型中，岁差角计算公式为

$$\begin{cases} \psi_A = 5038''.7784t - 1''.07259t^2 - 0''.001147t^3 \\ \omega_A = 84381''.448 - 0''.05127t^2 - 0''.007726t^3 \\ \chi_A = 10''.5526t - 2''.38064t^2 - 0''.001125t^3 \\ \varepsilon_A = 84381''.448 - 46''.8150t - 0''.00059t^2 + 0''.001813t^3 \end{cases} \tag{A-1}$$

式中：$\psi_A$ 为黄经岁差；$\varepsilon_A$ 为交角岁差。

黄经总岁差的计算公式为

$$l = 5029''.0966t + 1''.11161t^2 - 0''.000113t^3 \tag{A-2}$$

从上面的公式可以看出，在岁差的影响下，平春分点每年在黄道上向西移动 $50''.29$。北天极绕北黄极在以 $\varepsilon$ 为半径的"小圆"上每年西行 $50''.29$，约 25772 年旋转一周。

**2. IAU 2000 岁差模型**

IAU 2000 岁差模型只是在 IAU 1976 岁差模型的基础上简单地对黄经岁差和交角岁差的速率进行了改正

$$\begin{cases} \delta\psi_A = (-0''.29965 \pm 0''.00040)/\text{世纪} \\ \delta\varepsilon_A = (-0''.02524 \pm 0''.00010)/\text{世纪} \end{cases} \tag{A-3}$$

**3. IAU 2006 岁差模型**

2003 年前后相继建立了 4 个高精度的岁差模型，对黄道也重新进行了定义，它们包括 Capitaine 等人提出的 P03 岁差模型、Bretagnon 等人提出的 B03 模型以及 Fukushima 等人提出的 F03 模型。2006 年第 26 届 IAU 大会决定从 2009 年 1 月 1 日起采用 P03 模型（也称 IAU 2006 岁差模型），取代 IAU 2000 岁差模型。

IAU 2006 岁差模型中的赤道岁差（日、月岁差）计算公式为

$$\psi_A = 5038''.481507t - 1''.0790069t^2 - 0''.00114045t^3$$
$$+ 0.000132851t^4 - 0''.0000000951t^5 \tag{A-4}$$

$$\omega_A = 84381''.406 - 0''.025754t + 0''.0512623t^2 - 0''.00772503t^3$$
$$- 0''.000000467t^4 + 0''.0000003337t^5 \tag{A-5}$$

IAU 2006 岁差模型中的黄道岁差(行星岁差)计算公式为

$$P_A = 4''.199094t + 0''.1939873t^2 - 0''.00022466t^3$$
$$- 0''.000000912t^4 + 0''.0000000120t^5 \tag{A-6}$$

$$Q_A = -46''.811015t + 0''.0510283t^2 + 0''.00052413t^3$$
$$- 0''.000000646t^4 - 0''.0000000172t^5 \tag{A-7}$$

式中:$t$ 为 TDB 时间从 J2000.0 算起的儒略千年数,实际使用时常用 TT 代替 TDB,即

$$t = \frac{\mathrm{JD_{TT}} - 2451545}{365250} \tag{A-8}$$

F03 模型在坐标系转换过程中也时常用到,该模型涉及的 4 个旋转角度计算公式为

$$\begin{cases}
\bar{\gamma} = -0''.052928 + 10''.556378t + 0''.4932044t^2 - 0''.00031238t^3 \\
\qquad - 0''.000002788t^4 + 0''.0000000260t^5 \\
\bar{\phi} = +84381''.412819 - 46''.811016t + 0''.0511268t^2 + 0''.00053289t^3 \\
\qquad - 0''.000000440t^4 - 0.0000000176t^5 \\
\bar{\psi} = -0''.041775 + 5038''.481484t + 1''.5584175t^2 - 0''.00018522t^3 \\
\qquad - 0''.000026452t^4 - 0''.0000000148t^5 \\
\varepsilon_A = +84381''.406 - 46''.836769t - 0''.0001831t^2 + 0''.00200340t^3 \\
\qquad - 0''.000000576t^4 - 0''.0000000434t^5
\end{cases} \tag{A-9}$$

式中:$t$ 的含义同上。

# A.2　章　动　模　型

**1. IAU 1980 章动模型**

IAU 1980 章动模型以黄经章动 $\Delta\psi$ 和交角章动 $\Delta\varepsilon$ 的形式给出,具体表达式为(单位角秒)

$$\begin{cases}
\Delta\psi = \sum_{i=1}^{106} (A_i + A'_i t)\sin f_i \\
\Delta\varepsilon = \sum_{i=1}^{106} (B_i + B'_i t)\cos f_i
\end{cases} \tag{A-10}$$

式中

$$f_i = \sum_{j=1}^{5} N_{i,j} F_j = N_{i,1} l + N_{i,2} l' + N_{i,3} F + N_{i,4} D + N_{i,5} \Omega \qquad \text{(A-11)}$$

$$\begin{cases} F_1 \equiv l \equiv \text{月球平近点角} = 134°57'46''.733 + 477198°52'02''.633t + 31''.310t^2 + 0''.064t^3 \\ F_2 \equiv l' \equiv \text{太阳平近点角} = 357°31'39''.804 + 35999°03'01''.224t - 0''.577''t^2 - 0''.012t^3 \\ F_3 \equiv F \equiv \text{月球升交距角} = 93°16'18''.877 + 483202°01'03''.137t - 13''.257t^2 + 0''.011t^3 \\ F_4 \equiv D \equiv \text{日月间平角距} = 297°51'01''.307 + 445267°06'41''.328t - 6''.891t^2 + 0''.019t^3 \\ F_5 \equiv \Omega \equiv \text{月球升交点平黄经} = 125°02'40''.280 - 1934°08'10''.539t + 7''.455t^2 + 0''.008t^3 \end{cases}$$

$$\text{(A-12)}$$

式中：$t$ 为 TT 时距 J2000.0 的儒略世纪数。其变化率 $B_i'$、计算幅角 $f$ 所用到的乘系数 $N_{i,j}(i=1,2,\cdots,106; j=1,2,\cdots,5)$ 以及各周期项的周期可参考文献[5]。

IAU 1980 章动理论是基于一个无海洋、弹性地幔和有液核的地球模型，即对刚体地球模型进行地球物理方面的改正。高精度的 VLBI 观测资料表明，由上述模型所求得的协议天极的位置与高精度的 VLBI、LLR 所测得的位置之间存在差异 $\delta\Delta\psi$ 和 $\delta\Delta\varepsilon$。这些差异值由国际地球自转与参考系服务(International Earth Rotation and Reference Systems Service，IERS)组织加以检测并在公报中予以公布(天极偏差)。

$$\begin{aligned} \Delta\psi &= \Delta\psi_{(\text{IAU1980})} + \delta\Delta\psi \\ \Delta\varepsilon &= \Delta\varepsilon_{(\text{IAU1980})} + \delta\Delta\varepsilon \end{aligned} \qquad \text{(A-13)}$$

**2. IAU 2000A 章动模型**

IAU2000A 岁差是由 Mathews 等人根据 Wobble 章动问题理论和最新的 VLBI 观测资料，用最小二乘拟合来估计其中的 7 个参数而建立的。该模型顾及了地幔的非弹性效应、海潮效应、地幔等液态外核间的地磁耦合效应以及固体内核与液态外核间的地磁耦合效应，还考虑了这类公式中总是被略去的非线性项的影响。

IAU 2000A 章动序列由 678 个日月章动项和 687 个行星章动项组成，仍然采用黄经章动 $\Delta\psi$ 和交角章动 $\Delta\varepsilon$ 的形式给出。其中，日月章动为

$$\begin{cases} \Delta\psi = \sum_{i=1}^{678} (A_i + A_i' t)\sin f_i + (A_i'' + A_i''' t)\cos f_i \\ \Delta\varepsilon = \sum_{i=1}^{678} (B_i + B_i' t)\cos f_i + (B_i'' + B_i''' t)\sin f_i \end{cases} \qquad \text{(A-14)}$$

式中：$t$ 和幅角 $f_i$ 的含义同前，相关系数以及各周期项的周期可参考文献[6]。

IAU 2000A 章动序列中的行星章动为

$$\begin{cases} \Delta\psi' = \sum_{i=1}^{678} (A_i + A_i' t)\sin f_i \\ \Delta\varepsilon' = \sum_{i=1}^{678} (B_i + B_i' t)\cos f_i \end{cases} \qquad \text{(A-15)}$$

$$f_i = \sum_{j=1}^{14} N'_{i,j} F'_j = N'_{i,1} l + N'_{i,2} l' + N'_{i,3} F + N'_{i,4} D + N'_{i,5} \Omega + N'_{i,5} \Omega$$
$$+ N'_{i,6} L_{M_e} + N'_{i,7} L_{V_e} + N'_{i,8} L_E + N'_{i,9} L_{M_a} + N'_{i,10} L_J$$
$$+ N'_{i,11} L_{S_a} + N'_{i,12} L_{U_r} + N'_{i,13} L_{N_e} + N'_{i,14} p_A \tag{A-16}$$

式中：$F'_1 \sim F'_5$（即 $l$、$l'$、$F$、$D$ 和 $\Omega$）的含义及计算公式同前；$F'_6 \sim F'_{14}$ 的含义及计算公式为

$$\begin{cases}
F'_6 \equiv L_{M_e} \equiv 水星的平黄经 = 4.402608842 + 2608.7903141574t \\[4pt]
F'_7 \equiv L_{V_e} \equiv 金星的平黄经 = 3.176146697 + 1021.3285546211t \\[4pt]
F'_8 \equiv L_E \equiv 地球的平黄经 = 1.753470314 + 628.3075849991t \\[4pt]
F'_9 \equiv L_{M_a} \equiv 火星的平黄经 = 6.203480913 + 334.0612426700t \\[4pt]
F'_{10} \equiv L_J \equiv 木星的平黄经 = 0.599546497 + 52.9690962641t \\[4pt]
F'_{11} \equiv L_J \equiv 土星的平黄经 = 0.874016757 + 21.3299104960t \\[4pt]
F'_{12} \equiv L_{U_r} \equiv 天王星的平黄经 = 5.481293872 + 7.4781598567t \\[4pt]
F'_{13} \equiv L_{N_e} \equiv 海王星的平黄经 = 5.321159000 + 3.8127774000t \\[4pt]
F'_{14} \equiv p_A \equiv 冥王星的平黄经 = 0.024381750t + 0.00000538691t^2
\end{cases} \tag{A-17}$$

式中：平黄经均以弧度为单位；$t$ 的含义同上。

IAU2000A 章动计算的精度优于 0.2 mas。对于精度要求仅为 1 mas 的用户来讲，无需使用如此复杂的计算公式，这些用户可以使用 IAU 2000B 章动模型。IAU 2000B 章动模型中只含 77 个日月章动项以及在所考虑的时间间隔内的行星章动偏差项。在 1995—2050 年间，它的计算结果与 IAU 2000A 的计算结果之差不会大于 1 mas，该模型是由 McCzrthy 和 Luyum 建立的。

# 附录B 时间转换相关公式

## B.1 日 历 相 关

### 1. 公历转换成儒略日

设给出公历日期的年、月、日(含天的小数部分)分别为 $Y$、$M$、$D$,则对应的儒略日为

$$JD = D - 32075.5 + \frac{1461 \times \left(Y + 4800 + \frac{M-14}{12}\right)}{4}$$

$$+ \frac{367 \times \left[M - 2 - \left(\frac{M-14}{12}\right) \times 12\right]}{12}$$

$$- \left\{3 \times \left[\frac{Y + 4900 + \frac{M-14}{12}}{100}\right]\right\} / 4 \tag{B-1}$$

注意式(B-1)中的除法运算都需要取整。

### 2. 儒略日转公历

设某时刻的儒略日为 JD(含天的小数部分),对应公历日期的时、分、秒可直接由 JD 的小数部分求得,年、月、日分别用 $Y$、$M$ 和 $D$ 表示,其计算公式为

$$\begin{cases} J = \text{int}\{JD + 0.5\}, & N = \text{int}\left\{\frac{4(J + 68569)}{146097}\right\} \\ L_1 = J + 68569 - \text{int}\left\{\frac{N \times 146097 + 3}{4}\right\}, & Y_1 = \text{int}\left\{\frac{4000(L_1 + 1)}{1461001}\right\} \\ L_2 = L_1 - \text{int}\left\{\frac{1461 \times Y_1}{4}\right\} + 31, & M_1 = \text{int}\left\{\frac{80 \times L_2}{2447}\right\} \\ D = L_2 - \text{int}\left\{\frac{2447 \times M_1}{80}\right\}, & L_3 = \text{int}\left\{\frac{M_1}{11}\right\} \\ M = M_1 + 2 - 12L_3, & Y = \text{int}\{100(N - 49) + Y_1 + L_3\} \end{cases} \tag{B-2}$$

式中:int{ }表示取整。

## B.2　时间尺度相关

**1. TT 与 TAI 的转换**

$$TT = TAI + 32.184 \qquad (B-3)$$

**2. UTC 与 TAI 的转换**

$$TAI = UTC + LS \qquad (B-4)$$

式中：LS 为跳秒。跳秒在 1972 年之前是与简化儒略日（MJD）有关的小数，在 1972 年之后为整数，具体数值可从 IERS Bulletin C 获得。

**3. UTC 与 UT1 的转换**

世界时 UT1 与协调世界时 UTC 的差别是由地球自转的不均匀引起的，其改正值为 DUT1。

$$UT1 = UTC + (UT1 - UTC) = UTC + DUT1 \qquad (B-5)$$

式中：DUT1 数值可由 IERS Bulletin D 获得，也可由 IERS 数据中心发布的 EOP 08 C04 模型获得。

**4. TT 与 TAI**

地球时 TT 是天文历中使用的时间尺度，与地球动力学时 TDT 等价，它与地心坐标时 TCG 满足关系式（2-7）。但 TCG 只是理论上的时间尺度，实际应用中的 TT 应根据 TAI 计算

$$TT = TDT = TAI + 32.184 \text{ s} \qquad (B-6)$$

**5. TT 与 TCG**

对式（2-7）进行积分，积分的下限选择 TT 时间与 TCG 相等的时刻，即 1977 年 1 月 1 日 $0^h0^m32.184$ s，因此存在下列关系

$$TT = TCG - L_G (JD_{TCG} - T_0) \times 86400 \qquad (B-7)$$

式中：$JD_{TCG}$ 是 TCG 时间的儒略日；$L_G = 6.969290134 \times 10^{-10}$；$T_0 = 2443144.5003725$，为 1977 年 1 月 1 日 $0^h0^m32.184$ s TT 对应的儒略日。

**6. TT 与 TDB**

TDB 与 TT 的差异是准周期性，主项是振幅 1.7 ms/年。在大多数情况下，该差异可以忽略不计，可以使用 TT 代替 TDB，但对于某些高精度要求的场合，可采用下式进行转换：

$$
\begin{aligned}
TDB = TT &+ \sum_{i=1}^{474} A_i \sin(\omega_{ai} t + \varphi_{ai}) + t \sum_{i=1}^{205} B_i \sin(\omega_{bi} t + \varphi_{bi}) \\
&+ t^2 \sum_{i=1}^{85} C_i \sin(\omega_{ci} t + \varphi_{ci}) + t^3 \sum_{i=1}^{20} D_i \sin(\omega_{di} t + \varphi_{di}) \\
&+ t^4 \sum_{i=1}^{205} E_i \sin(\omega_{ei} t + \varphi_{ei})
\end{aligned}
\qquad (B-8)
$$

式中：$t$ 为 TT 时间从 J2000.0 起算的儒略千年数，即

$$t = \frac{\text{JD}_{\text{TT}} - 2451545}{365250}$$

$A \sim E$、$\omega_a \sim \omega_e$、$\varphi_a \sim \varphi_e$ 分别为各展开项对应的振幅、频率和初相。该式被 IAU 的基本天文学标准程序库采纳使用，利用该式可获得精度优于 1 ns 的计算结果。

对于精度要求不高于 50 $\mu$s，并且计算日期在 1980—2100 年的情况下，可采用如下简化公式计算：

$$\text{TDB} = \text{TT} + 0^s.001657 \sin g \tag{B-9}$$

式中：$g = 6.24 + 0.017202 \times (\text{TT} - 2451525)$。

### 7. TDB 与 TCB

IAU 在 1976 年引入质心动力学时（TDB），以描述与地球动力学时 TDT（现称 TT）周期项的差别。TDB 和 TCB 的关系为

$$\text{TDB} = \text{TCB} - L_B (\text{JDTCB} - T_0) \times 86400 + \Delta\text{TDB}_0 \tag{B-10}$$

式中：$L_B = 1.550519768 \times 10^{-8}$，$T_0 = 2443144.5003725$，为 1977 年 1 月 1 日 $0^h0^m32.184s$ TT 时间对应的儒略日；$\Delta\text{TDB}_0 = -6.55 \times 10^{-5}$ s。

### 8. UT1 与 TT

$$\begin{aligned}\Delta T &= \text{TT} - \text{UT1} = (\text{TT} - \text{UTC}) - (\text{UT1} - \text{UTC}) \\ &= [(\text{TAI} - \text{UTC}) + 32.184] - \text{DUT1} \\ &= \text{LS} + 32.184 - \text{DUT1}\end{aligned} \tag{B-11}$$

式中：DUT1 和 LS 可由 IERS 数据中心发布的 EOP 08 C04 模型获得。

# C.1 基于春分点的经典转换方法

**1. 岁差矩阵**

"IAU 76/FK5"转换方法中，MOD 与 J2000 坐标系的变换由岁差矩阵 $\boldsymbol{P}$ 决定，该矩阵涉及三个欧拉旋转角度的计算。在 IAU 1976 岁差模型中，这三个旋转角称为赤道岁差角 $z_A$、$\zeta_A$ 和 $\theta_A$，它们的计算公式（单位角秒）为

$$\begin{cases} \zeta_A = 2306''.2181t + 0''.30188t^2 + 0''.017998t^3 \\ \theta_A = 2004''.3109t - 0''.42665t^2 + 0''.041833t^3 \\ z_A = 2306''.2181t + 1''.09468t^2 + 0''.018203t^3 \end{cases} \tag{C-1}$$

式中：$t$ 为 TDB 时间从 J2000.0 算起的儒略世纪数，实际使用时常用 TT 代替 TDB，即

$$t = \frac{\mathrm{JD_{TT}} - 2451545}{36525} \tag{C-2}$$

当采用四次坐标旋转法进行岁差改正时，其旋转角度参数计算公式为

$$\begin{cases} \psi_A = 5038''.7784t - 1''.07259t^2 - 0''.001147t^3 \\ \omega_A = \varepsilon_0 - 0''.05127t^2 - 0''.007726t^3 \\ \chi_A = 10''.5526t - 2''.38064t^2 - 0''.001125t^3 \\ \varepsilon_0 = 84381''.448 \end{cases} \tag{C-3}$$

**2. 章动矩阵**

"IAU 76/FK5"转换方法中，TOD 与 MOD 坐标系的变换由章动矩阵 $\boldsymbol{N}$ 决定，该矩阵涉及平黄赤交角 $\varepsilon_A$、黄经章动 $\Delta\psi$、交角章动 $\Delta\varepsilon$ 三个角度的计算。其中黄经章动和交角章动的计算公式见式（A-10）。平黄赤交角 $\varepsilon_A$ 实际上是由 IAU 1976 岁差模型给定的，计算见式（A-1）。

**3. 旋转矩阵**

"IAU 76/FK5"转换方法中，PEF 与 TOD 坐标系的变换由旋转矩阵 $\boldsymbol{R}$ 决定，该矩阵涉及格林尼治真恒星时 GAST 的计算，其计算公式为

$$\mathrm{GST} = \mathrm{GMST} + \Delta\psi\cos\varepsilon_A + 0''.00264\sin\Omega + 0''.000063\sin(2\Omega) \tag{C-4}$$

式中：$\Omega$ 是月球升交点平黄经，可由式（A-1）计算，黄经章动 $\Delta\psi$ 和交角章动 $\Delta\varepsilon$ 可由式

(A-10)计算,平黄赤交角 $\varepsilon_A$ 可由式(A-1)计算。格林尼治平恒星时 GMST 由下式计算:

$$GMST = 67310.54841\text{ s} + (876600^h + 8640184.812866\text{ s})T'_u$$
$$+ 0.931047\text{ s }T'^2_u - 6.2\text{ s} \times 10^{-6}T'^3_u \tag{C-5}$$

式中:$T'_u$ 为 UT1 时间从 J2000.0 算起的儒略世纪数。

# C.2　基于无旋转原点(NRO)的新方法

**1. CIO 在 GCRS 坐标系中的坐标 $X,Y$**

在计算 CIO 的定位角 $s$ 时,需要知道 CIO 在 GCRS 坐标系中的坐标 $X$、$Y$,它们的计算公式为

$$X = -0.016617'' + 2004.191898''t - 0.4297829''t^2 - 0.19861834''t^3$$
$$+ 0.000007578''t^4 + 0.0000059285''t^5$$
$$+ \sum_i [(a_{s,0})_i \sin\alpha_i + (a_{c,0})_i \cos\alpha_i]$$
$$+ \sum_i [(a_{s,1})_i t \sin\alpha_i + (a_{c,1})_i t \cos\alpha_i]$$
$$+ \sum_i [(a_{s,2})_i t^2 \sin\alpha_i + (a_{c,2})_i t^2 \cos\alpha_i] + \cdots \tag{C-6}$$

$$Y = -0.006951'' - 0.025896''t - 22.4072747''t^2 + 0.00190059''t^3$$
$$+ 0.001112526''t^4 + 0.0000001358''t^5$$
$$+ \sum_i [(b_{s,0})_i \sin\alpha_i + (b_{c,0})_i \cos\alpha_i]$$
$$+ \sum_i [(b_{s,1})_i t \sin\alpha_i + (b_{c,1})_i t \cos\alpha_i]$$
$$+ \sum_i [(b_{s,2})_i t^2 \sin\alpha_i + (b_{c,2})_i t^2 \cos\alpha_i] + \cdots \tag{C-7}$$

式(C-6)和式(C-7)中的第一项为常数项,主要来自 J2000.0 时刻的天极偏差,有关时间 $t$ 的多项式来自岁差($t$ 为 TT 时间从 J2000.0 算起的儒略世纪数),周期项 $\sum_i [(a_{s,0})_i \sin\alpha_i + (a_{c,0})_i \cos\alpha_i]$ 和 $\sum_i [(b_{s,0})_i \sin\alpha_i + (b_{c,0})_i \cos\alpha_i]$ 来自章动序列。此外,$X$ 和 $Y$ 坐标中还包括 $t\sin\alpha$、$t\cos\alpha$、$t^2\sin\alpha$、$t^2\cos\alpha$ 等乘积项,它们来自岁差和章动的交叉项。幅角 $\alpha_i$ 的计算参考文献[3]。周期项中的振幅 $(a_{s,0})_i$、$(a_{c,0})_i$、$(b_{s,0})_i$、$(b_{c,0})_i$、$(a_{s,1})_i$、$(a_{c,1})_i$、$(b_{s,1})_i$、$(b_{c,1})_i$ 等都可以从 IERS Conventions 中心网站(ftp://tai.bipm.org/iers/conv2010/chapter5/)获取(tab5.2a.txt 和 tab5.2b.txt 文件中)。

**2. CIO 定位角 $s$**

$s$ 的计算是将 $s + XY/2$ 展开为一个泊松序列间接获得,保留 1975—2025 年所有大于 $0.5\ \mu$as 的项,一个简化的计算公式为

$$s + \frac{XY}{2} = 94 + 3808.65t - 122.68t^2 - 72574.11t^3 + \sum_k C_k \sin\alpha_k + 1.73t\sin\Omega$$

$$+ 3.57t\cos(2\Omega) + 743.52t^2\sin\Omega + 56.91t^2\sin(2F - 2D + 2\Omega)$$
$$+ 9.84t^2\sin(2F + 2\Omega) - 8.85t^2\sin(2\Omega) \tag{C-8}$$

将求得的值减去 $XY/2$ 即可求得 $s$，这样比直接计算 $s$ 要简单得多。完整的 $s + XY/2$ 展开公式和数据可从 IERS Conventions 中心网站下载（tab5.2c.txt 文件中），该网站表中包含所有大于 0.1 $\mu$as 的项。

### 3. TIO 定位角 $s'$

$s'$ 提供 TIO 在 CIP 赤道上的位置，是极移参数 $x_p$ 和 $y_p$ 的函数。$s'$ 是一个很小的量，到 22 世纪，不会大于 0.4 mas。利用目前测量的地球的钱德拉摆动，$s'$ 的近似值为

$$s'(t) = -47t \tag{C-9}$$

式中：$t$ 为 TT 时间从 J2000.0 算起的儒略世纪数。

### 4. 地球旋转角 ERA

计算公式为

$$\text{ERA}(T_u) = 2\pi(0.7790572732640 + 1.00273781191135448T_u) \tag{C-10}$$

式中：1.00273781191135448 为 1 个 UT1 日地球自转的周数；$T_u$ 为 UT1 时间从 J2000.0 算起的儒略世纪数。

SOFA 软件时间坐标转换函数

## D.1 时间转换相关函数

SOFA 提供了 28 个与时间转换相关的函数,如表 D-1 所示,涉及时间尺度转换、转换参数计算、日历和日期转换等。为提高程序计算的精度,SOFA 将儒略日期用两个浮点数表示。

表 D-1 时间转换主要相关函数

| 序号 | 类别 | 函数名 | 说 明 | 输 入 参 数 | 输 出 参 数 |
|---|---|---|---|---|---|
| 1 | 日历和日期转换 | iauCal2jd | 公历转儒略日 | iy,im,id:公历(格里高利)形式的年月日 | djm0,djm:两部分描述的儒略日,djm0 固定为 2400000.5 |
| 2 | | iauD2dtf | 儒略日转公历(年、月、日、时、分、秒、毫秒) | scale:时间尺度描述;ndp:内部运算的精度控制;d1,d2:两部分描述的儒略日 | iy,im,id:年、月、日;ihmsf:时、分、秒、毫秒 |
| 3 | | iauDtf2d | 日期和时间转换为儒略日 | scale:时间尺度;iy,im,id:公历描述的日期(年、月、日);ihr,imn,sec:时间(时、分、秒) | d1,d2:两部分描述的儒略日 |
| 4 | | iauEpb | 儒略日转贝塞尔历 | dj1,dj2:两部分表示的儒略日 | 返回值:贝塞尔历 |
| 5 | | iauEpb2jd | 贝塞尔历转儒略日 | Epb:贝塞尔历 | djm0,djm:两部分描述的儒略日,djm0 固定为 2400000.5 |
| 6 | | iauEpj | 儒略日转儒略历 | dj1,dj2:两部分表示的儒略日 | 函数值:儒略历 |
| 7 | | iauEpj2jd | 儒略历转儒略日 | Epj:儒略历 | djm0,djm:两部分描述的儒略日,djm0 固定为 2400000.5 |

续表

| 序号 | 类别 | 函数名 | 说　　　明 | 输　入　参　数 | 输　出　参　数 |
|---|---|---|---|---|---|
| 8 | 日历和日期转换 | iauJd2cal | 儒略日转公历（天带小数） | dj1,dj2:两部分表示的儒略日 | iy, im, id, fd:年、月、日、小数天 |
| 9 | | iauJdcalf | 儒略日转公历（小数部分天按指定精度输出） | ndp:小数天的精度；dj1,dj2:两部分表示的儒略日 | iymdf［4］:年、月、日、小数天 |
| 10 | | iauTf2d | 时、分、秒转天 | s:天的正负性；ihour,imin,sec:时、分、秒 | days:天 |
| 11 | 转换参数计算 | iauDat | TAI与UTC转换所需的跳秒 | iy, im, id, fd:UTC时间尺度的年、月、日、小数天 | deltat:该UTC时间对应的跳秒 |
| 12 | | iauDtdb | TDB-TT | date1,date2:两部分表示的儒略日（TDB）；ut:世界时UT1；elong:地球上观测者的经度；u:地球上观测者距地球自转轴的距离；v:观测者距赤道面以北的距离 | 返回值:TDB-TT（秒） |
| 13 | 时间尺度转换 | iauTaitt | TAI转TT | tai1,tai2:两部分表示的儒略日（TAI时） | tt1,tt2:两部分表示的儒略日（TT时） |
| 14 | | iauTaiut1 | TAI转UT1 | tai1,tai2:两部分表示的儒略日（TAI时）；dta:UT1-TAI（秒） | ut11,ut12:两部分表示的儒略日（UT1时） |
| 15 | | iauTaiutc | TAI转UTC | tai1,tai2:两部分表示的儒略日（TAI时） | utc1,utc2:两部分表示的儒略日（UTC时） |
| 16 | | iauTcbtdb | TCB转TDB | tcb1,tcb2:两部分表示的儒略日（TCB时） | tdb1,tdb2:两部分表示的儒略日（TDB时） |
| 17 | | iauTcgtt | TCG转TT | tcg1,tcg2:两部分表示的儒略日（TCG时） | tt1,tt2:两部分表示的儒略日（TT时） |
| 18 | | iauTdbtcb | TDB转TCB | tdb1,tdb2:两部分表示的儒略日（TDB时） | tcb1,tcb2:两部分表示的儒略日（TCB时） |
| 19 | | iauTdbtt | TDB转TT | tdb1,tdb2:两部分表示的儒略日（TDB时）；dtr:TDB-TT（秒） | tt1,tt2:两部分表示的儒略日（TT时） |
| 20 | | iauTttai | TT转TAI | tt1,tt2:两部分表示的儒略日（TT时） | tai1,tai2:两部分表示的儒略日（TAI时） |

续表

| 序号 | 类别 | 函数名 | 说　明 | 输　入　参　数 | 输　出　参　数 |
|---|---|---|---|---|---|
| 21 | | iauTttcg | TT 转 TCG | tt1,tt2：两部分表示的儒略日（TT 时） | tcg1,tcg2：两部分表示的儒略日（TCG 时） |
| 22 | | iauTttdb | TT 转 TDB | tt1,tt2：两部分表示的儒略日（TT 时）；dtr：TDB-TT（秒） | tdb1,tdb2：两部分表示的儒略日（TDB 时） |
| 23 | | iauTtut1 | TT 转 UT1 | tt1,tt2：两部分表示的儒略日（TT 时）；dt：TT-UT1（秒） | ut11,ut12：两部分表示的儒略日（UT1 时） |
| 24 | 时间尺度转换 | iauUt1tai | UT1 转 TAI | ut11,ut12：两部分表示的儒略日（UT1 时）；dta：UT1-TAI（秒） | tai1,tai2：两部分表示的儒略日（TAI 时） |
| 25 | | iauUt1tt | UT1 转 TT | ut11,ut12：两部分表示的儒略日（UT1 时）；dt：TT-UT1（秒） | tt1,tt2：两部分表示的儒略日（TT 时） |
| 26 | | iauUt1utc | UT1 转 UTC | ut11,ut12：两部分表示的儒略日（UT1 时）；dut1：跳秒,UT1-UTC（秒） | utc1,utc2：两部分表示的儒略日（UTC 时） |
| 27 | | iauUtctai | UTC 转 TAI | utc1,utc2：两部分表示的儒略日（UTC 时） | tai1,tai2：两部分表示的儒略日（TAI 时） |
| 28 | | iauUtcut1 | UTC 转 UT1 | utc1,utc2：两部分表示的儒略日（UTC 时）；dut1：跳秒,UT1-UTC（秒） | ut11,ut12：两部分表示的儒略日（UT1 时） |

# D.2　坐标转换相关函数

坐标系转换过程涉及复杂的岁差、章动和极移等计算,SOFA 软件提供了相关函数方便用户调用,表 D-2 给出了常用的坐标转换相关函数。

表 D-2　常用的坐标转换相关函数

| 序号 | 类别 | 函数名 | 说　明 | 输　入　参　数 | 输　出　参　数 |
|---|---|---|---|---|---|
| 1 | 岁差、章动和极移 | iauPb06 | 岁差角计算（IAU 2006 岁差模型） | data1,data2：两部分表示的儒略日（TT 时） | bz,bzeta,btheta：三个岁差角 $z_A$、$\zeta_A$ 和 $\theta_A$ |
| 2 | | iauPmat06 | 岁差矩阵计算（IAU 2006 岁差模型） | data1,data2：两部分表示的儒略日（TT 时） | rbp：$3\times3$ 岁差矩阵 |

续表

| 序号 | 类别 | 函数名 | 说　明 | 输　入　参　数 | 输　出　参　数 |
|---|---|---|---|---|---|
| 3 | 岁差、章动和极移 | iauNut06a | 章动角计算（IAU 2006/2000A 岁差章动模型） | data1,data2:两部分表示的儒略日（TT 时） | dpsi,deps:两个章动角 $\Delta\psi$、$\Delta\epsilon$ |
| 4 | | iauNum06a | 章动矩阵计算（IAU 2006/2000A 岁差章动模型） | data1,data2:两部分表示的儒略日（TT 时） | rmatn:3×3 章动矩阵 |
| 5 | | iauPom00 | 极移矩阵计算（IAU 2000A 岁差章动模型） | $x_p$,$y_p$:极移坐标；sp:TIO 定位值 | rpom:3×3 极移矩阵 |
| 6 | | iauSp00 | TIO 定位值计算 | data1,data2:两部分表示的儒略日（TT 时） | TIO 定位值 |
| 7 | | iauS06 | CIO 定位值计算 | data1,data2:两部分表示的儒略日（TT 时）；x,y:CIP 坐标 | CIO 定位值 |
| 8 | 坐标转换 | iauGd2Gc | 大地坐标转大地直角坐标 | n:地球参考椭球模型；elong,phi,height:经、纬、高 | $xyz$:大地直角坐标 |
| 9 | | iauGc2gd | 大地直角坐标转大地坐标 | n:地球参考椭球模型；xyz:大地直角坐标 | elong,phi,height:经、纬、高 |
| 10 | | iauC2i06a | 天球坐标系转天球中间坐标系（IAU 2006/2000A 岁差章动模型） | date1,date2:两部分表示的儒略日（TT 时） | rc2i:3×3 天球坐标系转天球中间坐标系转移矩阵 |
| 11 | | iauC2t06a | 天球坐标系转地球中间坐标系（IAU 2006/2000A 岁差章动模型） | tta,ttb:两部分表示的儒略日（TT 时）；uta,utb:两部分表示的儒略日（UT1 时）；$x_p$,$y_p$:极移坐标 | rc2t:3×3 天球坐标系转地球中间坐标系转移矩阵 |
| 12 | | iauC2tcio | 基于 CIO 方法的天球坐标系转地球坐标系 | rc2i:天球坐标系转天球中间坐标系转移矩阵；era:地球旋转角；rpom:极移矩阵 | rc2t:3×3 天球坐标系转地球坐标系矩阵 |

# 附录E 时间与坐标转换代码

## E.1 时间转换相关代码

```
1. int latnd, latnm, lonwd, lonwm, j, iy, mo, id, ih, im, ihmsf[4];
2. double slatn, slonw, hm, elon, phi, xyz[2], u, v, sec,
3. utc1, utc2, dut, ut11, ut12, ut, tai1, tai2, tt1, tt2,
4. tcg1, tcg2, dtr, tdb1, tdb2, tcb1, tcb2;
5.
6. /*站点大地极坐标,经纬高 (WGS84). */
7. latnd=19;
8. latnm=28;
9. slatn=52.5;
10. lonwd=155;
11. lonwm=55;
12. slonw=59.6;
13. hm=0.0;
14.
15. /*观测日期和时间 (UTC). */
16. iy=2006;
17. mo=1;
18. id=15;
19. ih=21;
20. im=24;
21. sec=37.5;
22.
23. /* 站点大地极坐标转直角坐标. */
24. j=iauAf2a ('+', latnd, latnm, slatn, &phi );
25. if ( j ) return 1;
26. j=iauAf2a ('-', lonwd, lonwm, slonw, &elon );
27. if ( j ) return 1;
28. j=iauGd2gc ( 1, elon, phi, hm, xyz );
29. if ( j ) return 1;
30. u=sqrt ( xyz[0]*xyz[0]+xyz[1]*xyz[1] );
```

```
31. v=xyz[2];
32.
33. /*  公历转儒略日. * /
34. j=iauDtf2d ("UTC", iy, mo, id, ih, im, sec, &utc1, &utc2 );
35. if ( j ) return 1;
36.
37. /*UT1-UTC (秒，来自 IERS). * /
38. dut=0.3341;
39.
40. /*UTC ->UT1. * /
41. j=iauUtcut1 ( utc1, utc2, dut, &ut11, &ut12 );
42. if ( j ) return 1;
43.
44. /* 提取 UT1 时间的小数部分，后面计算 TDB-TT 需要. * /
45. ut=fmod ( fmod(ut11,1.0)+fmod(ut12,1.0), 1.0 )+0.5;
46.
47. /*UTC ->TAI ->TT ->TCG. * /
48. j=iauUtctai ( utc1, utc2, &tai1, &tai2 );
49. if ( j ) return 1;
50. j=iauTaitt ( tai1, tai2, &tt1, &tt2 );
51. if ( j ) return 1;
52. j=iauTttcg ( tt1, tt2, &tcg1, &tcg2 );
53. if ( j ) return 1;
54.
55. /*TDB-TT (输入参数中，使用 TT 代替 TDB). * /
56. dtr=iauDtdb ( tt1, tt2, ut, elon, u/1e3, v/1e3 );
57.
58. /*TT ->TDB ->TCB. * /
59. j=iauTttdb ( tt1, tt2, dtr, &tdb1, &tdb2 );
60. if ( j ) return 1;
61. j=iauTdbtcb ( tdb1, tdb2, &tcb1, &tcb2 );
62. if ( j ) return 1;
63.
64. /*打印输出. * /
65. j=iauD2dtf ("UTC", 6, utc1, utc2, &iy, &mo, &id, ihmsf );
66. if ( j ) return 1;
67. printf ("UTC% 5d/% 2.2d/% 2.2d% 3d:% 2.2d:% 2.2d.% 6.6d\n", iy, mo, id ,
ihmsf[0], ihmsf[1], ihmsf[2], ihmsf[3] );
68.
69. j=iauD2dtf ("ut1", 6, ut11, ut12, &iy, &mo, &id, ihmsf );
70. if ( j ) return 1;
71. printf ("UT1% 5d/% 2.2d/% 2.2d% 3d:% 2.2d:% 2.2d.% 6.6d\n", iy, mo, id ,
```

**225**

```
      ihmsf[0], ihmsf[1], ihmsf[2], ihmsf[3] );
72.
73. j=iauD2dtf ("tai", 6, tai1, tai2, &iy, &mo, &id, ihmsf );
74. if ( j ) return 1;
75. printf ("TAI% 5d/% 2.2d/% 2.2d% 3d:% 2.2d:% 2.2d.% 6.6d\n", iy, mo, id ,
    ihmsf[0], ihmsf[1], ihmsf[2], ihmsf[3] );
76.
77. j=iauD2dtf ("tt", 6, tt1, tt2, &iy, &mo, &id, ihmsf );
78. if ( j ) return 1;
79. printf ("TT % 5d/% 2.2d/% 2.2d% 3d:% 2.2d:% 2.2d.% 6.6d\n", iy, mo, id ,
    ihmsf[0], ihmsf[1], ihmsf[2], ihmsf[3] );
80.
81. j=iauD2dtf ("tcg", 6, tcg1, tcg2, &iy, &mo, &id, ihmsf );
82. if ( j ) return 1;
83. printf ("TCG% 5d/% 2.2d/% 2.2d% 3d:% 2.2d:% 2.2d.% 6.6d\n", iy, mo, id ,
    ihmsf[0], ihmsf[1], ihmsf[2], ihmsf[3] );
84.
85. j=iauD2dtf ("tdb", 6, tdb1, tdb2, &iy, &mo, &id, ihmsf );
86. if ( j ) return 1;
87. printf ("TDB% 5d/% 2.2d/% 2.2d% 3d:% 2.2d:% 2.2d.% 6.6d\n", iy, mo, id ,
    ihmsf[0], ihmsf[1], ihmsf[2], ihmsf[3] );
88.
89. j=iauD2dtf ("tcb", 6, tcb1, tcb2, &iy, &mo, &id, ihmsf );
90. if ( j ) return 1;
91. printf ("TCB% 5d/% 2.2d/% 2.2d% 3d:% 2.2d:% 2.2d.% 6.6d\n", iy, mo, id ,
    ihmsf[0], ihmsf[1], ihmsf[2], ihmsf[3] );
```

输出结果为：

```
UTC 2006/01/15 21:24:37.500000
UT1 2006/01/15 21:24:37.834100
TAI 2006/01/15 21:25:10.500000
TT  2006/01/15 21:25:42.684000
TCG 2006/01/15 21:25:43.322690
TDB 2006/01/15 21:25:42.684373
TCB 2006/01/15 21:25:56.893952
```

UT1 时间用于地基观测设备的目标指向；TT 时间用于查找行星的位置星历表；TDB 时间用于脉冲星的观测；TAI 时间适用于事件的长时间间隔计算，也是闰秒计算的基础；TCG 和 TCB 时间用于更高精度要求的天文计算场合；UTC 时间适用于本地时间的记录。

# E.2　坐标转换相关代码

```
1. /*========================*/
2. /* IAU 2006/2000A, CIO based */
3. /*========================*/
4.
5. int iy, im, id, ih, min;
6. double sec, xp, yp, era, sp, dx06, dy06, dut1, a, f, x, y, s;
7. double utc1, utc2, tai1, tai2, tt1, tt2, ut11, ut12;
8. double rho, az, el, lon, lat, alt;
9. double rhosez[3], rsitrs[3], ritrs[3], rhoitrs[3], rgcrs[3];
10. double sez2itrs[3][3], gcrs2cirs[3][3], gcrs2tirs[3][3],
11.     tirs2itrs[3][3], gcrs2itrs[3][3], itrs2gcrs[3][3];
12.
13. /*UTC 日期和时间.*/
14. iy=2020;
15. im=2;
16. id=1;
17. ih=12;
18. min=0;
19. sec=0.0;
20.
21. /*站点大地坐标.*/
22. lon=120*DD2R;                //度 ->弧度
23. lat=30*DD2R;
24. alt=0;
25.
26. /*雷达对目标的观测值*/
27. rho=2000e3;                  //距离,米
28. az=100*DD2R;                 //方位
29. el=5*DD2R;                   //俯仰
30.
31. /*极移参数 (弧度).*/
32. xp=0.0420186*DAS2R;
33. yp=0.3257814*DAS2R;
34.
35. /*CIP 坐标的修正量(IAU 2006/2000A 模型,弧度).*/
36. dx06=0.2046*DMAS2R;
```

```
37. dy06=-0.0433*DMAS2R;
38.
39. /*UT1-UTC (s).*/
40. dut1=-0.255529953;
41.
42. /*计算 TT, UT1 时间.*/
43. iauDtf2d("utc", iy, im, id, ih, min, sec, &utc1, &utc2);
44. iauUtctai(utc1, utc2, &tai1, &tai2);
45. iauTaitt(tai1, tai2, &tt1, &tt2);
46. iauUtcut1(utc1, utc2, dut1, &ut11, &ut12);
47.
48. /*计算测站的 ITRS 坐标*/
49. iauEform(GRS80, &a, &f);          //获取 GRS80 地球椭球模型参数
50. iauGd2gce(a, f, lon, lat, alt, rsitrs);
51.
52. /*目标极坐标转站心地平坐标(NEZ).*/
53. iauS2p(az, el, rho, rhosez);      //得到的是北-东-天顶坐标系(NEZ,该坐标系是左手
                                          系)
54.
55. /*计算目标的 ITRS 坐标*/
56. rhosez[0]=-rhosez[0];             //NEZ 转 SEZ(x 轴反向,左手系转右手系)
57. iauIr(sez2itrs);
58. iauRy(lat - DPI / 2, sez2itrs);
59. iauRz(-lon, sez2itrs);
60. iauRxp(sez2itrs, rhosez, rhoitrs);
61. iauPpp(rhoitrs, rsitrs, ritrs);
62.
63. /*基于 IAU 2006/2000A 模型计算 CIP 在 GCRS 下的坐标.*/
64. iauXy06(tt1, tt2, &x, &y);
65.
66. /*加上 CIP 的修正量.*/
67. x +=dx06;
68. y +=dy06;
69.
70. /*由 x,y 计算 CIO 的定位点 s.*/
71. s=iauS06(tt1, tt2, x, y);
72.
73. /*计算 GCRS 到 CIRS 的转换矩阵.*/
74. iauC2ixys(x, y, s, gcrs2cirs);
75.
76. /*计算地球旋转角.*/
77. era=iauEra00(ut11, ut12);
```

```
78.
79. /*计算 GCRS 到 TIRS 的转换矩阵.*/
80. iauCr(gcrs2cirs, gcrs2tirs);
81. iauRz(era, gcrs2tirs);
82.
83. /*计算 TIO 的定位点参数 s'.*/
84. sp=iauSp00(tt1, tt2);
85.
86. /*计算 TIRS 到 ITRS 的转换矩阵 */
87. iauPom00(xp, yp, sp, tirs2itrs);
88.
89. /*计算 GCRS 到 ITRS 的坐标转换矩阵).*/
90. iauRxr(tirs2itrs, gcrs2tirs, gcrs2itrs);
91.
92. /*计算 ITRS 到 GCRS 的坐标转换矩阵 */
93. iauTr(gcrs2itrs, itrs2gcrs);
94.
95. /*计算目标的 GCRS 坐标 */
96. iauRxp(itrs2gcrs, ritrs, rgcrs);
```

程序实现的基本思路如下。

（1）设定站点的大地坐标、目标的观测时间和观测值。

（2）设置极移、CIP 偏差、UT1-UTC 参数，在实际应用中，这些参数需要根据 UTC 时间在 EOP 文件中查表并插值获得。

（3）由给定的日期和时间，调用 iauDtf2d、iauUtctai、iauTaitt 和 iauUtcut1 函数计算 TT 和 UT1 时间。

（4）调用 iauGd2gce 函数，计算 GRS80 椭球模型下的观测站 ITRS 坐标。

（5）由目标的观测值（距离、方位和俯仰），调用 iauS2p 函数计算目标的站心地平坐标。

（6）基于观测站坐标和目标的站心地平坐标，调用 iauRy、iauRxp 等向量和矩阵操作函数，计算目标的 ITRS 坐标。

（7）基于 IAU 2006/2000A 岁差章动模型，调用 iauXy06、iauS06、iauC2ixys、iauEra00、iauSp00、iauPom00 等函数，计算 ITRS 到 GCRS 的坐标转换矩阵。

（8）基于目标的 ITRS 坐标，调用 iauRxp 函数计算目标的 GCRS 坐标。

# 附录F 飞行时间的普适公式

## F.1 公 式 推 导

### 1. 普适变量 $x$ 的定义

若将 $v$ 分解成径向分量 $\dot{r}$（径向速度）和横向分量 $r\dot{f}$（周向速度），则根据式（3-13）和式（3-22）可得

$$\dot{r}^2 = \frac{-\mu p}{r^2} + \frac{2\mu}{r} - \frac{\mu}{a} \tag{F-1}$$

引入一个新的独立变量

$$\dot{x} = \frac{\sqrt{\mu}}{r} \tag{F-2}$$

求解以 $x$ 表示的 $r$ 的一般表达式。用式（F-1）除以式（F-2）的平方并积分，若 $e \neq 1$，且令积分常数为 $c_0$，则积分结果为

$$x + c_0 = \sqrt{a} \arcsin \frac{\left(\dfrac{r}{a} - 1\right)}{\sqrt{1 - \dfrac{p}{a}}} \tag{F-3}$$

根据式（3-13），上式可写为

$$r = a\left(1 + e\sin\frac{x+c_0}{\sqrt{a}}\right) \tag{F-4}$$

将式（F-2）代入式（F-4）并积分，得

$$\sqrt{\mu}t = ax - ae\sqrt{a}\left(\cos\frac{x+c_0}{\sqrt{a}} - \cos\frac{c_0}{\sqrt{a}}\right) \tag{F-5}$$

其中，假设 $t = 0$ 时，$x = 0$。

至此已经得到了 $r$ 和 $t$ 以 $x$ 表示的公式，但积分常数 $c_0$ 尚未确定。下面考虑一类特殊问题，即初始条件为已知 $t_0 = 0$ 时的 $\boldsymbol{r}_0$ 和 $\boldsymbol{v}_0$，求解 $t$ 时刻的 $\boldsymbol{r}$ 和 $\boldsymbol{v}$，由式（F-4）可得

$$e\sin\frac{c_0}{\sqrt{a}} = \frac{r_0}{a} - 1 \tag{F-6}$$

将式（F-4）对时间 $t$ 求导，并考虑初始条件和恒等式 $\boldsymbol{r} \cdot \dot{\boldsymbol{r}} = r\dot{r}$，得

$$e\cos\frac{c_0}{\sqrt{a}} = \frac{\boldsymbol{r}_0 \cdot \boldsymbol{v}_0}{\sqrt{\mu a}} \tag{F-7}$$

利用表示两角之和余弦的三角恒等式和式(F-6)及式(F-7),可将式(F-5)改写成

$$\sqrt{\mu}t = a\left(x - \sqrt{a}\sin\frac{x}{\sqrt{a}}\right) + \frac{\boldsymbol{r}_0 \cdot \boldsymbol{v}_0}{\sqrt{\mu}}a\left(1 - \cos\frac{x}{\sqrt{a}}\right) + r_0\sqrt{a}\sin\frac{x}{\sqrt{a}} \tag{F-8}$$

类似地,利用表示两角之和正弦的三角恒等式和式(F-6)及式(F-7),可将式(F-4)改写成

$$r = a + a\left[\frac{\boldsymbol{r}_0 \cdot \boldsymbol{v}_0}{\sqrt{\mu a}}\sin\frac{x}{\sqrt{a}} + \left(\frac{r_0}{a} - 1\right)\cos\frac{x}{\sqrt{a}}\right] \tag{F-9}$$

现在引入另一个新变量

$$z = \frac{x^2}{a} \tag{F-10}$$

于是 $a = x^2/z$,因此式(F-8)变为

$$\sqrt{\mu}t = \left[\frac{\sqrt{z} - \sin\sqrt{z}}{\sqrt{z^3}}\right]x^3 + \frac{\boldsymbol{r}_0 \cdot \boldsymbol{v}_0}{\sqrt{\mu}}x^2\frac{1 - \cos\sqrt{z}}{z} + \frac{r_0 x\sin\sqrt{z}}{\sqrt{z}} \tag{F-11}$$

类似地,式(F-9)变为

$$r = \sqrt{\mu}\frac{\mathrm{d}t}{\mathrm{d}x} = \frac{x^2}{z} + \frac{\boldsymbol{r}_0 \cdot \boldsymbol{v}_0}{\sqrt{\mu}}\frac{x}{\sqrt{z}}\sin\sqrt{z} + r_0\cos\sqrt{z} - \frac{x^2}{z}\cos\sqrt{z} \tag{F-12}$$

当 $z = 0$ 时,上述式子是不确定的。为了解决这个问题,引入斯达姆夫(Stumpf)函数

$$\begin{cases} C(z) = \sum_{k=0}^{\infty}\frac{(-z)^k}{(2k+2)!} = \frac{1}{2!} - \frac{z}{4!} + \frac{z^2}{6!} - \frac{z^3}{8!} + \cdots \\ S(z) = \sum_{k=0}^{\infty}\frac{(-z)^k}{(2k+3)!} = \frac{1}{3!} - \frac{z}{5!} + \frac{z^2}{7!} - \frac{z^3}{9!} + \cdots \end{cases} \tag{F-13}$$

$C(z)$ 和 $S(z)$ 与圆周及双曲三角函数关系为

$$C(z) = \begin{cases} \dfrac{1 - \cos\sqrt{z}}{z}, & z > 0 \\[2mm] \dfrac{\cosh(\sqrt{-z}) - 1}{-z}, & z < 0 \quad \left(z = \dfrac{x^2}{a}\right) \\[2mm] \dfrac{1}{2}, & z = 0 \end{cases} \tag{F-14}$$

$$S(z) = \begin{cases} \dfrac{\sqrt{z} - \sin\sqrt{z}}{\sqrt{z^3}}, & z > 0 \\[2mm] \dfrac{\sinh(\sqrt{-z}) - \sqrt{-z}}{\sqrt{-z^3}}, & z < 0 \quad \left(z = \dfrac{x^2}{a}\right) \\[2mm] \dfrac{1}{6}, & z = 0 \end{cases} \tag{F-15}$$

显然,$z < 0$、$z = 0$、$z > 0$ 分别对应双曲线、抛物线和椭圆。利用这些函数,式(F-11)和式(F-12)变为

$$\sqrt{\mu}t = x^3 S + \frac{\boldsymbol{r}_0 \cdot \boldsymbol{v}_0}{\sqrt{\mu}}x^2 C + r_0 x(1 - zS) \tag{F-16}$$

$$r = \sqrt{\mu}\frac{\mathrm{d}t}{\mathrm{d}x} = x^2 C + \frac{\boldsymbol{r}_0 \cdot \boldsymbol{v}_0}{\sqrt{\mu}} x(1 - zS) + r_0(1 - zC) \tag{F-17}$$

**2. 已知时间求 $x$**

式(F-16)对 $x$ 而言是超越方程,我们不能靠等号左边的量直接算得,而是要用逐次逼近法求解。

由于 $t$ 随 $x$ 变化的曲线具有较好的性质,用牛顿迭代法即可成功地求解已知飞行时间 $t_F$ 求 $x$ 的问题。为了利用牛顿迭代法,首先根据式(F-10)将式(F-16)写为

$$f(x) = \frac{\boldsymbol{r}_0 \cdot \boldsymbol{v}_0}{\sqrt{\mu}} x^2 C + \left(1 - \frac{r_0}{a}\right) x^3 S + r_0 x - \sqrt{\mu}t_F \tag{F-18}$$

其中的 $a$ 可由 $\boldsymbol{r}_0$、$\boldsymbol{v}_0$ 和能量方程求得。于是,牛顿迭代公式为

$$x_{n+1} = x_n - \frac{f(x_n)}{f'(x_n)} \quad n = 0, 1, \cdots \tag{F-19}$$

对式(F-18)求导,并利用式(F-2)、式(F-10)、式(F-13),化简可得

$$f'(x) = \frac{\boldsymbol{r}_0 \cdot \boldsymbol{v}_0}{\sqrt{\mu}} x \left(1 - \frac{x^2}{a}S\right) + \left(1 - \frac{r_0}{a}\right) x^2 C + r_0 \tag{F-20}$$

当已知飞行时间 $t_F$ 时,首先任意选择 $x$ 的一个初值 $x_0$,然后根据式(F-10)计算出对应的 $z$,再根据式(F-14)和式(F-15)计算出对应的 $C$ 和 $S$,接着利用式(F-19)计算出 $x$ 的新迭代值 $x_1$,重复上述过程,直至 $f(x_n)$ 趋近于零为止。

为了得到 $F$ 和 $G$ 以 $x$ 表示的表达式,只要求出轨道坐标系 $O\text{-}x''y''z''$ 的分量与 $x$ 的关系即可。

根据式(3-14)、式(3-53)和式(F-4),可得

$$x'' = r\cos f = -a\left(e + \sin\frac{x + c_0}{\sqrt{a}}\right) \tag{F-21}$$

因 $y''^2 = r^2 - x''^2$,故

$$y'' = a\sqrt{1 - e^2}\cos\frac{x + c_0}{\sqrt{a}} \tag{F-22}$$

再将式(F-21)和式(F-22)对时间求导,同时应用普适变量的定义式(F-2),就可得出

$$\begin{cases} \dot{x}'' = -\frac{\sqrt{\mu a}}{r}\cos\frac{x + c_0}{\sqrt{a}} \\ \dot{y}'' = -\frac{h}{r}\sin\frac{x + c_0}{\sqrt{a}} \end{cases} \tag{F-23}$$

将式(F-21)~式(F-23)代入式(3-61),根据初始条件 $t = 0$ 时,$x = 0$,经化简得

$$F = \frac{a}{r_0}\left(e\sin\frac{c_0}{\sqrt{a}} + \cos\frac{x}{\sqrt{a}}\right) \tag{F-24}$$

利用 $z$ 和 $C(z)$ 的定义及式(F-6),则式(F-24)变为

$$F = 1 - \frac{a}{r_0}\left(1 - \cos\frac{x}{\sqrt{a}}\right) = 1 - \frac{x^2}{r_0}C \tag{F-25}$$

同理可得 $G$ 的表达式为

$$G = \frac{a^2}{\sqrt{\mu a}} \left[ e\left( \cos\frac{c_0}{\sqrt{a}} - \cos\frac{x}{\sqrt{a}}\cos\frac{c_0}{\sqrt{a}} + \sin\frac{x}{\sqrt{a}}\sin\frac{c_0}{\sqrt{a}} \right) + \sin\frac{x}{\sqrt{a}} \right] \tag{F-26}$$

利用式(F-6)和式(F-7)改写式(F-26)，并与式(F-16)进行比较，得到

$$G = t - \frac{x^3}{\sqrt{\mu}} S \tag{F-27}$$

类似地可以证明

$$\begin{cases} \dot{F} = -\frac{\sqrt{\mu a}}{r_0 r}\sin\frac{x}{\sqrt{a}} = \frac{\sqrt{\mu}}{r_0 r}x(zS - 1) \\ \dot{G} = 1 - \frac{a}{r} + \frac{a}{r}\cos\frac{x}{\sqrt{a}} = 1 - \frac{x^2}{r}C \end{cases} \tag{F-28}$$

利用式(3-61)可以检验 $F$ 和 $G$ 表达式的精度。此外，在任何公式中的 $z$ 均可用 $x^2/a$ 代入。同时还应当指出，若 $t_0$ 不为零，则可用 $t - t_0$ 代替 $t$。

# F.2　算 法 代 码

以下是由 $\Delta t$、$r_0$、$v_0$ 计算 $r$ 和 $v$ 的代码。

```
1. void rodRV_from_R0V0(double R0[3], double V0[3], double dt, double R[3],
double V[3])
2. {
3. double r0, v0, vr0, alpha, x, z, r;
4. double f, g, fdot, gdot;
5.
6. //计算 R0 和 V0 的幅度
7.     r0=iauPm(R0);
8.     v0=iauPm(V0);
9.
10. //计算径向速度
11.     vr0=iauPdp(R0, V0) / r0;
12.
13. //利用活力公式计算半长轴的倒数
14.     alpha=2/r0 - v0*v0/GM_EARTH;
15.
16. //计算广义变量
17.     x=kepler_U(dt, r0, vr0, alpha);
18.     z=alpha*x*x;
19.
20. //计算 f 和 g
21.     f=1 - x*x*stumpC(z) / r0;
```

```
22.      g=dt - x*x*x*stumpS(z) / sqrt(GM_EARTH);
23.
24. //计算 R= f*R0+g*V0
25.      iauSxp(f, R0, R);
26.      iauPpsp(R, g, V0, R);
27.
28.      r=iauPm(R);
29.
30. //计算 f 和 g 的导数
31.      fdot=sqrt(GM_EARTH)*x*(z*stumpS(z) - 1) / r / r0;
32.      gdot=1 - x*x*stumpC(z) / r;
33.
34. //计算 V= fdot*R0+gdot*V0
35.      iauSxp(fdot, R0, V);
36.      iauPpsp(V, gdot, V0, V);
37. }
38.
39. double stumpC(double z)
40. {
41.      double c;
42.
43.      if (z>0)
44.      {
45.          c=(1 - cos(sqrt(z))) / z;
46.      }
47.      else if (z<0)
48.      {
49.          c=(cosh(sqrt(-z)) - 1) / (-z);
50.      }
51.      else
52.      {
53.          c=1 / 2;
54.      }
55.
56.      return c;
57. }
58.
59. double stumpS(double z)
60. {
61.      double s;
62.
63.      if (z >  0)
```

```
64.      {
65.          s=(sqrt(z) - sin(sqrt(z))) / pow(sqrt(z), 3);
66.      }
67.      else if (z <  0)
68.      {
69.          s=(sinh(sqrt(-z)) - sqrt(-z)) / pow(sqrt(-z), 3);
70.      }
71.      else
72.      {
73.          s=1 / 6;
74.      }
75.      return s;
76. }
77.
78. double kepler_U(double dt, double r0, double vr0, double alpha)
79. {
80.      double error=1.e-8, ratio;
81.      double C, S, F, dFdx, x;
82.      int nMax=1000, n;
83.
84.      //Starting value for x
85.      x=sqrt(GM_EARTH)*fabs(alpha)*dt;
86.
87.      //Iterate until convergence occurs within the error tolerance :
88.      n=0;
89.      ratio=1;
90.      while (abs(ratio)>error && n<=nMax)
91.      {
92.          n=n+1;
93.          C=stumpC(alpha*x*x);
94.          S=stumpS(alpha*x*x);
95.          F=r0*vr0 / sqrt(GM_EARTH)*x*x*C+ (1 - alpha*r0)*x*x*x*S+r0*x -
sqrt(GM_EARTH)*dt;
96.          dFdx=r0*vr0 / sqrt(GM_EARTH)*x*(1 - alpha*x*x*S)+(1 - alpha*r0)*
x*x*C+r0;
97.
98.          ratio=F / dFdx;
99.          x=x - ratio;
100.     }
101.
102.     return x;
103. }
```

REFERENCES
参考文献

［1］王威，于志坚. 航天器轨道确定——模型与算法［M］. 北京：国防工业出版社，1997.

［2］Oliver Montenbruck，Eberhard Gill. 卫星轨道——模型、方法和应用［M］. 王家松，祝开建，胡小工，译. 北京：国防工业出版社，2012.

［3］李征航，魏二虎、王正涛，等. 空间大地测量学［M］. 武汉：武汉大学出版社，2010.

［4］Lieske J H，Lederle T，Fricke W，et al. Expression for the precession quantities based upon the IAU (1976) system of astronomical constants［J］. Astronomy and Astrophysics，1977，58：1-16.

［5］Capitaine N，Wallace P T，Chapront J. Expressions for IAU 2000 precession quantities［J］. Astronomy and astrophysics，2003，412(2)：567-586.

［6］Wallace P T，Capitaine N. Precession-nutation procedures consistent with IAU 2006 resolutions［J］. Astronomy and astrophysics，2006，459(3)：981-986.

［7］Wahr J M. The forced nutations of an elliptical，rotating，elastic，and oceanless Earth［J］. Geophys. J. Roy. Astron. Soc.，1981，64(3)：705-727.

［8］P M Mathews，T A Herring，B A Buffett. Modeling of nutation and precession：New nutation series for nonrigid Earth and insights into the Earth′s interior［J］. Journal of Geophysical Research：Solid Earth，2002，107(B4)：ETG-1-ETG 3-26.

［9］Analytical Graphics，Inc. Satellite Tool Kit (STK)［EB/OL］. (2021-04-13)［2022-12-02］. https：//www. agi. com/.

［10］NASA. The General Mission Analysis Tool (GMAT)［EB/OL］. (2020-05)［2022-12-02］. https：//gmat. atlassian. net/wiki/spaces/GW/overview.

［11］NASA. Orbit Determination Toolbox(ODTBX)［EB/OL］. (2022-07-01)［2022-12-02］. https：//sourceforge. net/projects/odtbx/.

［12］Mschweiger. Orbiter Spaceflight Simulator［EB/OL］. (2022-07-01)［2022-12-02］. https：//github. com/orbitersim/orbiter.

［13］CNES. CelestLab-CNES Space Mechanics Toolbox for Scilab［EB/OL］. (2022-01-17)［2022-12-02］. http：//atoms. scilab. org/toolboxes/celestlab.

［14］丁溯泉，张波，刘世勇，等. STK 使用技巧及载人航天工程应用［M］. 北京：国防工业出版社，2016.

[15] D A Vallado，R S Hujsak，T M Johnson，et al. Orbit determination using odtk version 6[J]. ESA/ESAC astronomy centre，Madrid，Spain，2010(1)：3-6.

[16] IAU. Standards of Fundamental Astronomy[EB/OL]. (2023-10-13)[2023-10-20]. https://www.iausofa.org/.

[17] Aerospace Toolbox User's Guide[EB/OL]. [2022-12-02]. https://ww2.mathworks.cn/help/aerotbx/index.html.

[18] McCarthy，D. D.，Petit，G.（eds.），2004，IERS Conventions（2003），IERS Technical Note 32，BKG，Frankfurt am Main，available at https://www.iers.org/IERS/EN/Publications/TechnicalNotes/tn32.html-1.htm? nn=94912.

[19] McCarthy，D. D.（ed.），1992，IERS Standards（1992），IERS Technical Note 13，Observatoire de Paris，Paris，available at https://www.iers.org/IERS/EN/Publications/TechnicalNotes/tn13.html-1.htm? nn=94912.

[20] Petit，G.，Luzum，B.（eds.），2010，IERS Conventions（2010），IERS Technical Note 36，BKG，Frankfurt am Main，available at https://www.iers.org/IERS/EN/Publications/TechnicalNotes/tn36.html-1.htm? nn=94912.

[21] Capitaine1 N，Chapront1 J，Lambert1 S，et al. Expressions for the Celestial Intermediate Pole and Celestial Ephemeris Origin consistent with the IAU 2000A precession-nutation model[J]. Astron and Astrophys，2003，400，1145-1154.

[22] 雷伟伟，张捍卫，李凯. 基于无旋转原点的参考系转换方法及其计算[J]. 飞行器测控学报，2016，35(4)：276-285.

[23] Paris Observatory IERS Centers. Earth Orientation Parameters[EB/OL]. (2022-07-19)[2022-07-19]. ftp://hpiers.obspm.fr/iers/series/opa/eopc04.

[24] Jerry Jon Sellers，William J Astore，Robert B Giffen，et al. 理解航天：航天学入门[M]. 张海云，李俊峰，译. 北京：清华大学出版社，2007.

[25] 肖峰. 人造地球卫星轨道摄动理论[M]. 长沙：国防科技大学出版社，1997.

[26] F R Hoots，R L Roehrich. Spacetrack Report No. 3——Models for Propagation of the NORAD Element Sets[J]. Spacetrack Report，1980，3(3)：1-91.

[27] 刘林. 人造地球卫星轨道力学[M]. 北京：高等教育出版社，1992.

[28] 刘林，胡松杰，王歆. 航天动力学引论[M]. 南京：南京大学出版社，2006.

[29] 刘林，侯锡云. 轨道力学基础[M]. 北京：高等教育出版社，2018.

[30] 袁建平，和兴锁. 航天器轨道机动动力学[M]. 北京：中国宇航出版社，2010.

[31] 于小红，张雅声，李智. 发射弹道与轨道基础[M]. 北京：国防工业出版社，2007.

[32] 刘林，汤靖师. 卫星轨道理论与应用[M]. 北京：电子工业出版社，2015.

[33] Dr T S Kelso. Space Weather Data Documentation[EB/OL]. (2020-01-02)[2022-08-20]. http://www.celestrak.com/SpaceData/.

[34] 马高峰，鲁强，郑勇. JPL 行星/月球星历[C]//中国宇航学会深空探测技术专业委员会第一届会议. 北京：北京空间飞行器总体设计部，2005：395-401.

[35] Hoots F R，Schumacher P W，Glover R A. History of analytical orbit modeling in

the US space surveillance system[J]. Journal of Guidance, Control, and Dynamics, 2004, 27(2): 174-185.

[36] Brouwer D. Solution of the Problem of Artificial Satellite Theory Without Drag [J]. Astronomical Journal, 1959, 64(9): 378-397.

[37] Kozai Y. The Motion of a Close Earth Satellite[J]. Astronomical Journal, 1959, 64(9): 367-377.

[38] Brouwer D, Hori G I. Theoretical Evaluation of Atmospheric Drag Effects in the Motion of an Artificial Satellite[J]. Astronomical Journal, 1961, 66(5): 193-225.

[39] Cranford K. An Improved Analytical Drag Theory for the Artificial Satellite Problem[C]. Astrodynamics Conference. 1969: 925.

[40] Lyddane R H. Small Eccentricities or Inclinations in the Brouwer Theory of the Artificial Satellite[J]. Astronomical Journal, 1963, 68(8): 555-558.

[41] Howard D Curtis. 轨道力学[M]. 北京:科学出版社,2009.

[42] Vallado D A. Fundamentals of Astrodynamics and Applications[M]. 4th ed. McGraw-Hill, New York, 2013.

[43] 茅永兴. 航天器轨道确定的单位矢量法[M]. 北京:国防工业出版社,2009.

[44] Cunningham L E. On the Computation of the Spherical Harmonic Terms needed during the Numerical Integration of the Orbital Motion of an Artificial Satellite [J]. Celestial Mechanics, 1970(2):207-216.

[45] 黄晓斌,张燕,鲁力. 空间目标雷达轨道改进原理及工程实现[J]. 雷达科学与技术,2022,20(5):201-206.

[46] Xiaobin Huang, Yan Zhang, Rui Xiao. Analysis of Atmospheric Drag Acceleration and Engineering Realization of Space Target[C]. 2021 7th International Conference on Mechanical Engineering and Automation (ICMEAS 2021). Seoul, 2021:199-203.

[47] Bill-Gray. C/C++ source code for JPL DE ephemerides[EB/OL]. (2016-08-01) [2022-08-20]. http://www.projectpluto.com/jpl_eph.htm.

[48] 18th Space Defense Squadron. Space-Track Space Object Database[EB/OL]. [2019-11-23]. https://www.space-track.org/.

[49] 黄晓斌,张燕,肖锐,等. 空间目标的雷达定轨实时识别问题研究[J]. 雷达科学与技术,2021,19(1):63-68.

[50] 黄晓斌,张燕,欧阳琰,等. 空间目标实时识别软件[EB/OL]. 软件著作权,2020-06-19,2020SR0656202.